航空类专业职业教育系列教材

FEIJI JINSHU CAILIAO FUSHI FANGHU YU KONGZHI JISHU

飞机金属材料腐蚀防护与控制技术

任艳萍　邓红华　邵茂敏　编著

西北工业大学出版社

【内容简介】 本书共 11 章,其中第 1 章为绪论;第 2～7 章主要讲述飞机腐蚀防护与控制的基础知识,内容包括金属材料腐蚀的理论基础、飞机材料的耐蚀性能和腐蚀部位、飞机常见的腐蚀类型、航空器的防腐要求与腐蚀等级的划分、腐蚀预防及密封处理、飞机腐蚀防护的技术资料查阅以及飞机腐蚀损伤的检测等;第 8～10 章分别阐述飞机铝合金、钛合金、合金钢腐蚀构件的表面清理、修理方法以及表面防腐等工艺技术,其中部分内容可作为选修内容;第 11 章叙述飞机构件常用的表面防腐强化技术。

本书内容全面,技术实用性强,适合作为高等职业院校飞机维修工程各专业课程教学的教材,也可作为从事飞机维修工程相关行业技术人员的参考用书。

图书在版编目(CIP)数据

飞机金属材料腐蚀防护与控制技术 / 任艳萍,邓红华,邵茂敏编著. —西安:西北工业大学出版社,2016.8(2025.6 重印)
航空类专业职业教育系列"十三五"规划教材
ISBN 978-7-5612-5025-9

Ⅰ.①飞…　Ⅱ.①任…　②邓…　③邵…　Ⅲ.①飞机—金属材料—防腐—职业教育—教材　Ⅳ.①V252

中国版本图书馆 CIP 数据核字(2016)第 204017 号

出版发行:西北工业大学出版社
通信地址:西安市友谊西路 127 号　邮编:710072
电　话:(029)88493844　88491757
网　址:www.nwpup.com
印刷者:陕西奇彩印务有限责任公司
开　本:787 mm×1 092 mm　1/16
印　张:11.75
字　数:281 千字
版　次:2016 年 8 月第 1 版　2025 年 6 月第 4 次印刷
定　价:45.00 元

前　言

腐蚀问题在工业以及日常生活中极为常见。对于民用飞机，金属构件的腐蚀会带来巨大的维护费用；因构件的腐蚀损伤而造成的航空事故，也一次次给人们敲响了警钟！近年来，在飞机设计、制造和维护中，不断涉及新技术、新材料和新工艺。为此，相关人员亟待掌握民用飞机腐蚀维护和预防控制的技术！

对从事飞机维修的工程技术人员而言，民用飞机的腐蚀防护与控制属于专业基础知识和基本技能。本书结合飞机维修工作岗位的需求，叙述民用飞机腐蚀与控制的基本方法和工艺，讲述飞机修理、维护过程中的腐蚀处理及防护手段。

本书依据飞机维修企业的岗位需求，总结民用飞机防腐知识理论及防腐基本技能体系，同时参考 CCAR147 培训大纲的部分内容，并结合高职飞机维修专业的人才培养目标和方案进行编写，力求在行业特色、技术实用性和能力培养方面有所创新。

本书第 1 章、第 8～10 章由邓红华编写，第 2 章由邵茂敏编写，第 3～7 章和第 11 章由任艳萍编写。全书由任艳萍统稿。

在本书编写过程中，得到了广州民航职业技术学院飞机维修工程学院领导和通用航空系领导、张柳老师以及企业外聘教师刘赐捷的大力支持，同时他们也提出了许多宝贵的修改意见，在此对他们表示由衷的敬意和衷心的感谢。

由于编写时间仓促，知识和专业水平有限，书中难免有错误或欠妥之处，恳请广大读者批评指正。

编著者

2016 年 1 月

目　录

第 1 章 绪 论

1.1 腐蚀对经济的影响

腐蚀的发生,是日常生活中极其普遍的现象。腐蚀破坏所造成的直接经济损失是巨大的,全世界每年因腐蚀造成的损失高达 7 000 亿美元,约为地震、台风、火灾等自然灾害损失的 6 倍。工业发达国家因腐蚀造成的损失约占其国内生产总值 GDP(Gross Domestic Product)的 3.5%～4.7%。例如,美国商业部所属的国家标准局指出,1976 年因腐蚀损失 820 亿美元,占其当年国家生产总值的 4.9%;1982 年上升到 1 260 亿美元,占其当年国家生产总值的 4.2%。据 1995 年的统计,我国当年的腐蚀损失高达 1 500 亿人民币,约占当年国内生产总值的 4%。

而由腐蚀引起的设备损坏、停工、停产,对环境的污染、产品质量的下降以及腐蚀余量的设计等间接损失更是无法估量。至于腐蚀导致的人身安全事故,例如容器的爆炸、化工设备的突然损坏,飞机、火车、汽车的事故等造成的经济损失更难估算,可能还会导致重大的社会及政治影响。

腐蚀现象遍及包含民用飞机在内的国民经济的各个领域,危害十分严重。材料和产品(设备)因腐蚀引起的经济损失巨大。产品(设备)的腐蚀,其危害性远远大于原材料腐蚀损失的危害性。腐蚀事故还常常在无明显预兆下发生并危及人身安全。腐蚀引起航空器结构损害的现象大量存在,轻者停飞待修,重者会由于突发事故带来惨痛的损失,甚至酿成机毁人亡的重大事故。

美国阿波罗登月飞船贮存氧化剂 N_2O_4 的钛合金高压容器曾发生应力腐蚀破裂,后因及时研究出加入体积分数为 0.6% 的 NO 作为缓蚀剂,控制了应力腐蚀,解决了此问题,才使登月计划不致推迟若干年而影响历史进程。1981 年 8 月,台湾远东航空的一架波音 737 飞机因机身结构严重腐蚀,导致飞机在苗栗上空解体,造成了机上 110 人死亡的严重事故。1982 年 9 月,日航一架 DC-8 客机,满载旅客在上海降落时,冲出跑道造成事故,事后查明是由机载紧急刹车高压气瓶内壁产生应力腐蚀裂纹而爆破,损坏液压系统管道,使飞机刹车全部失效所致。1983 年,美国一架 F-18 战机,因不锈钢油管接头发生晶间腐蚀,导致战机坠毁。1985 年 8 月,日本一架波音 747 客机因应力腐蚀断裂而坠毁,造成 500 多人死亡。1992 年 10 月,以色列航空公司的一架载满货物的波音 747 货机从荷兰首都阿姆斯特丹机场起飞后不久坠毁在市郊的两幢住宅楼上,除机上人员全部丧生外,地面至少有 250 人死亡,造成世界航空史上累及地面受害人数最多的空难;调查结果表明,该事故原因是连接第三个发动机的销钉由于腐蚀开裂和疲劳失效。1999 年,一架波音 747 客机因发动机涡轮盘腐蚀降低了抗疲劳性能,引起了断裂,击穿发动机后着火。2000 年 3 月,中国化工建设某公司在承运的马来西亚航空公司不知情的情况下,从北京空运吉隆坡 80 桶申报为普通货物的"8 -羟基喹啉"(实际为强酸性腐蚀化学品草酰氯,价值几十万元人民币),导致马航 MH085 航班此架空客飞机腐蚀报废;为此,该化建公司赔偿 5 家境外保险公司 6 500 余万美元。此外,英国的慧星式客机和美国的 F -111 战斗机坠毁等事件,也是国际上著名的应力腐蚀典型事故。

腐蚀引起的环境污染问题日益引起人们的关注。而电子产品由于腐蚀所造成的危害对高度信息化、自动化的现代飞机所形成的安全隐患也日益为人们所重视。腐蚀还可能成为生产发展和科技进步的障碍。

腐蚀不仅消耗大量材料,而且浪费大量资源。碳钢在大气中的生锈,钢质船壳在海水中的锈蚀,地下输油钢质管线在土壤中的穿孔,飞机历经日晒雨淋后的损伤,热力发电站中锅炉的损坏,轧钢过程中氧化铁皮的生成,金属机械和装置与强腐蚀性介质(酸、碱和盐)接触而导致损坏等都是常见腐蚀现象。据统计,全世界每年生产的钢铁约有 10%~20%因腐蚀而变为铁锈,大约 30%的钢铁设备因此而损坏。这不仅浪费了材料,还往往会带来停产、危害人身安全和造成环境污染等事故,甚至危及人类健康。

鉴于腐蚀问题的严重性,越来越多的国家对腐蚀科学及其防护技术高度重视。作为飞机维修人员就更应了解和重视腐蚀问题。

2002 年,中国工程院用 Uhlig 方法及 Hoar 方法开展腐蚀调查,结果显示,腐蚀给我国国民经济造成的损失已占 GDP 的 1/5~1/4,中国每年因腐蚀引起的经济损失(包含直接和间接损失)约合人民币 5 000 亿元。若按国际通行的估算方法,其中约 1/4 的损失是有可能避免的,即通过采取腐蚀的各种防护措施,我国有可能每年挽回 1 000 多亿元的经济损失。因此,必须重视腐蚀科学和防腐技术的研究工作,普及腐蚀与防护的知识,在理论研究的基础上,不断研究、应用、推广实用的腐蚀控制技术和新的防腐措施,从而尽可能控制腐蚀过程的发生、发展,提高产品(设备)的使用寿命,将腐蚀控制在最低程度,为持续、安全生产(运行)提供保证,从而实现社会的可持续发展。

某些外行和不求甚解的人认为"腐蚀与防护只不过是刷刷油漆,表面镀一镀层而已,没有什么高科技创新而言"。实际上,腐蚀与防护是一门实用性很强的学科,工程背景和经济效益非常明显。在学科上,腐蚀与防护专业跨接和交融材料学、电化学和弱电子学三大学科,涉及国防和民用各个行业所有的装备产品服役中的安危,还要应对不断变换的新环境适应性的要求。如石油开采中如何应对高浓度 CO_2 和 H_2S 对管路的严重腐蚀问题,1 000 m 以下深海中可燃冰的开采,大深潜艇的腐蚀与防护技术研究,材料表面的纳米化处理和纳米涂层技术,海湾大桥、大型水坝的百年安全防护技术,南水北调、海水淡化的防蚀新技术,核电、石化行业的环保减排中某些防护新技术等,这些都是崭新的、急需攻克的技术难题,包含着大量的高科技、创新内容。因此,鉴于腐蚀问题的严重性,为了保证正常生产和人身安全,节省材料、能源,延长使用寿命,避免重大事故的发生,提高经济效益,采用新技术、新工艺、新材料(或解决材料)的腐蚀防护问题已被提升到重要的地位上来,越来越多的国家日益高度重视腐蚀科学与防护技术。

1.2 腐蚀与防护科学的发展

我国早在商代就冶炼出了青铜,即加入锡以改善铜的耐蚀性。已出土的春秋战国时代的兵器、秦朝的青铜剑和大量的箭镞,有的迄今毫无锈蚀。距今已 2 000 多年的越王勾践剑依然光亮如新、锋利无比,经鉴定,其表面有一层铬的氧化物层,这种表面保护层极可能是用铬的化合物人工氧化且经高温处理得到的。这种 2 000 年前创造的,和现代铬酸盐钝化极为相似的防护技术,堪称中国文明史上的一个奇迹。

腐蚀防护的历史虽悠久,但长期处于经验性阶段。直到 18 世纪中叶,人类才开始对腐蚀现象进行系统的解释与研究。1748 年,罗蒙诺索夫解释了金属的氧化现象。1790 年,凯依尔说明了铁在硝酸中的钝化现象。1830 年,德拉里夫建立了金属腐蚀的微电池概念。1833 年,法拉第提出了电解定律。这些都为腐蚀科学的进一步发展奠定了基础。

腐蚀作为一门独立的学科则是在 20 世纪初才逐渐形成的。20 世纪以来,因石油化工等工业的快速发展,促进了腐蚀理论、耐蚀材料的研究、应用和发展。在电化学家与材料学家的深入、系统、大量的艰苦研究下,人们逐步认识了材料腐蚀、氧化的基本规律,这些为提出腐蚀理论迈出了大步。近 60 年以来,材料腐蚀已基本发展成为一门独立、综合、交叉、边缘性的学科。随着现代工业的高速发展,各种材料的腐蚀问题日益严重,引起包括材料学、工程学、断裂力学、固体物理学、现代电化学、微生物学等许多相关学科的更多关注。这些相关学科对腐蚀问题进行了综合研究,形成了诸多腐蚀学科分支,如腐蚀金属学、腐蚀工程力学(含热力学、动力学)、腐蚀电化学、腐蚀生物学及防护系统工程学等。

第2章 金属腐蚀理论基础

2.1 金属腐蚀的本质及原因

2.1.1 腐蚀的定义

在近几十年里,腐蚀科学有了很大的发展,在腐蚀理论和解决实际腐蚀问题等方面均取得了许多重大成果。同时,关于"腐蚀"这个专业术语定义的讨论也一直持续着。

关于腐蚀的两个定义如下:

国际标准化组织(ISO)于1986年公布的"金属与合金的腐蚀术语及定义"(ISO 8044)中对腐蚀的定义:腐蚀是金属和环境之间的物理化学作用,这种作用引起金属性能的变化,常常导致金属、环境或其构成的技术体系发生功能损害。

美国全国腐蚀工程协会(NACE)于1985年公布的"腐蚀术语汇编"中对腐蚀的定义:腐蚀是材料(通常是金属)由于和周围环境的作用而造成的破坏。

腐蚀的对象,过去长期以来都局限于金属材料,人们对金属的腐蚀及防护进行了大量的深入研究。因为金属材料一直是机器设备主要的结构材料,而非金属材料的应用仅仅作为对金属腐蚀的防护手段。但是,自20世纪60年代以来,随着无机材料、高分子材料的迅速发展,非金属材料、合成材料的应用越来越多,它们不仅作为覆层材料,而且作为整体结构材料,进入结构材料的行列。非金属材料在环境作用下同样存在腐蚀问题,如塑料、油漆、橡胶及复合材料的老化和损伤等。不少研究腐蚀的学者指出,非金属材料的腐蚀与金属材料的腐蚀有着许多相同的地方,因此建议将腐蚀的定义扩大到非金属材料。当然,就目前而言,金属材料仍然是机器设备主要的结构材料,特别是钢铁,可以说没有钢铁就没有现代工业、现代农业、现代交通运输业和现代国防。而非金属材料与环境的作用和金属的腐蚀有着本质的差别,这也许就是ISO的定义中只将腐蚀局限在金属材料的主要原因。

关于金属材料与环境相互作用的性质,ISO定义中规定为物理化学作用,这包括化学作用和电化学反应。绝大多数金属腐蚀过程都是金属与环境发生的化学反应或(和)电化学反应的过程,特别是电化学反应更为普遍。金属在水溶液中(包括表面有一层水膜的情况)的腐蚀都具有电化学反应性质。不过,也有不少学者提出应将腐蚀的定义扩大到一切相互作用,比如物理溶解、辐照等。金属在液态金属、某些熔碱、熔盐中会由于发生物理溶解而减少,这也应属于腐蚀作用。当然,此性质相互作用的实例较少见。

金属及制品在生产、使用过程中,在周围环境因素的作用下,会发生破坏变质,改变原有的化学、物理、机械等特性的现象。人们习惯将金属的这种现象狭义地理解为"生锈",这其实是不妥的:"生锈"这个俗语常用于描述铁及铁基合金,以水合氧化铁为主要腐蚀产物时的腐蚀现象;不过,非铁基合金的腐蚀并不生锈,通常形成可溶的金属氧化物、氢氧化物等。金属腐蚀主要是由于化学或电化学作用引起的破坏,有时还伴有机械、物理或生物作用。如应力腐蚀破裂就是应力和化学物质共同作用的结果;单纯物理作用的破坏,如合金在液态金属中的物理溶解,也属于腐蚀范畴,但这类破坏实例较少;单纯的机械破坏,如金属被切削、研磨,不属于腐蚀的范畴。

本书给出的金属腐蚀定义:金属材料和它所处的环境介质之间发生化学、电化学或物理作用,引起金属的变质和破坏。

金属腐蚀会使金属表面锈蚀、粗糙、侵蚀或形成蚀坑,并且会侵蚀到表面保护层的里面以及不同金属层之间和金属晶体边界处,破坏金属内部晶体结构,使金属丧失原有的物理性能和机械性能,降低结构的承载能力,造成结构破坏,带来极其严重的后果。

2.1.2　腐蚀的原因

大多数金属在自然界中常以矿石形式,即金属化合物的形式存在,而腐蚀则是一种金属回复到自然状态的过程。如铁在自然界中常以赤铁矿石的形式存在,其主要成分为 Fe_2O_3,而铁的腐蚀产物——铁锈的主要成分也为 Fe_2O_3,可见,铁的腐蚀过程正是回复到其自然状态——矿石的过程。

由此可知,金属腐蚀的本质就是金属单质原子在一定的环境中,经过反应失去电子,被氧化形成化合物状态的过程。金属在腐蚀过程中所发生的化学变化,从根本上来说就是金属被氧化。腐蚀过程可概括为

$$金属材料＋腐蚀介质→腐蚀产物＋热量$$

金属腐蚀的过程即是单质(金属态)发生氧化反应形成化合物,释放能量的过程。腐蚀放热的过程有快有慢:有些材料的反应速度非常快,如金属钠(Na)放到水里,立即伴随有剧烈反应的声音、热量释放出来;有些材料的反应速度又非常慢而觉察不到。

化学变化中,元素价态升高的过程称为氧化,在电化学中称为阳极氧化。由高价态变为低价态的过程称为还原,在电化学中称为阴极还原。在腐蚀反应中,金属发生氧化反应,腐蚀剂发生还原反应。氧化-还原反应是统一反应的两个侧面。

金属腐蚀的根本原因在于其热力学的不稳定性,即金属本身与其某些化合物(如氧化物、氢氧化物、盐等)原子相比处于自由能较高的状态,这种倾向在条件(动力学因素)具备时,就会发生金属单质向化合物的转化,即发生腐蚀。在环境因素的作用下,金属具有从零价态的原子自发地变为正价态离子的倾向,这个过程正是冶金的逆过程。自然界中的金属(除少数金属外)大都以正价态的离子存在于矿石中,这是金属的热力学稳定状态。金属受腐蚀后会蜕变为与其矿石有相似构成的氧化物、氢氧化物或相应的盐类。

这样,腐蚀过程可以用热力学术语表达,即在一般大气条件下,单质状态的金属比它的化合态具有更高的能量,金属具有从高能量、不稳定状态自发释放到低能量、稳定状态的倾向。

冶炼过程正好与腐蚀过程相反。金属化合物通过冶炼还原出金属的过程大多是吸热过程,这是因为从能量低状态到高状态需要供给大量的热能。金属冶炼过程中消耗的能量,有一部分转化为金属单质的化学势能,为腐蚀过程提供了推动力。

冶炼时,一般能耗大的金属较易腐蚀,即腐蚀倾向较大,如铁、铅、锌等较易腐蚀,但铝除外,因铝能在大气中形成致密、稳定的氧化铝保护膜覆盖在其表面;冶炼能耗小的较难腐蚀,即腐蚀倾向较小,如金,常态下以单质状态(砂金)存在。

2.1.3 影响腐蚀的因素

影响腐蚀的因素主要有材料本身的一些特性,如工程构件材料的热处理状态、材料的表面状态、加工后的应力状态及化学成分等,这些都对金属的耐蚀性有很大的影响。另外就是环境因素,许多环境条件同样会引起并加速金属材料的腐蚀,如温度、辐照、磨损、生物、氧浓差、浓度差及时间。总之,腐蚀的发生是金属材料内在特性与环境条件共同作用的结果,是这些影响因素各种参数的函数。

腐蚀的防护与控制是一项系统工程,在产品(设备)设计、选材、加工、装配、运输、使用、维护和环境等诸多方面,任何一个不当因素都可能造成腐蚀。

腐蚀的发生、发展程度主要取决于其结构设计、材料、制造、环境条件和采取的保护措施等综合因素。腐蚀一般可按以下方式分类:

按腐蚀的机理,可分为化学腐蚀和电化学腐蚀;

按腐蚀的形式,可分为全面腐蚀和局部腐蚀;

按产生腐蚀的条件,可分为应力腐蚀、工业介质腐蚀、大气腐蚀、海水腐蚀和微生物腐蚀等。

2.2 化 学 腐 蚀

化学腐蚀是指金属表面和非电解质发生纯化学反应而引起的损坏。该反应通常在一些干燥气体及非电解质溶液中进行。其反应过程的特点是金属表面的原子与非电解质中的氧化剂直接发生氧化还原反应,生成腐蚀产物,腐蚀过程中没有电流产生。

1. 高温氧化

在高温条件下,金属与周围气态介质发生化学反应而遭到破坏的过程,称为高温氧化。金属化学腐蚀主要是指金属的高温氧化,如飞机发动机燃烧室的火焰筒,在高温燃气中的烧蚀就属于高温氧化。

2. 氧化膜及其保护作用

金属在干燥的氧化性介质中被氧化时,最终会在金属表面形成一层致密的或疏松的氧化膜,它通常称为锈皮或氧化皮。这层氧化膜在不同程度上阻挡了金属与环境介质的接触,阻滞了它们之间物质的传递,对金属表面有一定的保护作用。

氧化膜若能真正具有保护作用,还应满足以下条件:致密、完整,能把金属表面遮盖住;与基体金属之间有较强的附着力,有一定的塑性和强度;具有与基体金属相近的热膨胀系数;在介质中稳定性好,熔点高。

2.3 电化学腐蚀机理及发生条件

金属在电解质溶液中的腐蚀是一种电化学腐蚀过程。在电化学腐蚀过程中,存在着由于电子流过金属而产生的电流。电化学腐蚀比化学腐蚀更为普遍,如飞机机体金属结构件在潮湿的、含有有害物质的空气中产生的腐蚀,就属于电化学腐蚀。

2.3.1　电化学腐蚀机理

如图 2-1 所示,把大小相等的锌(Zn)片和铜(Cu)片同时置入盛有稀硫酸(H_2SO_4)的容器里,并用导线通过毫安表连接起来形成原电池装置。观察毫安表,可以看到指针偏转,表明有电流沿导线通过。产生这种现象的原因是铜的电位比锌的电位高。锌片上的电子通过导线向铜片运动,从而产生了电流。电流方向与电子运动方向相反,即由铜片到锌片。在原电池装置中,铜片为正极,锌片为负极。在腐蚀学里,通常规定电位较低的金属为阳极,电位较高的金属为阴极。在这里,Zn 片为阳极,Cu 片为阴极。产生电流的同时,在电池中发生的电化学反应如下:

阳极反应:$Zn-2e\rightarrow Zn^{2+}$。锌原子失去电子,变成带正电的离子游离到溶液里。

阴极反应:$2H^{+}+2e\rightarrow H_2\uparrow$。从阳极通过导线运动过来的电子,被溶液中的氢离子吸收,生成氢气。

电池中的反应:$Zn+2H^{+}\rightarrow Zn^{2+}+H_2\uparrow$。

从以上反应式可以看出,在电化学腐蚀中,电位较低的阳极会失去电子,成为带正电的离子,游离到溶液中去,并生成腐蚀沉淀物。所以,在电化学反应中,阳极金属会逐渐溶解受到腐蚀。

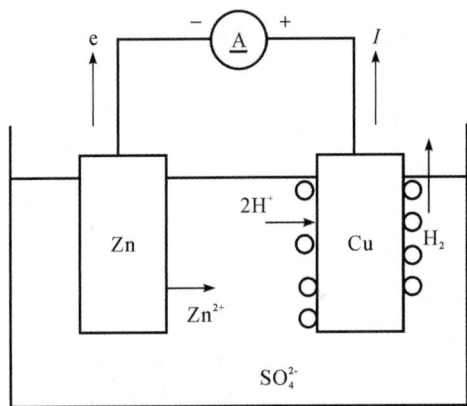

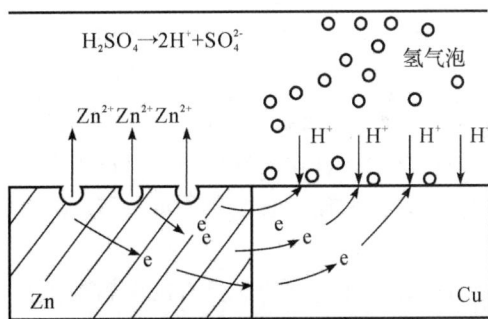

图 2-1　锌与铜在稀硫酸溶液中构成的腐蚀电池　　图 2-2　与铜接触的锌在稀硫酸溶液中的溶解示意图

如果将铜片和锌片两块金属直接接触,并浸入到稀硫酸溶液中,同样也会观察到,在锌表面被逐渐溶解的同时,铜表面有大量氢气析出。因为两金属直接接触,形成短路,也为电子由锌运动到铜提供了通路。类似这样的电池称为腐蚀电池。它的特点就是只能使金属材料破坏,而不能对外做有用功,且为短路电池(见图 2-2)。

如图 2-3 所示为飞机结构中由于不同金属接触产生的典型的电化学腐蚀。在铝合金结构中使用钢螺栓,两者之间又没有进行有效的隔离,在电解液存在的情况下,电位比较低的、活泼的金属铝合金将受到腐蚀。

另外,由于工业中使用的金属材料会有杂质,杂质的电位一般都比金属高,因此,当这种金属浸在某种电解质溶液中,其表面将会形成许多微小的腐蚀电池,使金属材料受到腐蚀。如图 2-4 所示为工业用锌在硫酸中的溶解情况。

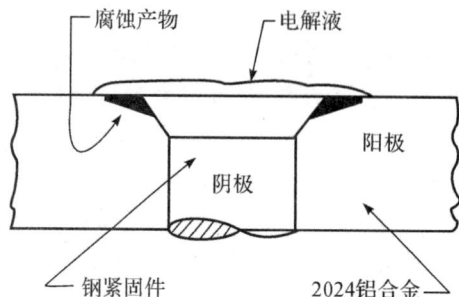

图 2-3　与钢紧固件接触的 2024 铝合金发生电化学腐蚀

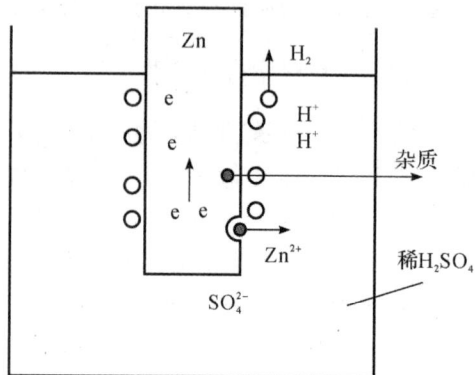

图 2-4　工业用锌在硫酸中的溶解

电化学腐蚀过程中的阳极反应,总是金属被氧化成金属离子并放出电子。阳极反应可用如下通式表示:

$$M \rightarrow M^{n+} + ne$$

式中,M 为被腐蚀的金属;M^{n+} 为被腐蚀金属的离子;n 为金属释放的电子数。

电化学腐蚀过程中的阴极反应,总是由溶液中能够接受电子的物质(称为去极剂)移去阳极流来的电子。阴极反应可用如下通式表示:

$$D + ne \rightarrow [D \cdot ne]$$

式中,D 为去极剂;$[D \cdot ne]$ 为去极剂接受电子后生产的物质;n 为消耗的电子数。

常见的去极剂有以下三类。

(1)第一类去极剂是氢离子,还原生成氢气,这种反应被称为析氢反应。

$$2H^+ + 2e \rightarrow H_2 \uparrow$$

(2)第二类去极剂是金属高价离子,这类反应往往产生于局部区域,虽然较少见,但能引起严重的局部腐蚀。这类反应一般有以下两种情况。

一种是金属离子直接还原成金属,称为沉积反应,即

$$M^{n+} + ne \rightarrow M$$

另一种是还原成较低价态的金属离子:

$$M^{n+} + e \rightarrow M^{(n-1)}$$

(3)第三类去极剂是溶解在溶液中的氧,在中性或碱性条件下还原生成 OH^- 离子,在酸性条件下生成 H_2O,这种反应常称为吸氧反应或耗氧反应。

中性或碱性溶液:

$$O_2 + 2H_2O + 4e \rightarrow 4OH^-$$

酸性溶液:

$$O_2 + 4H^+ + 4e \rightarrow 2H_2O$$

上述三类去极剂的五种还原反应为最常见的阴极反应,它们的共同特征是都消耗电子。所有的腐蚀反应都是一个或几个阳极反应与一个或几个阴极反应的综合。

2.3.2　金属电化学腐蚀倾向的判断

从热力学的角度看,一个电化学反应能否自发进行,可以通过比较反应前后系统吉布斯

(Gibbs)自由能的变化量来确定。因为大部分的反应一般而言都是在恒温恒压的敞口体系中进行的,如果满足 $\Delta G < 0$ 的条件,则反应就可自发进行。

电极和电极电位是电化学反应中的两个重要概念,引入电极电位的概念后,我们可以用 $\Delta G < 0$ 判据推导出更为方便的电极电位判据。

将金属浸入含有该金属离子的电解质溶液中,在金属和溶液的交界面上将会进行两个方向相反的电极过程。

金属表面的正离子由于溶液中水分子的作用,将发生水化作用(即金属阳离子与水分子结合形成水合金属离子)。若水化时所产生的能量大到可以克服金属晶格中金属阳离子与电子之间的结合力(金属键能),则金属表面一部分正离子就会脱离金属表面,进入与金属表面相接触的溶液中形成水合金属阳离子。这里将其称为正向过程。

与此同时,在金属表面上也会进行另一个方向相反的过程,即溶液中的水合金属阳离子夺取金属表面的电子,最后被还原为金属单质附着在金属表面上。这里将其称为逆向过程。

正向过程的结果,将会导致金属本身带负电,溶液带正电。逆向过程的结果,则会导致金属带正电,溶液带负电。

一般来说,对于像锌、铁这类较为活泼的金属,其正向过程进行的速度要大于逆向过程进行的速度。因此,正、逆两个方向反应最终"净"的结果表现为,金属离子从金属表面进入电解质溶液形成水合金属离子,金属内部多余的电子则留在金属表面上。根据异性相吸的原理,溶液中的阳离子和金属表面的电子紧靠在金属和溶液界面的两侧,形成如图 2-5(a)所示的离子双电层。

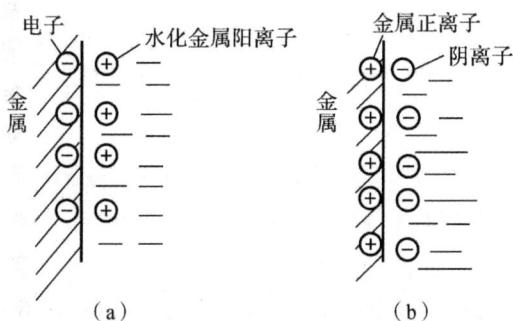

图2-5　金属在溶液中形成的离子双电层

对于不太活泼的金属,当把它们放入含有自身阳离子的电解质溶液中时,由于水化的能量不足以克服金属内部金属阳离子与电子之间的结合力,这时金属表面要从溶液中吸收一部分水化了的金属阳离子(溶液中的水合离子夺取金属内部的电子在金属表面放电),结果使金属表面带正电,电解质溶液带负电。这样也可以建立起一个如图 2-5(b)所示的"双电层"结构,其电荷分布情况恰好与图 2-5(a)所示的相反。

某些贵金属(如铂)或导电的非金属(如石墨)浸入电解液中,它们自身既不能离子化而浸入溶液,溶液中也没有金属离子夺取铂或石墨上的电子沉积到其表面上。此时,导体表面能吸附一层氧分子(比如来自于溶液中),氧分子夺取导体表面的电子并和溶液中的水反应生成氢氧离子,即发生电化学反应($O_2 + 2H_2O + 4e \Longleftrightarrow 4OH^-$)。此时金属带正电,溶液中因生成了 OH^- 而带负电。因此这会在金属和溶液界面两侧形成如图 2-5(b)所示的"双电层"。

无论形成上述何种类型的离子双电层(相当于形成了一个平板电容器,只是两块极板非常接近而已),都将在金属和溶液之间产生电位差。把包含有离子双电层的金属/电解质溶液体系称为"电极",把电极中双电层中的电位差称为该电极的电极电位。

某些贵金属或导电的非金属电极比较特殊,当它们浸入到不含有自己离子的溶液时,它们不能以离子形式浸入溶液中,溶液中也没有能沉积到电极上的物质,只有溶于溶液中的一些气体吸附在电极上,并使气体离子化,而在电极上只交换电子,不交换离子,这种电极称为气体电极。气体电极的特点是,导体本身不参加电化学反应,仅起电子的导通以及电化学反应载体的作用。气体电极包括氢电极、氧电极和氯电极等。

需要注明的是,有时习惯上也将电子导体(如贵金属、石墨等)称为电极,此时"电极"不代表电极体系,而只是指电极体系中电极材料本身。

2.3.2.1 平衡电极电位

如图 2-5(a)所示,其"净"的结果是金属离子不断进入溶液中,使得溶液带的正电荷不断增加,金属上的负电荷也越来越多,但这个过程是不会无限度进行下去的,因为随着双电层中电荷量的不断增加,它所建立起来的电场强度也会不断增强,金属离子想要挣脱金属表面并进入到溶液中所需要克服的阻力会越来越大。由于可以借助电场力的帮助,逆向过程较初始时刻要容易得多。因此,当到了某一时刻以后,正向过程和逆向过程的速度就趋于相等。这时,双电层的结构也就稳定下来,因此双电层中的电位差或者说该电极的电极电位也就维持不变。称这样一个状态为电极的平衡状态,平衡状态下的电极电位称为平衡电极电位。

因此,电极的平衡包含以下两方面的意思:

(1)物质平衡——放入电解液体中的金属质量不随时间的改变而改变;

(2)电荷平衡——金属和溶液的带电量不随时间的改变而改变。

2.3.2.2 标准电极电位

如果 2.3.2.1 节所述电极的平衡是建立在标准条件下(纯金属、纯气体、压力为 101 325Pa、温度为 25℃、单位活度),则此时的平衡电极电位就称为标准电极电位,用 $E^{\ominus}$ 表示。

2.3.2.3 标准电极电位的测定

由于电极电位的绝对值目前尚无法直接测量,因此只能通过如图 2-6 所示的装置来间接测量。其测量原理是把待测电极和另外的参考电极连接起来,形成原电池;通过测量回路中产生的电位差来间接获得待测电极的电极电位。

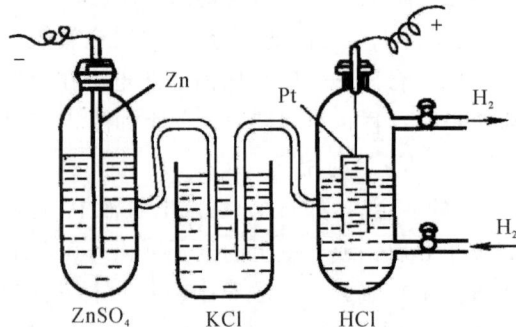

图 2-6　利用标准氢电极测量金属电极电位的装置示意图

通常情况下,选择标准氢电极作为参考电极,由此测得的电极电位称为氢标电位(以 SHE 表示)。

标准氢电极是这样构成的:图 2-6 中最右边的容器中盛有的盐酸溶液(氢离子活度为 1),其内放置表面涂有铂黑的铂片,在 25℃的条件下,容器中不断通入压力为 101 325 Pa 的氢气,氢气不断被铂黑所吸附,这时铂黑表面的氢气分子和盐酸溶液中的氢离子就构成了一个标准氢电极。规定标准氢电极的电极电位等于 0.000 V。

图 2-6 中最左边的容器内构成了一个标准锌电极,测得它与标准氢电极所组成的原电池的电动势为 0.763 V。因此相对于标准氢电极来说,锌电极为原电池的负极。电学中规定:在原电池的外电路中,由正极到负极的方向为电势逐渐降低的方向,又因为标准氢电极的电极电位为 0.000 V,所以待测电极的标准锌电极的电极电位为−0.763 V。

表 2-1 列出了一些常见材料的标准电极电位值,表中的电极电位的数值按照由低到高的顺序排列。该表也称为电动序表。

表 2-1　常见金属在 25℃时的标准电极电位 $E^{\ominus}$ (vs SHE*[1])/V

电极反应	$E^{\ominus}$	电极反应	$E^{\ominus}$
$K = K^+ + e$	−2.925	$Mo = Mo^{3+} + 3e$	−0.2
$Na = Na^+ + e$	−2.714	$Sn = Sn^{2+} + 2e$	−0.136
$Mg = Mg^{2+} + 2e$	−2.37	$Pb = Pb^{2+} + 2e$	−0.126
$Al = Al^{3+} + 3e$	−1.66	$Fe = Fe^{3+} + 3e$	−0.036
$Ti = Ti^{2+} + 2e$	−1.63	$H_2 = 2H^+ + 2e$	0.000
$Mn = Mn^{2+} + 2e$	−1.18	$Cu = Cu^{2+} + 2e$	+0.337
$Cr = Cr^{2+} + 2e$	−0.913	$4OH^- = O_2 + 2H_2O + 4e$	+0.401
$Zn = Zn^{2+} + 2e$	−0.762	$Cu^{2+} = Cu^+ + e$	+0.521
$Cr = Cr^{3+} + 3e$	−0.74	$2Hg = Hg_2^{2+} + 2e$	+0.789
$Fe = Fe^{2+} + 2e$	−0.440	$Ag = Ag^+ + e$	+0.799
$Cd = Cd^{2+} + 2e$	−0.402	$Hg = Hg^{2+} + 2e$	+0.854
$Mn = Mn^{3+} + 3e$	−0.283	$Pt = Pt^{2+} + 2e$	+1.19
$Co = Co^{2+} + 2e$	−0.277	$2H_2O = O_2 + 4H^+ + 4e$	+1.23
$Ni = Ni^{2+} + 2e$	−0.250	$Au = Au^{3+} + 3e$	+1.50

注:*[1]vs SHE 指相对标准氢电极。

标准氢电极在实际的测定中往往受到条件限制,不便直接采用。实际中常常采用其他电极作为参比电极,如银-氯化银电极,铜-硫酸铜电极等。将这些参比电极测得的电位值进行换算,即用待测电极相对于参比电极的电位,加上参比电极相对于标准氢电极的电位,可得到待测电极相对于氢电极的电位值。

表 2-2 列出了一些常用参比电极相对于标准氢电极的电极电位值。例如,某电极相对于饱和甘汞电极的电位是+0.5V,换算成相对于标准氢电极的电位为

$$0 + 0.5 + 0.241\ 5 = +0.741\ 5\ V$$

表 2 – 2 常用参比电极的电极电位

参比电极	电位/V
饱和甘汞电极	+0.241 5
1mol/L 甘汞电极	+0.282 0
0.01mol/L 甘汞电极	+0.333 7
Ag/AgCl 电极	+0.222 2
Cu/CuSO$_4$ 电极	+0.316 0

2.3.2.4 能斯特(Nernst)方程

如果一个电极的平衡建立在非标准条件下,此时平衡电极电位的数值与溶液中金属离子浓度、外界环境温度有关,也与标准电极电位有关,它们之间的关系可由下面的能斯特方程来描述。

$$E^e = E^{\ominus} + \frac{RT}{nF} \ln \frac{a_{氧化}}{a_{还原}}$$

式中,E^e 为一般条件下的平衡电极电位;$E^{\ominus}$ 为标准条件下的平衡电极电位,即在 25℃,101 325 Pa 下,电极反应中各物质的活度为 1 时,以标准氢电极为参比电极时所测得的平衡电极电位;$a_{氧化}/a_{还原}$ 为氧化态物质和还原态物质的平均活度之比;F 为法拉第常数,其值约为 96 485(C/mol);R 为气体常数,其值为 8.314 4(J·K·mol);n 为电极反应中的电子转移数;T 为绝对温度(K)。

2.3.2.5 非平衡电极电位

当同一个金属电极上同时存在两种或两种以上不同物质参与的电化学反应时,电极上不可能出现物质交换和电荷交换均达到平衡的情况,这种情况下的电极电位称为非平衡电极电位,或不可逆电极电位。例如,将铁浸在稀盐酸中,阴极与阳极分别发生如下反应。

阳极: $\qquad\qquad\qquad$ Fe→Fe^{2+}+2e

阴极: $\qquad\qquad\qquad$ 2H$^+$+2e→H$_2$↑

上述电极反应是不可逆的,这是因为即使阴极与阳极反应速率相等,满足电荷交换平衡,但物质交换无法达到平衡(表现为只要盐酸的量足够的话,浸入其中的铁的质量会不断减少)。非平衡电极电位可以是稳定的,也可以是不稳定的。当从金属到溶液和从溶液到金属间的电荷转移速率相等时,就可以达到稳定电位。稳定电极电位也可称为开路电位或自然腐蚀电位,即外电流为零时的电极电位。非平衡电极电位不服从能斯特方程,只能通过实测的办法获得。金属在实际中所遇到的腐蚀环境只有在很少的情况下是含有自身离子的盐溶液,更多的情况下是其他各种类型的腐蚀电解质,因此研究非平衡电极电位有着更为重要的意义。

2.3.2.6 电化学腐蚀倾向的判断

由电化学、热力学知识可知,恒温恒压下可逆电池所做的最大有用功等于系统反应吉布斯自由能的减小,即

$$(\Delta G)_{T,P} = -nFE$$

式中,n 为参加电极反应的电子数;F 为法拉第常数;E 为可逆电池的电动势。

又因为原电池的电动势 E 等于阴极反应的平衡电位 E_C^e 与阳极反应的平衡电位 E_A^e 之差,即

$$E = E_C^e - E_A^e$$

综合以上两式,可以得出金属在给定介质中能够发生腐蚀的判据,即一定要满足的条件 $E_A^e < E_C^e$。

采用上述方法,就可以方便地对标准条件下材料的腐蚀倾向进行一定的判断。例如,在标准条件下,金属铜在不含氧的还原性酸中(如稀盐酸)不会腐蚀,原因是铜电极的电极电位(+0.337 V)比盐酸中氢电极电位(+0.000 V)高;但是当不断地往酸溶液中通入氧气时,铜就开始逐渐溶解,原因是铜电极的电极电位(+0.337 V)低于盐酸中氧电极的电极电位(+1.23 V)。

实际腐蚀环境和电极反应千差万别,远不是电动序表所能概括的。况且电动序表本身也有其局限性,即外界环境一定要满足标准条件的约束才可使用。因此,为了便于对实际腐蚀体系中材料的腐蚀倾向进行快速的判断,便产生了电偶序表(见表 2-3),它是按照金属(或合金)在一定的电解质溶液中所测得的稳定电位的相对大小排列而成的。

表 2-3　常见金属在 3%NaCl 溶液中的电偶序

金属	电位(vs SHE)/V	金属	电位(vs SHE)/V
Mg	−1.45	Ni	−0.02
Zn	−0.80	Cu	+0.05
Al	−0.53	Cr	+0.23
Cd	−0.52	Ag	+0.30
Fe	−0.50	Ti	+0.37
Pb	−0.30	Pt	+0.47

由于 Al 的标准电极电位(−1.66 V)比 Zn(−0.763 V)低,因此 Al 的腐蚀倾向要比 Zn 的大。但是从表 2-3 中可以得到,在 3%NaCl 溶液中,Al 的稳定电位(−0.53 V)比 Zn(−0.83 V)高,Al 比 Zn 还耐腐蚀。当 Al 和 Zn 在此溶液中连在一起时,Zn 将遭到腐蚀,这表明电偶序比电动序更能反映实际腐蚀介质中金属的耐蚀性能。

2.3.3　电化学腐蚀发生的条件

一个腐蚀电池必须具备以下三个条件:两个电位不同的金属形成阳极、阴极;存在电解质溶液;在阳极和阴极之间形成电子通路。否则,就不能构成腐蚀电池,也就不会发生电化学腐蚀。防止金属产生电化学腐蚀的措施,就是破坏三个条件中的任何一个,来阻止电化学腐蚀的产生。

根据组成腐蚀电池的电极大小不同,可将腐蚀电池分为两大类,即宏观腐蚀电池和微观腐蚀电池。

2.3.4　宏观腐蚀电池

用肉眼可见的电极构成的腐蚀电池称为宏观腐蚀电池。这类腐蚀电池的特点是构成腐蚀电池的阴、阳极通常由肉眼即可判定。阴极区和阳极区位于不同的部位,具有明显的局部腐蚀的特征。宏观腐蚀电池分为以下几种。

1.电偶腐蚀电池

如图 2-2 所示的电池就是电偶腐蚀电池。电位低的金属（锌）不断遭到腐蚀而溶解，电位较高的金属（铜）得到保护，这种腐蚀称为接触腐蚀或电偶腐蚀。两种金属的电极电位相差越大，电偶腐蚀越严重。

当两种或两种以上不同的金属相互接触（或用导线连接起来）并处于某种电解质溶液中就构成了该种电池。它的特点是电极电位较低的金属将充当电池的阳极而不断遭受腐蚀，电极电位较高的金属因处在阴极的位置而得到一定程度的保护（腐蚀速度减慢或停止腐蚀）。如在腐蚀介质中用钢铆钉来铆接铝合金板材就会导致铝合金发生电偶腐蚀。

2.浓差电池

将同一种金属浸入到同一种电解溶液中，当电解溶液局部的浓度（或温度）不同时，构成的腐蚀电池称为浓差电池。

金属构件由于生锈形成的缝隙，或在金属构件之间互相连接形成的缝隙处，往往会形成氧浓差电池，使金属受到腐蚀破坏。

浓差电池的形成是由同一金属的不同部位所接触到的腐蚀介质的浓度不同所致。最常见的浓差电池有以下两种。

(1)金属离子浓差电池：这种电池是由同一种金属浸入不同浓度的电解液所形成的，如一根铜棒的两端分别与稀的硫酸铜溶液和浓的硫酸铜溶液相接触。根据能斯特公式

$$E_{Cu^{2+}/Cu}^{e} = E_{Cu^{2+}/Cu}^{\ominus} + \frac{RT}{2F} \ln a_{Cu^{2+}}$$

可知，与稀硫酸铜溶液接触的那一端因电极电位较低，将作为腐蚀电池的阳极而遭到腐蚀；而与浓硫酸铜溶液接触的那一端因为电极电位较高，将作为腐蚀电池的阴极而得到保护，溶液中的 Cu^{2+} 离子将在这一端的铜上面不断析出。反应会一直进行到铜棒两端所处溶液中铜离子的浓度相等为止。

(2)氧浓差电池：金属与含氧量不同的溶液相接触就会形成该种腐蚀电池，又称充气不均电池。它是导致金属发生缝隙腐蚀的主要因素之一。其原因为金属浸入含有溶解氧的中性溶液中就会构成氧电极，并发生如下的电极反应：

$$O_2 + 2H_2O + 4e = 4OH^-$$

由能斯特公式

$$E_{O_2/OH^-}^{e} = E_{O_2/OH^-}^{\ominus} + \frac{RT}{4F} \ln \frac{P_{O_2} a_{H_2O}^2}{a_{OH^-}^2}$$

可知，氧电极的电极电位与氧分压的大小有关，氧的分压（溶液中氧的浓度）越大，氧电极的电极电位越高。因此，如果溶液中各部分含氧量不同，就会因氧浓度的差别产生电位差。在溶液中氧浓度较低的区域因为所形成的电极电位较低而构成阳极，故在该处的金属将遭受腐蚀。氧浓差电池也是产生缝隙腐蚀、丝状腐蚀、垢下腐蚀的主要原因。

2.3.5 微观腐蚀电池

由于金属表面电化学的不均匀性，在电解溶液中，金属表面微小区域之间形成电位差，结果造成电位低的部位金属受到腐蚀，这种腐蚀电池称为微观腐蚀电池，其特点是电池的电极无法用肉眼辨认。如图 2-7 所示的腐蚀电池即是微观腐蚀电池。产生微电池腐蚀的原因主要

有以下几方面。

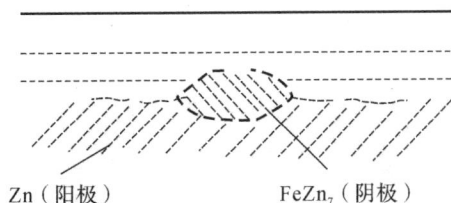

图 2-7 含有杂质的工业锌的微电池效应

（1）金属化学成分的不均匀性。金属材料尤其是工业上使用的金属材料常常含有各种杂质，如工业纯锌中含有杂质 Fe（以 $FeZn_7$ 的形式存在）。当工业纯锌与电解质溶液接触时，这些杂质便以微阴极的形式存在，与基体金属构成微小的短路电池后加速基体金属的腐蚀（见图 2-7）。又如，碳钢和铸铁是工业上的常用材料，由于这两种材料的组织结构中含有 Fe_3C 和石墨成分，且其电位比铁原子正，两者之间会构成无数微电池，结果引起材料的加速腐蚀。

（2）金属组织结构的不均匀性。晶界处原子排列紊乱，杂质原子容易富集，晶体缺陷密度大，因此晶界处通常比晶粒内部更为活泼，具有更低的电极电位。两者构成微电池后晶界充当阳极，先遭受腐蚀。

（3）金属物理状态的不均匀性。金属在机械加工过程中，由于各部分的变形不均导致应力不均。一般情况下变形较大和应力集中的部位因电位较低而成为阳极。如在铁板的弯曲处易发生腐蚀就是由于这个原因。

（4）金属表面膜不完整性。金属表面膜，通常指钝化膜或其他能够允许电子在其内部自由移动的表面膜或涂层。如果这层表面膜存在孔隙或破损，则暴露出来的基体金属通常比表面膜完整部位的电极电位低，于是两者间便可构成原电池，使得基体金属作为阳极而遭受腐蚀。如不锈钢在含有 Cl^- 离子的介质中特别容易发生的点蚀，就是由 Cl^- 离子对不锈钢表面的钝化膜（成分为 Cr_2O_3）的破坏作用而引发的。

2.4 电化学腐蚀动力学

由吉布斯自由能等式可得，在 n 和 F 一定的情况下，E 越大，$(\Delta G)_{T,p}$ 就越负。也就是说，对腐蚀电池而言，阴极、阳极之间的电位差值越大，原电池的电动势就越大，因此腐蚀反应发生的推动力也就越大，阳极材料遭到腐蚀的趋势也就越强。那么此时阳极材料的腐蚀速度是不是也越快呢？答案是否定的。举一个简单的例子，铝的电极电位比铁低，但是在水中，铝片却比铁片更耐腐蚀。这就说明腐蚀倾向大的材料腐蚀速度不一定更快。腐蚀速度的大小除了与反应的推动力的大小有关外，还与过程中所遇到的阻力大小有关，这就涉及一个重要现象——极化。

2.4.1 极化现象

首先来看一个实验：将面积各为 $10cm^2$ 的 Zn 片和 Cu 片浸在 3％NaCl 溶液中，用带有电流表和开关的外电路将 Zn 片和 Cu 片连接起来，构成一个腐蚀电池，如图 2-8 所示。已测知 Zn 和 Cu 在 3％NaCl 溶液中的开路电位分别为 $E_A^e = -0.83$ V 和 E_C^e（vs SHE）$= +0.05$ V，外电路电阻 $R_外 = 110\ \Omega$，内电路电阻 $R_内 = 90\ \Omega$。

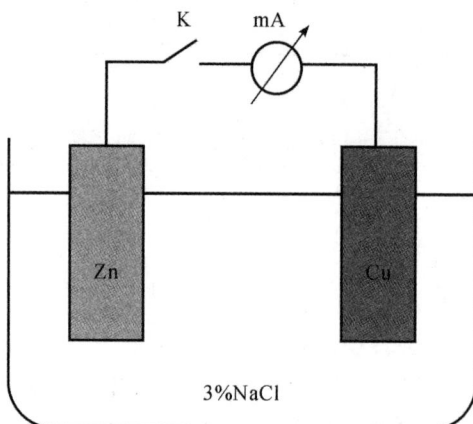

图 2-8　铜-锌腐蚀电池示意图

当电路处于开路状态时，$R_{外} \to \infty$，故 $I_0 = 0$。接通外电路的瞬间，可观察到很大的起始电流，根据欧姆定律，该电流为

$$I_{始} = \frac{E_C^e - E_A^e}{R} = \frac{0.05 - (-0.83)}{110 + 90} = 4.4 \times 10^{-3} \text{ A} = 4.4 \text{ mA}$$

实验表明，电流值在达到最大值以后迅速减小，最终达到一稳定值 0.15 mA，约为 $I_{始}$ 的 1/34。

电流为什么会减小呢？根据欧姆定律，影响电流强度的因素有：①电池的电动势；②回路中的电阻。由于回路中的电阻不会发生显著变化，因此电流的减小，只能说明是电动势减小了，测量结果也证明了这一点。

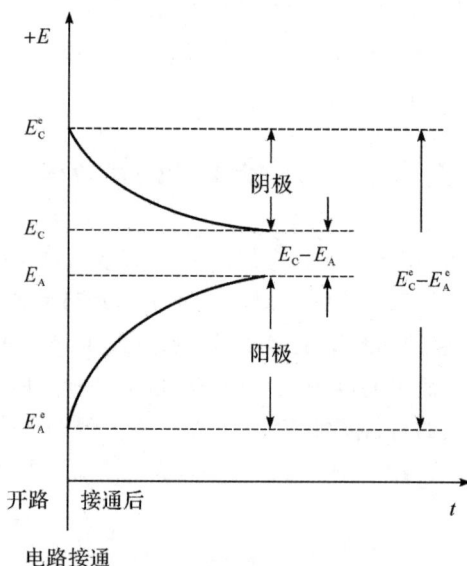

图 2-9　腐蚀电池接通前后阴极、阳极电位变化图

从图 2-9 可以看出，电路接通后，阴极的电极电位逐渐减小，而阳极的电极电位逐渐升高，因此电池的电动势不断减小，腐蚀速度亦开始逐渐下降。从减缓电化学腐蚀的角度来说，

极化是我们希望看到的结果。

当电极上有电流流过时,电极电位 E 偏离平衡电位 E_e(对可逆电极)或稳定电位 E_s(对不可逆电极)的现象称为电极的极化。当腐蚀电池上有电流流过时,阳极的电极电位向正方向移动,称为阳极极化;阴极的电极电位向负方向移动,称为阴极极化。

2.4.2　极化曲线和腐蚀极化图

通常用极化曲线来反映电极的极化程度。极化曲线是表示电极电位 E 与极化电流强度 I 之间关系的曲线。如图 2-9 所示的原电池在短接后,阳极(铜电极)和阴极(锌电极)的极化曲线可以表示在一张图中,该图称为腐蚀极化图(见图 2-10)。

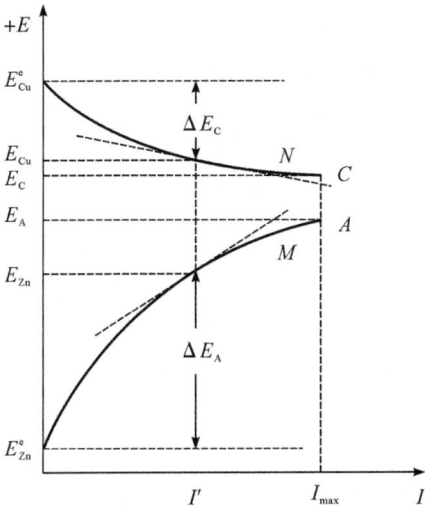

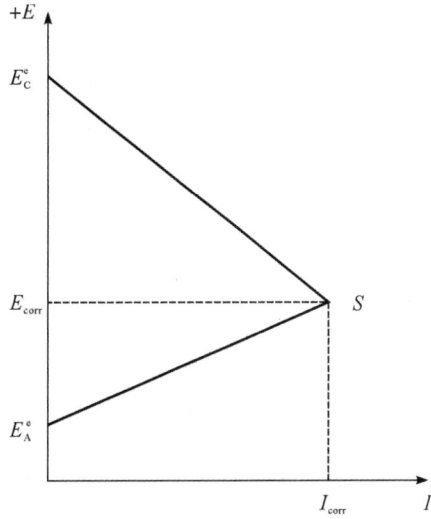

图 2-10　腐蚀极化图　　　　　　　图 2-11　简化的极化图——Evans 图

在极化图中,曲线 $E_{Zn}^e MA$ 表示的是 Zn 电极的阳极极化曲线,曲线 $E_{Cu}^e NC$ 表示的是 Cu 电极的阴极极化曲线。曲线的倾斜程度表示电极的极化程度,曲线越倾斜,说明极化程度越大,电极过程就越难进行。

电极在任意一个电流下的极化程度可以用极化率来表示,它的定义为电位对电流的导数 dE/dI,阳极极化率和阴极极化率分别用 P_a 和 P_c 来表示。

为分析问题方便,通常假定阴、阳极的极化曲线均可画成一条直线,如图 2-11 所示。这种简化的腐蚀极化图是由英国腐蚀科学家艾文思(Evans)首先提出并应用的,因此该图又称 Evans 图。图 2-11 中 E_C^e 和 E_A^e 分别表示起始时阴、阳极的平衡电位。

混合电位理论指出,在电化学反应中,总的阳极电流应等于总的阴极电流。所以,阴、阳极极化曲线的交点 S 表示的就是一个稳定工作点。在该点下,金属处于自发腐蚀状态。因此,该点对应的电位称为腐蚀电位,用 E_{corr} 表示。该点对应的电流称为腐蚀电流,用 I_{corr} 表示。

2.4.3　腐蚀极化图的应用

2.4.3.1　简化的腐蚀电流公式的导出

如图 2-12 所示,E_C^e 和 E_A^e 分别表示开路时阴、阳极的平衡电位,E_C 和 E_A 分别表示极化后的稳定电位,则阴极极化曲线可以表示为 $E_阴 = E_C^e - P_C I$,阳极极化曲线可以表示为 $E_阳 = E_A^e + P_A I$(P_C 和 P_A 分别为阴、阳极的极化率)。

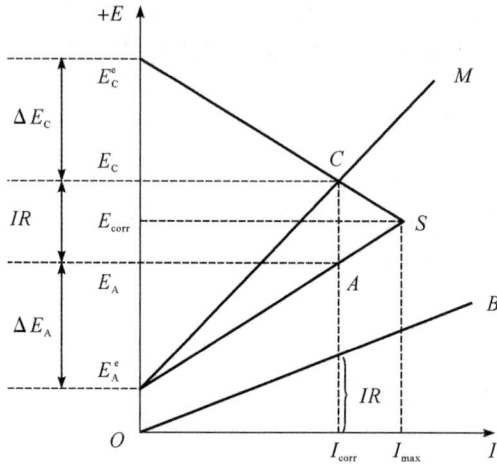

图 2-12　电路中有电阻时的腐蚀电流的确定

因此

$$E_C = E_C^e - P_C \cdot I_{corr} \tag{2-1}$$

$$E_A = E_A^e + P_C \cdot I_{corr} \tag{2-2}$$

根据欧姆定律,有

$$E_C - E_A = I_{corr} \cdot R \tag{2-3}$$

由式(2-1)～式(2-3)可得

$$I_{corr} = \frac{E_C - E_A}{P_C + P_A + R}$$

从上式可以看出,影响腐蚀电流(腐蚀速度)的因素有阴、阳极间的初始电位差 $E_C^e - E_A^e$,阴、阳极极化率 P_C 和 P_A,以及回路电阻 R,其中初始电位差是腐蚀的原动力,而 P_C,P_A 和 R 则构成了腐蚀过程的阻力。

2.4.3.2　腐蚀电流的图解

从图 2-12 可以看出,没有电流时,腐蚀电池阴、阳极间的电位差(又称初始电位差)等于腐蚀电流 I_{corr} 下阴极极化电位降、阳极极化电位降及欧姆电位降之和,即

$$E_C^e - E_A^e = \Delta E_C + \Delta E_A + \Delta E_R \quad (\text{其中 } \Delta E_R = I_{corr} \cdot R)$$

在不考虑回路电阻的情况下,腐蚀电流可以直接由阳极极化曲线和阴极极化曲线的交点(S 点)的横坐标(I_{max})得出。

如果需要考虑回路电阻,则可以把表示欧姆电位降的直线段(OB)叠加到阳极极化线上,得到叠加后的直线($E_A^e M$),那么它与阴极极化线($E_C^e S$)的交点 C 点所对应的横坐标就是腐蚀电流 I_{corr}。显然 $I_{corr} < I_{max}$,回路电阻越大,I_{corr} 偏离 I_{max} 越远。

2.4.3.3　腐蚀速度影响因素的确定

根据法拉第定律,腐蚀电流的大小是腐蚀速度的表征。因此腐蚀极化图可以方便地用来分析腐蚀过程中各种因素对腐蚀速度的影响。

1.初始电位差的影响

图 2-13 表明,在极化程度基本保持不变的条件下,腐蚀电池的初始电位差越大,腐蚀电

流越大($I_1 > I_2 > I_3$)。

2. 极化性能的影响

如果回路的电阻很小,腐蚀电流的大小可由阳极极化曲线和阴极极化曲线的交点来确定。因此电极的极化性能必然会对腐蚀速度带来很大影响。只要增大任意一个电极的极化率,就会使腐蚀速度明显降低。从图 2-13 可以看出,在阳极极化曲线确定的情况下,阴极极化曲线越陡(反应阻力越大),腐蚀速度越小。

根据腐蚀过程中各种阻力所起的作用不同,可把腐蚀极化图分成四大类(见图 2-14),分别如下:

(1)阴极控制:表示回路电阻很小,并且阴极极化阻力最小。

(2)阳极控制:表示回路电阻很小,并且阳极极化阻力最小。

(3)混合控制:表示回路电阻很小,并且阴、阳极极化阻力相当。

(4)欧姆控制:表示回路电阻远大于阴、阳极极化电阻。

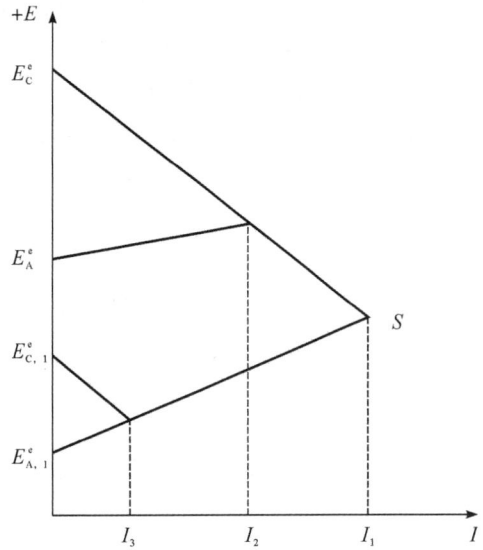

图 2-13　初始电位差对腐蚀电流的影响

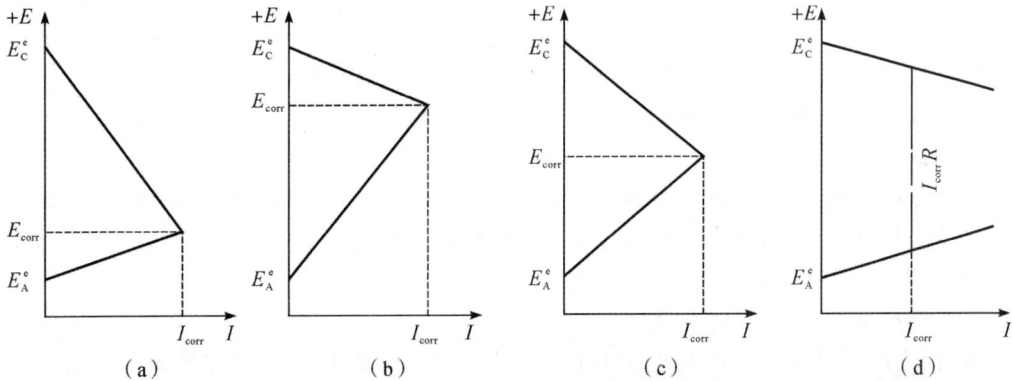

图 2-14　不同控制因素下的腐蚀极化图
(a)阴极控制;(b)阳极控制;(c)混合控制;(d)欧姆控制

在腐蚀防护过程中,确定某一因素的控制程度是很重要的,这可以使我们有针对性地采取措施主动地去影响主控因素,最大限度地降低腐蚀速度。例如对于阴极控制的腐蚀,任何增大阴极极化率的因素都将对减小腐蚀速度有显著效果;反之,如果只是采取增大阳极极化率的措施,那么对降低腐蚀速度不会带来明显效果。

2.5　钝　　化

把一块铁片放在硝酸中,观察铁片的溶解速度与硝酸浓度间的关系(见图 2-15)后可以发现:铁在稀硝酸中剧烈地溶解,而且溶解速度随着硝酸的浓度增加而迅速增大。当硝酸的浓度达到 30%～37% 时,铁的腐蚀速度达到最大值,此时若再增加硝酸的浓度,使之超过 50% 后,铁的溶解速度会突然下降到原来的 1/4 000,以后在很宽的浓度范围内(50%～90%),铁片的溶解速度始终维持在很低的水平,这就是钝化现象。当硝酸的浓度超过 90% 以后,腐蚀速度又逐渐开始回升,这种现象称为过钝化。

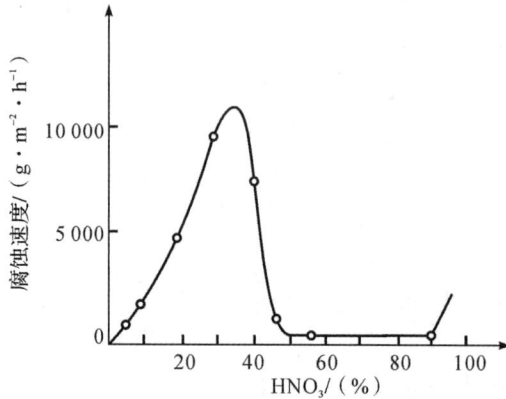

图 2-15 工业纯铁的溶解速度与硝酸浓度的关系(25℃)

2.5.1 钝化定义

一般认为,某些活泼的金属或合金,由于某种原因导致它们的阳极过程受到阻碍,因而在很多环境中其电化学性能接近于贵金属。这种金属由活泼状态向不活泼状态转变的过程就称为钝化。经钝化后金属所具有的高度稳定的性能称为金属的钝性。

经钝化后,金属的电极电位会有较大的提高。如铁经钝化后,电位由原来的 $-0.5\ V$～$+0.2\ V$ 升高到 $0.5\ V$～$1.0\ V$。

像铬、镍、钼、钛、铝、锆、镁等金属或合金,在一定的环境下,由于钝化膜的形成,它们的电极电位(即活化电位)会由原来未形成钝化膜时较低的数值向正方向移动。所以这类材料往往有两个腐蚀电位(如在电偶序中,不锈钢就有一个较负的活性电位以及一个较正的钝态电位)。因此,这类材料又称为活性-钝性金属。

不锈钢之所以具有很好的耐腐蚀性能,是因为在其中添加了质量分数为 12% 或以上的铬。只要介质中有一定浓度的溶解氧存在,就可以和铬发生氧化反应,生成致密的 Cr_3O_2 保护膜。但是,当不锈钢的表面上存在某些氧达不到的局部区域时,由于"氧浓差电池"的形成,这些局部区域的钝性将被破坏,活性区和钝性区将产生很高的电位差("大阴小阳"效应),导致这些局部区域发生快速的溶解。

当金属发生钝化现象之后,其腐蚀速度可降低为原来的 10^{-6}～10^{-3},然而钝化状态一般不太稳定,如钝化膜容易受到擦伤而损坏。因此,钝态虽然提供了一种极好的减轻腐蚀的方法,但由于钝态比较容易转变为活态,所以必须慎重使用。

2.5.2 钝化的方法

常见的钝化方法有三种,即电化学钝化、化学钝化和合金化。

1. 电化学钝化

实验证明,在不含活性 Cl^- 的电解质溶液中,可以通过阳极极化的方法引起金属产生钝化。例如 18-8 型不锈钢在 $30\%H_2SO_4$ 中会剧烈溶解。但如用外加电流使之阳极极化，并使阳极极化至 $-0.1(vs,SHE)V$ 后，不锈钢的溶解速度迅速下降到原来的数万分之一，并且在 $-0.1\sim+1.2V$ 范围内一直保持着高度的稳定性。这种采用外加阳极电流的方法，使金属由活性状态变为钝态的现象，称为"电化学钝化"或"阳极钝化"。铁、镍、铬、钼等金属在稀硫酸中均可发生因阳极极化而引起的电化学钝化。

某些材料之所以能够进行电化学钝化，与其阳极极化曲线的特点是分不开的。典型的阳极极化曲线如图 2-16 所示。

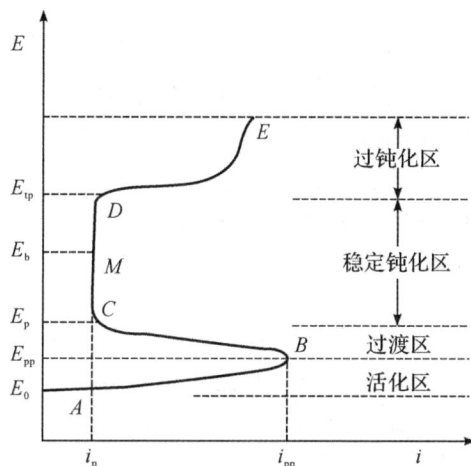

图 2-16　金属阳极极化曲线

整条阳极极化曲线被四个特征电位值（金属自腐蚀电位 E_0、致钝电位 E_{pp}、维钝电位 E_p 及过钝化电位 E_{tp}）分成四个区段。各区段的特点如下：

（1）AB 区：从 E_0 至 E_{pp}，为金属的活性溶解区。

（2）BC 区：从 E_{pp} 至 E_p，为活化-钝化过渡区。B 点的电位和电流密度分别称为致钝电位 E_{pp} 和致钝电流密度 i_{pp}，标志着金属钝化的开始。

（3）CD 区：从 E_p 至 E_{tp}，金属处于稳定钝态，故称为稳定钝化区。此时金属表面已生成了一层耐蚀性好的钝化膜。CD 直线上的点所对应的纵坐标称为维钝电位，对应的横坐标为 i_p，称为维钝电流密度，其值很小，说明金属处于钝态时，仍然以极低的速度溶解着。

（4）DE 区：电位高于 E_{tp} 的区域，称为过钝化区。此时，随着电位的进一步升高，腐蚀速度又开始逐渐加快。

从材料的阳极极化曲线可以看出，在对金属进行阳极极化保护时，只要我们能够把体系的电极电位控制在 CD 段所对应的范围，就可以实现钝化。

2. 化学钝化

如前所述，铁可以在一定浓度的浓硝酸中发生钝化。事实上，除铁外，其他一些金属，如铬、镍、钼、铌、钛等，在适当的强氧化剂（如硝酸盐、$K_2Cr_2O_7$，$KMnO_4$，$KClO_3$ 等）中都会产生钝化，这种方法称为化学钝化。能使金属钝化的物质，称为钝化剂。铬、铝、钛等金属在空气或很多种含氧的溶液中都可以被氧气所钝化，这种现象称为自钝化。具有自钝化性能的金属，具有很高的耐腐蚀性能，原因是它们在钝化膜遭破坏的情况下，只要介质中存在足够数量的氧，则保护膜可以自发地修复。

3.合金化

往易蚀材料中添加贵金属或具有自钝化性能的元素,可以提高材料的耐腐蚀性能。如不锈钢,就是在铁中添加了自钝化性能良好的合金元素铬。

2.5.3 钝化的原理

金属由活化状态转变成为钝态是一个相当复杂的过程,到现在为止还没有一个完整的理论来说明所有的金属钝化现象。目前为大多数人所接受的解释金属钝化现象的主要理论有两种,即成相膜理论和吸附理论。

1.成相膜理论

成相膜理论认为,金属钝态的获得是由于金属和介质作用时在金属表面上生成了一种非常薄的、致密的保护膜,这种保护膜能够把金属与溶液、介质隔离开来,使金属的溶解速度大幅下降,使金属由活化状态转变为钝态。

支持成相膜理论的实验事实:浓硝酸中铁表面钝化膜是 γ- Fe_2O_3,钝化膜厚度为 $2.5\sim 3$ nm。

2.吸附理论

吸附理论认为,金属钝化并不需要在金属表面生成固相的成相膜,而只需在金属表面上生成氧或含氧粒子的吸附层。一旦这些粒子吸附在金属表面,就会改变金属-溶液界面的结构,并使阳极反应的阻力显著增大而产生钝化。

习题与思考题

1.材料为什么会腐蚀?

2.材料腐蚀的概念是什么?影响腐蚀的因素有哪些?

3.从腐蚀机理来说,腐蚀可分为哪几类?说明其各自的腐蚀特点。

4.一般来说,电化学腐蚀的电极反应有哪些?

5.用双电层结构理论阐述电极和电极电位的概念。

6.电化学腐蚀的热力学判据是什么?

7.简述电化学腐蚀产生的条件。

8.什么是金属的钝化?金属钝化后有哪些特点?

第3章 飞机材料耐蚀性及腐蚀环境分析

腐蚀问题是材料与环境发生作用的表面现象,电化学腐蚀发生在固体材料与电解质溶液中的固液界面,化学腐蚀发生在固体材料与周围气体环境的固气界面。因此,系统全面地分析一个腐蚀问题,一方面要具体分析材料的本身特性,即内在各个因素;另一方面要全面分析周围的环境,以及环境中的介质及其存在的状态,即腐蚀的外在因素。

3.1 铝合金的耐蚀性能

3.1.1 纯铝的耐蚀性能

铝单质的化学性质虽然很活泼,但由于它在空气中易与氧结合,在表面形成一层致密、稳定的氧化铝薄膜(钝化膜),可保护内层金属不再继续氧化,因此纯铝在大气中具有很好的耐蚀性能。但退火态纯铝的抗拉强度相当低,只有 45 MPa,因此其使用范围仅局限于飞机结构中受力不大的非结构件。

3.1.2 铝合金的耐蚀性能

飞机结构上使用的铝合金大致可以分为两种,即可热处理强化的铝合金和不可热处理强化的铝合金。

1. 不可热处理强化的铝合金

(1)Al－Mn 系合金(3000 系列)。常用合金为 3A21 铝合金,合金中锰为主要合金元素,它具有较高的强度、良好的塑性和工艺性能。3A21 合金在室温下的组织为 α 固溶体和在晶界上形成的($\alpha+Al_6Mn$)共晶体。由于 α 固溶体与 Al_6Mn 相的电极电位几乎相等,因此合金的耐蚀性较好。该类合金的缺点是在冷变形硬化状态下不能用在温度高于 100℃的场合,原因是在该条件下,其对应力腐蚀开裂(SCC)的敏感性较高。

(2)Al－Mg 系合金(5000 系列)。由于主要合金元素镁的密度比铝还小,加上其良好的焊接性能和抗震性能,所以这类合金在航空工业中得到了广泛的应用,常用的有 5A02,5A03,5A06 等铝合金。该类合金的强度一般高于 3A21 铝锰合金的强度。在实际使用中,该材料呈单相固溶体组织,因此具有良好的耐蚀性能。其在大气、海水中的耐蚀性能优于 3A21 合金,与纯铝相当;在酸性和碱性介质中,其耐蚀性稍逊于 3A21 合金。

该系合金的含镁量愈高,强度也愈高。但其含镁量不宜过高,应控制在 8%(质量分数)以内。原因是当含镁量高于 8%以后,如果对其进行退火处理,会在晶界上连续析出 Mg_5Al_8 相,导致其耐蚀(晶间腐蚀和应力腐蚀)性能下降。

2. 可热处理强化的铝合金

这类铝合金可以通过热处理来产生沉淀强化的效果,其强度较高,又称为硬铝合金,是航空上最为重要的结构件材料之一。

总体上看,铝合金的强度随温度升高而降低,当飞机速度较高时,气动加热会影响铝合金强度。铝合金化后,其耐腐蚀性能减弱,常见的腐蚀形态有点蚀、缝隙腐蚀、晶间腐蚀、剥蚀和应力腐蚀等。

点蚀是铝合金最常见的腐蚀形态之一,硬铝合金等耐点蚀能力较差。铝合金易产生缝隙腐蚀,因为缝隙内易积存水分和污物,使涂层和包铝层发生水化作用,降低其保护作用。

Al-Cu,Al-Cu-Mg,Al-Zn-Mg 等合金产生晶间腐蚀的倾向较大。晶间腐蚀与热处理工艺有关,采用自然时效腐蚀倾向较低,人工时效腐蚀倾向则较高,而过时效腐蚀倾向又降低。Al-Cu-Mg 系硬铝合金中的 T6 热处理状态比 T3 热处理状态具有更大的晶间腐蚀敏感性,因此除在高温下工作的构件以外,这类合金一般均采用自然时效处理。

在飞机结构中,Al-Cu-Mg 合金产生剥蚀的情况最多,Al-Mg,Al-Mg-Si,Al-Zn-Mg 合金也有发生,但在形变 Al-Si 系中未见发生。

Al-Cu,Al-Cu-Mg 硬铝合金,特别是 Al-Zn-Mg,Al-Zn-Mg-Cu 等超硬铝合金,容易产生应力腐蚀。

(1)Al-Cu-Mg 和 Al-Cu-Mn 系合金(2000 系列)。Al-Cu-Mg 系合金是可热处理强化铝合金中最重要的合金系列之一,飞机结构中使用最为广泛的该类合金为 2024 铝合金,这类合金的主要强化相为 S 相($CuMgAl_2$),其次为 θ 相($CuAl_2$),通常在 T3 状态下使用,具有断裂韧性高、抗疲劳裂纹扩展能力强的特点。不过此状态下的抗蚀(晶间腐蚀)性能不够好,薄板一般包铝后使用,也可配合阳极化处理、阿洛丁化学处理进一步提高其耐蚀性能。2000 系列中目前最新、性能最好的合金是 2524 铝合金,其韧性和抗疲劳性能均较 2024 铝合金有重大改进,已成功应用于 B777 客机。

(2)Al-Zn-Mg-Cu 系合金(7000 系列)。Al-Zn-Mg-Cu 系合金中最重要的是 7075 铝合金,在 T6 状态下其强度最高,但断裂韧性最低,耐蚀性能(尤其是抗晶间腐蚀和应力腐蚀性能)较差。为了增强其耐蚀性能,需对其进行过时效处理,常见的有 T73 处理,即首先对铝合金进行固溶处理,然后进行双级时效处理(在较低温度下加热保温一段时间后,再在较高温度下加热和保温一段时间)。经此处理以后,虽然材料的抗拉强度下降大约 15%,但是材料的耐应力腐蚀性能和晶间腐蚀抗力却大大提高。7055 是目前该系合金中合金化程度最高、强度也最高的铝合金,近期研究成功的 T77 处理工艺,使该合金在高强度下仍能保持较高的断裂韧性和良好的抗应力腐蚀性能,该种合金已成功应用于 B777 客机的主体结构。需要说明的是,在进行双级时效处理之前,首先应对固溶处理(淬火)的工艺进行严格控制,否则将严重影响材料的抗晶间腐蚀性能。

现代飞机结构极大地依赖于铝合金,它们还用于飞机骨架、蒙皮及受力件。在现代亚声速民用客机上,铝合金材料仍然是飞机构件的支柱材料,并且在不断推出更新的航空铝锂合金等。因此,铝合金在航空领域的重要作用仍会持续很多年。

空中客车公司在 A380 客机大部分结构零件采用了新型且先进的金属材料,铝合金占的比例最大(占机体结构质量的 61%),尤其是在 A380 机翼部位(机翼的 80% 以上是铝合金材料)。为了实现性能改进,以提高强度和损伤容限,增强稳定性并提高抗腐蚀能力,开发出了创新性的铝合金材料和工艺技术。A380 - 800 飞机在铝合金结构上取得的主要成就包括:①在机身壁板上引用了很宽的钣金材料,减少了连接件,从而减轻了质量;②在主地板横梁上采用了先进的铝锂合金挤压件,其在这一部位的应用可与碳纤维增强塑料相媲美。2014 年投入使用的 A350 客机也采用了最新的铝锂合金,不仅由于材料密度降低而减轻了机体质量,同时还可以采用与现有的铝合金零件相同的技术和方法对新材料的零部件进行修理。

美国波音公司的"梦幻航线(Dreamlinar)"的 787 型客机铝材占的比例仍然达到 20%,其主要用于机身结构、桁条等部件。

3.2　钛合金的耐蚀性能

钛不但资源丰富,而且具有密度小、比强度高、耐热性高及优异的耐蚀性,此外,钛还具有很高的塑性和优良的冷热加工性能,从而使其在现代工业中占有极其重要的地位,在航空、化工、导弹、航天及舰船等方面,钛及其合金得到广泛的应用。

3.2.1　纯钛

钛是白色金属,熔点为 1 668℃,密度为 4.5 g/cm³,比铝重但比钢轻 43%。钛的矿物在自然界分布很广,约占地壳重的 0.6%,含量仅次于铝、铁、钙、钠、钾和镁,而比铜、锡、锰和锌等在地壳中的含量要多几倍甚至几十倍。钛的性质与其纯度有关,纯度越高,强度和硬度越低。

钛有较高的强度(退火后,工业纯钛的抗拉强度 $\sigma_b=550\sim700$ MPa),约为铝的 6 倍,钛同时兼有钢(强度高)和铝(质轻)的优点,因此钛的比强度(强度/密度)在结构材料中是很高的。钛的线膨胀系数较小,在高温条件下或热加工过程中产生的热应力小;导热性差,只有铁的1/5;摩擦因数大($\mu=0.42$),因此切削、磨削加工困难;钛的弹性模量较低,屈服强度高,因此钛及其合金冷变形加工时的回弹性大,不易成形和校直;纯净的钛有良好的可塑性,它的韧性超过纯铁的 2 倍。

钛有两种同素异晶结构:在 882.5℃以下的稳定结构为密排六方晶格,用 α - Ti 表示;在882.5℃以上直到熔点的稳定结构为体心立方晶格,用 β - Ti 表示。

工业纯钛按其杂质含量不同,可分为 TA1,TA2,TA3 三个牌号。牌号顺序数字增大,杂质含量增加,钛的强度增加,塑性降低。

3.2.2　钛合金

为了提高强度,可在钛中加入合金元素。合金元素融入 α - Ti 中形成 α 固溶体,融入β - Ti中形成 β 固溶体。铝、碳、氮、氧和硼等元素使 α 与 β 同素异晶转变温度升高,称为 α 稳定化元素;而铁、钼、镁、铬、锰和钒等元素使同素异晶转变温度降低,称为 β 稳定化元素;锡和锆等元素对转变温度影响不明显,称为中性元素。

根据使用状态的组织,钛合金可分为 α 钛合金、β 钛合金和(α+β)钛合金三类。

α 钛合金的组织全部为 α 固溶体,因而具有很好的强度、韧性及塑性,在冷态也能加工成某种半成品,如板材和棒材等。它在高温下组织稳定,抗氧化能力较强,热强性较好,在高温(500~600℃)时的强度性能是三类合金中较高的。α 钛合金是单相合金,不能进行热处理强化。

全部是 β 相的钛合金在工业上很少使用,因为这类合金比重较大、耐热性差、抗氧化性能低。当温度高于 700℃ 时,合金很容易受大气中的杂质气体污染,生产工艺复杂,因而限制了它的使用。但全 β 钛合金是体心立方晶格结构,具有良好的塑性。

(α+β)钛合金兼有 α 和 β 钛合金两者的优点,耐热性和塑性都较好,并且可进行热处理强化,这类合金的生产工艺也比较简单。因此,(α+β)钛合金的应用比较广泛,其中以 TC4(Ti-6Al-4V)应用最为广泛。

钛合金氧化膜的稳定性远高于铝和不锈钢氧化膜的稳定性。保护膜因机械操作遭到破坏时,能很快恢复。所以,钛及钛合金在很多高活性介质中都具有较高的耐腐蚀能力。

3.2.3 钛合金的热处理

1. 钛及钛合金的退火

消除应力退火的目的是消除工业纯钛和钛合金零件加工和焊接后的内应力,退火温度一般为 450～650℃,保温 1～4 h,空冷。再结晶退火的目的是消除加工硬化,对于纯钛一般用 550～690℃,而钛合金用 750～800℃,保温 1～3 h,空冷。

2. 钛合金的淬火和时效

淬火和时效的目的是提高钛合金的强度和硬度。α 钛合金和含 β 稳定化元素较少的(α+β)钛合金,自 β 相区淬火时,发生无扩散型的马氏体转变 β→α′。α′为 β 稳定化元素在 α-Ti 中的过饱和固溶体。α′马氏体与 α 的晶体结构相同,具有密排六方晶格。α′的硬度低、塑性好,是一种不平衡组织,加热时效时分解成 α 相和 β 相的混和物,强度和硬度升高。

β 钛合金和含稳定化元素较多的(α+β)钛合金,淬火后 β 相变成介稳定的 β 相,加热时效时,介稳定 β 相析出弥散的 α 相,使合金的强度和硬度提高。

α 钛合金一般不进行淬火和时效处理,β 钛合金和(α+β)钛合金可进行淬火+时效处理以提高强度和硬度。

固溶和时效处理是从高温区快冷,得到马氏体 α′相和亚稳定的 β 相,然后在中温区保温使这些亚稳定相分解,得到 α 相或化合物等细小弥散的第二相质点,以达到强化合金目的的方法。钛合金的淬火温度一般选在(α+β)两相区的上部范围,淬火后部分 α 相保留下来,细小的 β 相变成介稳定 β 相或 α′相或两者均有(决定于 β 稳定化元素的含量),经时效后可获得好的综合力学性能。假如加热到 β 单相区,β 晶粒极易长大,则热处理后的韧性很低。通常(α+β)合金的淬火在(α+β)→β 相转变点以下 40～100℃ 进行,亚稳定 β 合金淬火在(α+β)→β 相转变点以上 40～80℃ 进行。一般淬火温度为 760～950℃,保温时间 0.5～1 h,水中冷却。

钛合金的时效一般在 450～550℃ 范围进行,时间为几小时至几十小时。

钛合金热处理加热时要防止污染和氧化,并防止过热。β 晶粒长大后,无法用热处理方法挽救。

3.3 钢的耐蚀性能分析

3.3.1 钢的分类

钢是以铁和碳为主要成分的合金,它的含碳量一般在 0.02%～2.11%(质量分数)范围。钢可以按以下几种方式进行分类。

1. 按用途分类

按用途可将钢分为结构钢、工具钢和特殊性能钢三大类。

(1) 结构钢用来制造各种工程结构和机械零件,包括渗碳钢、调制钢、弹簧钢和滚动轴承钢等。

(2) 工具钢用来制造各种工具,包括刃具钢、模具钢和量具钢等。

(3) 特殊性能钢包括不锈钢、耐热钢和耐磨钢等。

2. 按化学成分分类

按化学成分可将钢分为碳钢和合金钢。碳钢是由生铁冶炼获得的合金,除了铁、碳主要成分外,还含有少量的锰、硅、硫、磷等杂质。合金钢是在碳钢基础上,有目的地加入某些元素(称为合金元素)而得到的多元合金。与碳钢相比,合金钢的性能有明显提高。

(1) 碳钢。按含碳量可分为低碳钢(含碳量≤0.25%)、中碳钢(0.25%≤含碳量≤0.6%)和高碳钢(含碳量>0.6%)。

当钢的含碳量小于 0.9% 时,随着钢中含碳量的增加,钢的强度、硬度直线上升,而塑性、韧性不断降低;当钢的含碳量大于 0.9% 时,随着钢中含碳量的增加,不仅塑性、韧性进一步降低,钢的强度也明显下降。因此,工业上使用的碳钢含碳量一般不超过 1.3%～1.4%。

(2) 合金钢。按合金元素含量可将合金钢分为低合金钢(合金元素总质量分数≤5%)、中合金钢(合金元素总质量分数在 5%～10% 范围)和高合金钢(合金元素总质量分数>10%)。

按钢中所含主要合金元素种类不同,合金钢又分为锰钢、铬钢、铬镍钢、铬锰钛钢等。

3.3.2　碳钢的热处理

热处理是指采用适当的方式对金属材料或工件进行加热、保温和冷却,以获得预期的组织结构与性能的工艺。热处理不改变工件的形状和整体化学成分,但能够通过改变工件内部的组织结构,改善工件的使用性能,这就是热处理的实质所在。热处理的目的是改善工件的工艺性能、力学性能和物理化学性能,充分发挥材料的性能潜力,提高产品的内在质量,延长产品的使用寿命。

根据加热、冷却方式及组织、性能变化特点的不同,可将碳钢分为以下几类。

(1) 整体热处理:对工件整个进行穿透加热的热处理,包括退火、正火、淬火和回火,俗称"四把火"。

(2) 表面热处理:为改变工件表面的组织和性能,不改变金属表层化学成分,仅对工件表层进行热处理以改变其组织和性能的局部热处理工艺,也称表面淬火。它是通过快速加热,使钢的表层奥氏体化,在热量尚未充分传至中心时立即进行淬火冷却,使表层获得硬而耐磨的马氏体组织,而心部仍保持着原来塑性和韧性较好的正火或调质组织的方法。根据加热方式不同可分为感应淬火、火焰淬火、接触电阻加热淬火、激光淬火和电子束淬火等。

(3) 化学热处理:将工件置于一定温度的活性介质中保温,使一种或几种元素渗入它的表层,以改变其化学成分、组织和性能的热处理工艺。跟其他热处理工艺相比,它不仅有组织的变化,而且工件表层化学成分也发生了变化。它的作用主要是提高工件表层的某些力学性能和保护工件表面,提高工件表层的物理性能和化学性能。按照渗入的元素不同,化学热处理可分为渗碳、渗氮、碳氮共渗、渗硼和渗金属等。

(4) 其他热处理包括可控气氛热处理、真空热处理和形变热处理等。

根据热处理在零件生产过程中的位置和作用不同,可将碳钢分为以下两种。

(1)预备热处理是零件加工过程中的一道中间工序,其目的是改善组织结构,消除应力,为后续加工作准备。

(2)最终热处理是零件加工的最终工序,其目的是使零件达到所需要的使用性能。

热处理方法虽然很多,但任何一种热处理都是由加热、保温和冷却三个过程组成的,这三个过程称为热处理的三要素,这三大基本要素决定了材料处理后的组织和性能,如图 3-1 所示为碳钢的组织转变曲线。

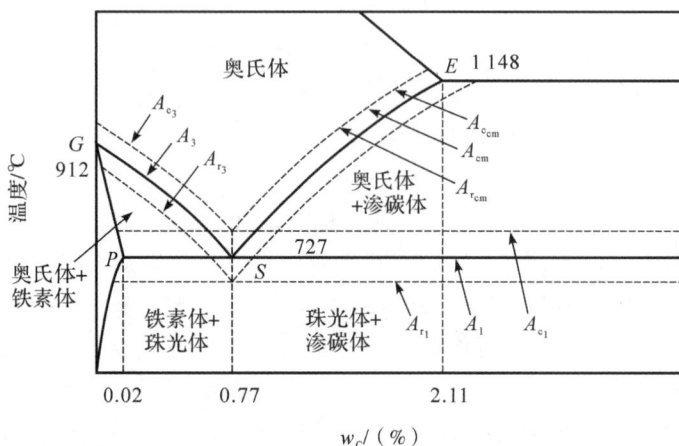

图 3-1　铁-碳相图

此处主要了解热处理"四把火"的有关知识。其中,钢的退火和正火主要用于铸件、锻件和焊件的预备热处理去除内应力,以改善毛坯的可加工性,并为最终热处理作准备,也可用于性能要求不高的机械零件的最终热处理。

1. 退火

退火是将钢加热到 A_{c_1} 以上或以下的适当温度,保温一段时间,然后缓慢冷却(一般为炉冷)的一种热处理工艺。除炉冷外,退火还可采用坑冷、埋沙和灰冷等冷却方法,目的是使过冷奥氏体在等温转变图的较高温度时进行转变,使金属内部组织达到或接近平衡状态,获得以珠光体为主的组织。退火的种类很多,最常用的有如下几种类型:

(1)完全退火,又称重结晶退火,是把钢加热到 A_{c_3} 以上 $30\sim50℃$,保温一定时间或缓慢冷却(炉冷、埋入石灰或砂中冷却),以获得接近平衡组织的热处理工艺。其目的在于通过完全重结晶,使热加工造成的粗大、不均匀或非平衡的组织细化、均匀化或向平衡组织转变,以降低硬度,改善加工性。此外,由于冷却速度缓慢,还可消除内应力。

(2)等温退火,是将钢件加热到高于 A_{c_3}(或 A_{c_1})的适当温度,保温适当时间后,较快地冷却到稍低于 A_{r_1} 的珠光体转变区的某一温度保持等温,使奥氏体等温转变为珠光体类组织,然后空冷的热处理工艺。其目的与完全退火相同,区别在于等温退火可大大缩短退火时间。

(3)去应力退火,是为了消除残余应力而进行的退火,是将钢件加热到低于 A_1 的某一温度(一般是 $500\sim650℃$),保温后炉冷到 500℃以下(大面积工件炉冷到 300℃以下)出炉空冷,这样可以消除大约 $50\%\sim80\%$ 的内应力,但不会引起组织变化。

2. 正火

正火是将钢件加热到 A_{c_3} 或 $A_{c_{cm}}$ 以上 $30\sim50℃$,保温适当时间后在自由流通的空气中均匀冷却的热处理工艺。一些大型工件在炎热的夏天也可采用吹风或喷雾冷却,目的是使钢的组织正常化,亦称常化处理。正火实质上是退火的一个特例,两者的主要区别在于冷却速度。正火冷却速度大,过冷度大,得到珠光体组织数量多,并且比较细小,因而强度和硬度也较高。正火主要用来消除缺陷组织,作为最终热处理及改善材料加工性能。

3. 淬火

淬火是将钢加热到 A_{c_3} 或 A_{c_1} 以上适当温度,保温一段时间后,以大于临界冷却速度的速度进行快速冷却,使奥氏体转变为马氏体或下贝氏体的热处理工艺。淬火是得到马氏体的主要手段,因此从组织上讲,淬火的目的就是为了获得马氏体或下贝氏体,提高钢的力学性能。淬火是钢最重要的热处理工艺,也是热处理中应用最广泛的工艺方法。

淬火后工件的组织状态为不稳定的马氏体和残余奥氏体,工件的内应力也很大,性能表现为硬而脆,不能直接使用,否则工件有断裂的危险。因此淬火后的工件要进行回火,有些工件还要及时回火。

4. 回火

回火是将淬火后的工件重新加热到 A_{c_1} 温度以下某一温度,保温后再冷却到室温的一种热处理工艺。为了不致产生新的应力,回火冷却一般采用空冷。回火的目的主要有以下三方面。

(1)降低或消除内应力,防止工件开裂或变形;

(2)使淬火后的组织由不稳定向稳定方向转变,以稳定工件尺寸;

(3)调整工件的性能,满足工件的使用要求。

根据温度不同,回火可分为低温回火(150～250℃)、中温回火(350～500℃)和高温回火(500～600℃)。

3.3.3　合金钢

为了改善钢的机械性能或使其具有某些特殊的性能,有目的地往钢中加入合金元素,得到的钢材叫做合金钢。常用的合金元素有锰(质量分数大于 0.8%)、硅(质量分数大于0.5%)、铬(Cr)、镍(Ni)、钨(W)、钼(Mo)、钒(V)、钛(Ti)、铌(Nb)、稀土元素(Re)等。

1. 合金钢的性能

合金元素可溶于碳钢的铁素体(F)中,有明显的强化作用,所以合金元素可以提高钢的强度和硬度。而且只要将合金元素的含量控制在一定范围内,在强度、硬度提高的同时,钢的韧性并不降低,特别是 Cr、Ni 在适当的范围内,还能提高钢的韧性。

合金元素提高了淬火钢的回火抗力,可以使钢在调质处理后获得更好的综合机械性能。

合金元素增加碳钢的淬透性,降低钢淬火的临界冷却速度,从而减少淬火过程中工件变形与开裂倾向;合金元素还可增大工件的淬透层深度,从而获得较高的、沿截面均匀的机械性能。另外,合金元素还能使钢获得某些特殊性能,如抗腐蚀、耐高温性能等。

2. 合金钢牌号的表示方法

结构钢牌号的编号原则:前面两位数字表示合金钢平均含碳量(单位是 0.01%),后面加元素符号及平均质量分数(单位是 1%),当合金元素质量分数小于 1.5% 时,表示平均质量分数的数字可以省略。若元素质量分数等于或者大于 1.5%,2.5%……时,则元素符号后面的数字为含量的近似值,即为 2,3……等。若是高级优质钢,则在钢号末尾加"A"。

例如：12CrNi3A 表示含碳量为 0.12％，含 Cr 量为 1％，含 Ni 量为 3％的高级优质合金钢；40CrNiMoA 表示含碳量为 0.40％，含 Cr 量为 1％，含 Ni 量为 1％，含 Mo 量为 1％的高级优质合金钢。

合金工具钢若含碳量大于 1％，则表示含碳量的数字可以省略；若含碳量小于 1％，应标出含碳量，单位是 0.1％。

例如：9SiCr 表示含碳量为 0.9％，含 Si 量为 1％，含 Cr 量为 1％的合金工具钢；CrWMn 表示含 Cr 量为 1％，含 W 量为 1％，含 Mn 量为 1％的合金工具钢。

美国的一般碳钢和合金钢都用 4 个数字的系列符号来表示。有 SAE(美国汽车工程学会)标准、AISI(美国钢铁学会)标准、FS(美国联邦政府规格)标准。其中前面两位数字表示钢的类型，第二位数字通常表示主要合金元素的质量分数(单位为 1％)，最后两位数字表示钢的平均含碳量(单位是 0.01％)。

(1)10xx 标识符号：表示普通钢。如 SAE 1010 和 SAE 1030 表示普通钢。后两位数字10，30 分别表示钢的平均含碳量为 0.10％和 0.30％。

(2)2xxx 标识符号：表示镍合金钢系列。如 SAE 2330 表示含镍合金元素 3％，平均含碳量为 0.30％的合金钢。

(3)3xxx 标识符号：表示镍铬合金钢系列。如 SAE 3310 表示含镍合金元素 3.5％，平均含碳量为 0.10％的合金钢。

(4)41xx 标识符号：表示铬钼合金钢系列。如 SAE 4130 表示含钼合金元素为 1％，平均含碳量为 0.30％的合金钢。

(5)43xx 标识符号：表示镍铬钼合金钢系列。如 AISI 4340 表示含有镍、铬、钼合金元素，平均含碳量为 0.40％的合金钢。

(6)9xxx 标识符号：表示硅锰合金钢系列。如 SAE 9210 表示含硅合金元素为 2％，平均含碳量为 0.10％的合金钢。

高强度优质合金结构钢在潮湿工业大气、海洋大气等环境中，抗腐蚀性能比碳钢有所提高。但是，在没有保护措施的情况下，它们仍具有碳钢的各种腐蚀倾向。

3.3.4 不锈钢

一般把在空气和中性介质中能够耐腐蚀的钢称为不锈钢，而把能在各种侵蚀性较强的介质中工作的耐蚀钢称为耐酸钢。通常把不锈钢和耐酸钢统称为不锈耐酸钢，简称为不锈钢。不锈钢的"不锈"只是相对的，在一定的条件下不锈钢也会腐蚀，因此没有绝对"不锈"的不锈钢。

按照内部微观组织结构的不同，可以把不锈钢分为马氏体不锈钢、铁素体不锈钢、奥氏体不锈钢和双相不锈钢四种。

1.马氏体不锈钢

马氏体不锈钢是一类含碳量较高的铬不锈钢，其含碳量在 0.1％～0.9％范围，含铬量在12％～18％范围。这类钢的特点是含碳量比其他种类不锈钢要高，除添加合金元素铬外，有时还添加少量的钼或镍，如 1Cr17Ni2，9Cr18MoV 等。马氏体不锈钢比铁素体不锈钢和奥氏体不锈钢的耐蚀性都差，而且含碳量越高，其耐蚀性越差。

马氏体不锈钢在大气、海水和氧化性介质中耐蚀性较好，但在诸如硫酸、盐酸等非氧化性酸中不耐蚀。

马氏体不锈钢抗局部腐蚀能力较低,如对点蚀、晶间腐蚀和应力腐蚀较敏感,对氢脆敏感性大,因此在有可能产生局部腐蚀的环境中,应尽量避免使用。

2.铁素体不锈钢

铁素体不锈钢是以铬为主要合金元素(质量分数在 12％～18％范围),具有体心立方晶体结构的铁基合金,如 Cr13 型,Cr17 型和 Cr25～28 型等类型,常加入 Ni,Mo,Cu,Ti,Nb 等合金元素来提高其耐蚀性。

铁素体不锈钢最突出的特点是在含有 Cl^- 离子的水溶液中具有优异的抗应力腐蚀能力,这比镍铬奥氏体不锈钢要好得多。普通铁素体不锈钢抗点蚀、缝隙腐蚀的能力较差,可通过提高铬含量来改善其性能,比如当 Cr 含量达 25％或以上时,其抗点蚀、缝隙腐蚀的性能会得到改善。另外,也可通过在普通铁素体不锈钢中加入合金元素 Mo 来提高其抗点蚀、缝隙腐蚀的性能。

3.奥氏体不锈钢

奥氏体不锈钢的含铬量一般在 18％以上,含镍量一般在 8％以上,且室温具有单相奥氏体组织。奥氏体不锈钢不仅具有优良的耐蚀性能,而且也具有良好的综合力学性能、工艺性能和焊接性能,是不锈钢中最重要、用途最广泛的一类不锈钢。18－8 类型不锈钢(即含铬 17％～19％,含镍 7％～9％)为常见的奥氏体不锈钢。

点蚀和缝隙腐蚀是奥氏体不锈钢在氯化物环境中常见的局部腐蚀形态,可通过添加合金元素 Cr,Mo 来提高其耐蚀性能。随着含 Cr 量的不断提高,材料表面钝化膜的稳定性也不断增强。Mo 的作用有多种解释,通常认为加入 Mo 后便于形成可溶性钼酸盐,吸附在金属表面的活性位置上,从而抑制了金属的溶解。奥氏体不锈钢对应力腐蚀开裂(SCC)非常敏感,可通过添加合金元素 Ni 来降低其敏感性。

4.奥氏体-铁素体双相不锈钢

奥氏体-铁素体双相不锈钢的室温组织中同时含有奥氏体相与铁素体相。它既有奥氏体不锈钢所具备的优良的韧性与焊接性能,同时也具有铁素体不锈钢的高强度和耐氯化物应力腐蚀开裂的性能。与纯奥氏体不锈钢相比,奥氏体-铁素体双相不锈钢的晶间腐蚀敏感性也较小,即具有很好的抗晶间腐蚀性能。在较低的应力水平下,奥氏体-铁素体双相不锈钢显示出比奥氏体不锈钢更为优异的耐 SCC 性能,但是随着应力的不断提高,其耐 SCC 性能逐渐下降,甚至都不如奥氏体不锈钢。奥氏体-铁素体双相不锈钢具有较高的抗点蚀性能。

总的来说,不锈钢耐蚀性能较高。但是,不锈钢在含有氯化物的介质中,由于氯离子的作用,可在不锈钢钝化膜的薄弱区、有缺陷的部位以及有硫化物夹杂或晶界碳化物的地方产生点蚀。在不锈钢构件与其他构件相连的微小缝隙处,易产生缝隙腐蚀。

3.4　复合材料的耐蚀性能

非金属材料,像塑料、橡胶等,不能导电,一般来说耐蚀性能都高于金属材料,所以非金属也被广泛地用作保护层,以提高金属材料的耐蚀性。在飞机材料方面,随着民用飞机的安全性、经济性、舒适性和环保性不断提高,复合材料被大量、广泛使用。如波音 B737、空客 A320

等机型已经使用了以环氧树脂为基体,碳纤维、玻璃纤维和芳纶纤维为增强材料的复合材料。

飞机复合材料采用的主要纤维品种有碳纤维、硼纤维等,主要基体材料是环氧树脂。飞机中复合材料结构的形式大致有以下几种:附加于金属结构上的增强铺层,缠绕管件组成的框架,复合材料夹层结构,加强或不加强的蒙皮结构,缠绕旋转壳体或压力容器。复合材料结构须满足飞行温度、湿度、紫外线等介质的大气腐蚀环境的要求。

随着科学技术的迅速发展,纤维复合材料以其优异的性能和可设计性得到人们的重视,特别是应用于现代飞机。如在波音737等机型应用复合材料的基础上,波音787飞机采用了多层超强力环氧树脂/碳纤维材料,尾翼、各操纵面、整流蒙皮、客舱地板均由复合材料制造,复合材料占到机体结构质量的50%,由于大幅减轻了机重,提高燃油效率达20%。空客飞机在A320等机型应用复合材料的基础上,在A380大型民用运输机上第一次大范围地应用复合材料,采用了新一代碳纤维增强塑料(CFRP),上机身翼蒙皮采用了玻璃纤维增强铝材料(GLARE)。在A350飞机上,也采用了CFRP复合材料,复合材料总量占53%。先进的设计和制造技术再加上借鉴了A380的"偏倾前缘"技术,使得全新的A350复合材料机翼具备了非比寻常的高、低速效率。

复合材料腐蚀主要包括树脂基体腐蚀、增强材料腐蚀、界面腐蚀、应力腐蚀和腐蚀疲劳。

众所周知,碳纤维复合材料在通常环境下呈现惰性,但是碳纤维导电,故其显示出贵金属的特性,对飞机上用的各种金属材料几乎全起阴极作用,当其与各种材料相连接时,会形成电偶腐蚀。因此,在装配时,应优先选用钛合金、不锈钢等材料与碳纤维复合材料相接触。其他金属材料与碳纤维复合材料构件直接接触时,应在接合界面设置不吸湿、不含有腐蚀性成分及不导电的隔离层。金属材料可用涂镀层表面处理,或用密封剂将复合材料与金属接触的表面密封,不让其暴露在腐蚀介质中。安装紧固件应采用湿装配。复合材料切割边须用密封剂有效密封,防止湿气及腐蚀介质从加工面浸入。

对于复合材料的构件及机翼前缘、雷达罩等易受雨蚀的部位,飞机在雨中飞行时其迎面受到雨滴的直接撞击,使复合材料构件表面脱黏、破裂且受雨水浸蚀,形成蚀坑甚至使复合材料产生剥离。对于这些部位应采用有效的防雨蚀涂料进行表面防护。

结构油箱中容易产生细菌、真菌、霉菌等微生物。微生物在水/油交界面上繁殖,在油箱中迅速、成倍地形成黏质物或缠结的滋生物。当油箱表面上的保护涂层大面积、连续经受含微生物缠结网和排泄物(草酸、乳酸等)的浸泡时,保护涂层最终会破裂,产生腐蚀。对复合材料油箱,彻底排除油箱中的水,定期监测燃油供应系统、油箱积污槽(清理污物系统),将油及时过滤且除水,改进涂层系统,在燃油中加入防霉剂等,均可防止微生物的形成,控制生物腐蚀的发生。对长期处于无油状态的整体油箱,须用润滑剂加以保护,既可防止密封剂及涂层干裂,又可防止微生物穿透复合材料形成腐蚀。

对有导电要求(如防雷击)的复合材料结构应采用搭接线,不可通过复合材料与金属材料(如铝合金)的直接接触或通过紧固件传导电流。

飞机复合材料的防护要求如下:

(1)材料应满足飞机结构温度,湿度,紫外线和大气等腐蚀环境要求;

(2)应优先选与之电位相当的钛合金等;

(3)匹配时,应在结合界面设置不吸湿、不腐蚀和不导电的隔离层;

(4)在易受雨蚀的部位,应采用有效的防雨蚀涂料进行表面防护。

3.5　大气腐蚀环境

飞机腐蚀环境主要包括大气腐蚀环境(atmospheric corrosion)和机上腐蚀环境。本节和3.6节将简要分析各种腐蚀环境对飞机腐蚀的影响。

3.5.1　大气腐蚀简介

飞机结构在大气环境中的腐蚀受材料元素、地点、气候条件、环境中的污染物及其他一些因素的影响。以地球大气作为腐蚀介质,由于大气中的水和氧气等的化学和电化学作用而引起的腐蚀称为大气腐蚀。钢铁在大气中生锈是一种最常见的大气腐蚀现象。统计表明,大约80%的金属构件是在大气环境下工作的。

影响大气腐蚀的主要因素有湿度、温度、有害杂质成分等。大气污染的主要成分几乎是不变的,只有水汽含量随地域、季节、时间等条件变化。

飞机在大气环境中工作,产生的腐蚀基本上属于电化学腐蚀的范畴,但又与浸在电解质溶液中所产生的电化学腐蚀有所不同。通常说的大气腐蚀是指在常温下、潮湿空气中发生的腐蚀,也就是金属表面存在有薄层电解液膜情况下发生的腐蚀过程,其腐蚀规律符合电化学腐蚀的一般规律。

3.5.2　影响大气腐蚀的因素

1. 大气的湿度

潮湿大气与地理环境是紧密相联的。世界各地的自然环境千差万别,按纬度分为热带、亚热带、温带、寒带四个气候带。

我国幅员辽阔,地理环境和气候条件都很复杂,也是受季风影响非常明显的国家。由于全国大部分地区都处在温暖而潮湿的东南季风和西南季风的控制下,温度高,相对湿度和降雨量大,因此潮湿空气是造成我国飞机结构腐蚀的主要因素之一。

空气中含有水蒸气的程度称为大气的湿度。大气的湿度对金属在大气中的腐蚀有着重要的影响。日常生活中所指的湿度为相对湿度,即空气中所含水蒸气量(水蒸气压)与其相同情况下饱和水蒸气量(饱和水蒸气压)的百分比。当相对湿度大于某一数值时,金属的腐蚀速度突然上升,并随着相对湿度的增加而加速,这一个相对湿度称为该金属在大气中的临界相对湿度。对于不同的金属,在含有不同污染物情况下,大气中的临界相对湿度会有差异,但通常都在70%左右。当大气相对湿度超过临界相对湿度时,就会在金属表面产生一层电解液膜,使金属腐蚀由化学腐蚀变为电化学腐蚀,腐蚀速度大大加快。

2. 大气的温度和温差

大气的温度和温差对大气腐蚀速度有一定的影响,尤其是温差影响比温度影响大。因为温差不但影响着水分的凝聚,而且还影响着水膜中气体和盐类的溶解度,并且随温度的升高,腐蚀加快。

3. 大气的成分

(1) 大气中的有害气体。在大气中,参与腐蚀过程的主要成分是氧和水分,其次是二氧化碳。然而,随着工业的发展,大量的工业大气排放使大气环境受到很大的影响,致使大气污染物成为了大气环境的主要腐蚀因素,如工业废气中的二氧化硫(SO_2)、硫化氢(H_2S)、氯气(Cl_2)等成为大气腐蚀的主要成分。表 3-1 所列为大气中的主要污染成分,其中 SO_2 对大气腐蚀影响很大。HCl 也是腐蚀性较强的一种气体,它溶于水膜中,生成盐酸,对金属的腐蚀破坏很大。铝合金在干燥大气中受 SO_2 的影响很小,但是在高湿度的工业大气中,受 SO_2 的影响就很大,长期处于工业大气环境中的飞机将受到 SO_2 等气体污染物的严重腐蚀。如在潮湿的空气中,SO_2 常常形成酸的再生循环的溶液环境:

起始反应:

$$2SO_2+O_2+2H_2O \rightarrow 2H_2SO_4$$

连锁反应:

$$2Fe+2H_2SO_4+O_2 \rightarrow 2FeSO_4+2H_2O$$

连锁反应:

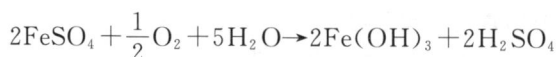

$$2FeSO_4+\frac{1}{2}O_2+5H_2O \rightarrow 2Fe(OH)_3+2H_2SO_4$$

表 3-1 大气污染物质的主要成分

气 体	固 体
含硫化合物:SO_2,SO_3,H_2S	灰尘
含氮化合物:NO,NO_2,NH_3,HNO_3	ZnO 金属粉末
氯和含氯化合物:Cl_2,HCl	NaCl,$CaCO_3$
含碳化合物:CO,CO_2	氧化物粉、煤粉
其他:有机化合物	

(2)空气中的粉尘、颗粒。空气中的粉尘、颗粒对金属大气腐蚀的影响主要有以下 3 种形式。

1)颗粒本身具有腐蚀性,如铵盐颗粒,溶于金属表面水膜内,提高了导电率或酸度,促进了金属的腐蚀。

2)颗粒本身没有腐蚀性,但能吸收空气中的水分,或吸附腐蚀性物质,间接地加速腐蚀。

3)颗粒本身既无腐蚀性又不具有吸附性,但落在金属表面,与金属表面之间形成缝隙,提供了氧浓差腐蚀条件,也会加速金属腐蚀。

(3) 海洋性大气环境。海洋大气的特点:一是湿度高,二是含盐量高。

大量的氯离子,不仅对飞机构件起催化腐蚀作用,而且使金属构件表面难以保持稳定的钝化态,容易吸潮。因此在此环境中,飞机构件腐蚀加速。

4.大气腐蚀的三种类型

按照金属表面潮湿度(电解液膜层的存在和状态)的不同,可对金属的大气腐蚀作以下三种分类。

(1)干的大气腐蚀。当空气十分干燥,金属表面上不存在水膜,金属的腐蚀属于常温氧化。大气中相对湿度小于临界相对湿度,金属表面无法形成连续的水膜,可视为发生化学腐蚀。在图 3-2 所示的 1 区中,形成水膜厚度为 $\delta = 1 \sim 10$ nm。

(2)潮的大气腐蚀。大气中相对湿度大于临界相对湿度而小于 100% 时的腐蚀。在金属表面上存在肉眼不可见的薄液膜,随水膜厚度增加,腐蚀速度迅速增大。在图 3-2 所示的 2

区中,形成水膜厚度为 $\delta = 10 \sim 100$ nm。

(3)湿的大气腐蚀。大气中相对湿度已超过 100%,或直接受雨水影响所形成的腐蚀。金属表面形成肉眼可见的水膜,随水膜厚度增加,腐蚀速度逐渐减小。在图 3-2 所示的 3 区中,形成水膜厚度为 $\delta = 100$ nm ~ 1 mm。

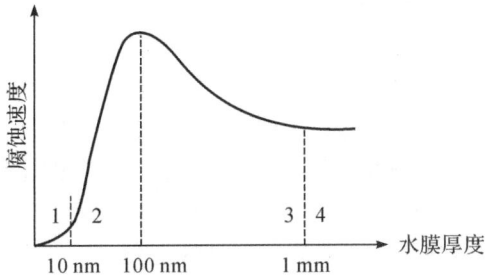

图 3-2　大气腐蚀速度与金属表面上水膜厚度的关系

5.大气腐蚀的特点

金属暴露在空气中,由于空气中的水和氧等受化学和电化学作用而引起腐蚀,其特点如下:

(1)氧分子还原反应速度较大,成为主要的阴极过程。即使液膜呈酸性,氧分子还原反应仍占阴极过程的主要地位。

(2)在薄的液膜下氧容易到达金属表面,有利于金属钝化;潮的大气腐蚀受阳极极化控制,湿的大气腐蚀受阴极极化控制。

(3)由于水膜薄,腐蚀过程的产物仍留在水膜中,因此腐蚀产物的性质对大气腐蚀过程有重要影响。

3.5.3　防止大气腐蚀的措施

1.提高金属材料的耐蚀能力

通过合金化的方法,加入适量的合金元素,提高金属材料的耐蚀能力。

2.降低大气的湿度

当大气湿度低于临界湿度时,金属腐蚀速度是很缓慢的。因此,应采用干燥空气封存法来对仓储的金属制件进行保护。

3.在金属构件表面采用保护性覆盖层

保护性覆盖层可以将金属与外界腐蚀物质分隔开,使它们之间不能发生作用。

长期覆盖层有电镀、喷镀、涂层、氧化等。在维修和使用中,应小心保护这些覆盖层,防止覆盖层受到破坏。

暂时性覆盖层有防锈油、防锈脂、可剥性塑料薄膜等。

4.保持金属表面干燥和清洁

在金属表面形成电解质溶液薄膜后,金属的大气腐蚀速度会突然加快;散落在金属表面的灰尘、颗粒等杂质又以多种形式加速大气对金属的腐蚀。因此,保持金属表面的干燥和清洁,对于防止大气腐蚀是极其重要的。

5.保持金属表面的表面粗糙度

金属构件表面粗糙,会使金属大气腐蚀的临界湿度显著降低,从而加速大气腐蚀的发生。

6.及时处理腐蚀产物

如果金属构件表面已发生腐蚀,应及时进行处理,按要求清除腐蚀产物,进行表面防护处理。否则,金属构件表面的腐蚀产物会使大气腐蚀加速。

3.6　机上腐蚀环境

当地面气温高、湿度大时,机内空气在地面处于水饱和状态。另外,乘员的呼吸和出汗也会排出水汽。飞机起飞后,随飞行高度上升,机内温度逐渐下降,这时潮气就凝结成水分。这些水分是航空器结构的严重腐蚀环境。与机身结构接触的保温隔声层易吸收冷凝水分,从而使得机身结构,特别是桁条和隔框容易产生腐蚀。通常,中、短程飞机的腐蚀问题比长程飞机的严重,这主要是因为航空器内有更多出现冷凝水的机会。

运输活牲畜可能会导致飞机机身结构的严重腐蚀。这有两方面的原因:一是牲畜的粪便;二是牲畜产生的热量多,这会使飞机内部温度增高,湿度增大。在飞机起飞后,机舱内会产生更多的冷凝水。运输海鲜物品,如鱼、蟹等,也会严重地腐蚀航空器结构。另外,运输水分量大的物品,如瓜果、蔬菜等,也会形成航空器结构的严重腐蚀环境。对于主要用于运输上述物品的航空器,应采取相应的防腐维护和检查措施,并应适当缩短检查周期。

厕所地板密封不严,污水会流到飞机结构上;厨房中食品和饮料发生意外泼溅,也可能会流到飞机结构上,这些都会严重地腐蚀飞机结构。飞机前、后登机门和服务门处的地板、梁常发生腐蚀,这是由于该区域经常受到雨水和乘员带来污物的影响。脏污等可能使金属中框出现以缝隙腐蚀为先导的局部腐蚀,如果在定期检查中不及时排除腐蚀源,这类腐蚀的发展速度是惊人的。客舱地毯下的地板结构,特别是地板梁的沟槽内,易积存污物,形成较严重的腐蚀环境。

航空器作短程飞行时,油箱内燃油量较少,含有大量的潮湿空气。随着飞机飞行的高度升高、气温下降,油箱内会凝结大量水分。某些霉菌会在燃油和水面之间繁殖起来,形成一种黏性物质,这是一种酸性物,对飞机结构有严重的腐蚀作用。

飞机在使用和维修过程中,有可能泼溅出强碱、强酸溶液。例如,对电瓶舱内的电瓶充电或维护时,有可能泼溅出强酸电解液;装有强碱剂的容器在运输过程中有可能损坏,泼溅出强碱溶液。另外,在飞机日常维护中,广泛采用酸基或强碱基的腐蚀产物去除剂和飞机清洁剂,如果不进行彻底地中和或冲洗,可能会腐蚀飞机结构。

非金属材料挥发出来的气体(如油漆、聚氯乙烯、塑料、树脂等都能释放出有害气体),有可能使一些金属以及镀锌、镀镉层产生腐蚀。飞机在砂石或草坪跑道上起降,或者在用氯化钠除冰的跑道上起降,会使飞机蒙皮,特别是起落架舱蒙皮的表面粗糙值变大,积存腐蚀介质,引起腐蚀。

航空器上受废气污染的部件,易产生腐蚀,应当注意清洁、维护。

3.7　飞机易腐蚀部位介绍及分析

1.废弃尾迹区

发动机的残余废弃具有很强的腐蚀性,因此处于废弃尾迹区的缝隙、接合面、交接处及整流片等,均首先受到影响而被腐蚀。为防止该区废弃物、微尘的积聚沉积,对铆钉头的四周和蒙皮的接缝要特别注意检查。

2. 电瓶舱间和电瓶通气口

电瓶液升温后产生的蒸气难以控制,以致漫溢扩散到邻近的空间,导致金属遭受侵蚀。

3. 舱底区域

机身舱底是天然的藏污纳垢之处,该处也易于滞留有机气体,因而形成了恶劣的腐蚀环境(见图 3 - 3)。通常在水上飞机和水陆两栖飞机的下层隔舱里,在靠近舱底的空间处吊挂一些装有重铬酸钾吸潮剂的小布袋。

图 3 - 3　机身舱底区域的腐蚀

该区域的防蚀检验工作包括对上述吸潮袋的检查,如果化学物质已多半溶化,应立即更换;对于厨房和盥洗室的底部区域,以及有机垃圾的排出口,更要特别注意检查。因此,要经常清理和打扫这些区域,并保持防护漆层完好。

4. 起落架和轮舱

轮舱区域容易受到泥淖、漏水、盐渍、沙石以及其他外来碎片的污染和冲击,造成更多的腐蚀破坏。

起落架舱属于非密封舱,所处的环境与外界基本相同。舱内侧壁、顶棚的结构件易发生腐蚀。主起落架的轴颈通常安装在轴颈支撑肋附近的支撑接头上,这些接头通常为整体的扭力盒,易积水而造成腐蚀。某些飞机的主起落架安装构件和作动筒支撑座,在外力和腐蚀介质的共同作用下曾经发生腐蚀疲劳裂纹。起落架的杆状构件,如支柱、撑杆等有箍的部位,在盐渍水分条件下易发生电化学腐蚀。起落架舱重要的承力机构,如它的转动关节、支柱轴颈及轮轴轴颈等,若润滑不良而又有腐蚀介质渗入,容易发生磨损腐蚀。

5. 蒙皮

蒙皮包括机身蒙皮、机翼蒙皮和尾翼蒙皮。

机身的客货舱通常为加温增压舱,舱内的暖空调气体冷却后形成冷凝水,凝聚在覆盖有隔离保温层的蒙皮内侧表面,此处易腐蚀。

机翼蒙皮(见图 3 - 4)、尾翼蒙皮、各种主操纵面和辅助操纵面蒙皮的内侧表面以及与蒙皮相连的桁条(见图 3 - 5),受积留的潮气及其他腐蚀介质的影响,易出现大面积的腐蚀。外侧表面长期受带有尘埃的气流冲击,易使漆层和金属保护层受损而发生腐蚀。此外,机翼和尾翼上、下翼面的外表面有可能发生丝状腐蚀。

图 3-4　腐蚀后的机翼蒙皮

图 3-5　机身桁条的腐蚀

钢琴盖式的长列链由于是两种异类金属的结合,而且容易聚存尘垢、盐渍和潮气,因而易成为腐蚀的发源点。

镁质蒙皮的原有表面涂层和隔离防护层如果保持完好无损,则出现腐蚀的情况比较少,可是经过裁割、钻孔和铆接等工艺后,原始防蚀表面被破坏,即使采用涂漆工艺,也无法完全弥补。因此,对于任何镁合金蒙皮的腐蚀检验,必须特别注意板材的边、棱、面、锁扣周围,以及发现裂纹、碎片和漆层剥离等部位。

用胶接、点焊连接的金属蒙皮,由于致蚀物侵入并汇集在层间夹缝之内,从而产生缝隙腐蚀。早期的蒙皮塌陷迹象可通过目测或用一把直尺,查看点焊部位的平整度来探明。

6.发动机迎风区和散热吹风管道

这些部位经常受到飞扬的尘埃和泥沙的搓磨,跑道上碎石、土块的打击以及雨水的冲刷等,以致表面保护层破损剥蚀。

7.机翼和扰流板的收存穴

汇积了舱内的污垢和水分,不易为人所觉察,从而成为潜在的腐蚀敏感区。

8.货舱结构

由于飞机频繁运输海鲜和活牲畜等,给飞机货舱地板结构的腐蚀防护带来了很大的影响。

9.舱门、舱口和接近口结构

机身舱门的口框结构通常由梁、框架、加强接头和口框加强板组成,容易构成夹缝和空腔;另外,客货舱门、服务门处易出现人为的结构保护层损伤,也易积留脏污、雨水等,易发生腐蚀。

10.其他腐蚀敏感区域

(1)蓄水区。飞机上任何可能积水的部位,都有排泄的设计,每日必须检验排水管是否畅通,否则,排水孔将因油脂、密封胶或残渣的聚集而失去排泄作用。

(2)旋翼。对于直升飞机的旋叶桨头和减速齿轮箱,要经常检查有无腐蚀征候,进行良好的润滑和保养,并涂上防蚀保护层,可以杜绝腐蚀的滋生。

(3)操纵钢索。鉴别钢索是否受腐蚀的方法是用浸湿溶剂的布块擦钢索的任一位置,如果发现有外表腐蚀迹象,应松弛钢索的张紧度,并反扭钢索,进一步检查内部腐蚀。已发生内部腐蚀的钢索,应拆换不能再用。轻微的表面腐蚀用钢丝刷予以清除,待锈蚀斑迹除尽后,涂抹一层防蚀油。

习题与思考题

1. 对比分析飞机用铝合金、钛合金和合金钢的耐蚀特性。

2. 大气腐蚀的影响因素有哪些?

3. 海洋大气与潮湿大气相比,有什么差异?

4. 简述大气的湿度、温度及温差如何影响腐蚀速度。

5. 大气中有哪些有害气体? 其如何影响腐蚀速度?

6. 简要列出飞机上易腐蚀的部位。

第4章 飞机常见的腐蚀类型

对于飞机而言,尽管在设计、生产以及装配过程中,对各个部分已经做了全面的腐蚀防护和控制,但在飞机服役期间,由于各种原因,常常引发各种腐蚀问题。常见引起腐蚀的原因有飞机构件的涂层脱落、液体积累、腐蚀化学品泼洒、运输鲜活动物以及排水欠佳等,这些因素会诱发各种类型的腐蚀。

4.1 全 面 腐 蚀

全面腐蚀(general corrosion)是指腐蚀发生在整个金属材料的表面,其结果是导致构件整体变薄,最后破坏。全面腐蚀通常表现为均匀腐蚀(uniform corrosion),即金属表面各处的减薄速率相同,因此,全面腐蚀的腐蚀速率常以失重或变薄法表示。

化学腐蚀和电化学腐蚀都有可能造成均匀腐蚀,人们通常所说的全面腐蚀是特指由电化学腐蚀反应引起的。由电化学反应所导致的全面腐蚀的特点是腐蚀电池的阴、阳极面积非常小,其位置随时间也变幻不定。因此材料遭腐蚀后,从外观上来看,其表面形态是较为均匀的。

全面腐蚀尽管导致金属材料的大量流失,但由于其易于检测和察觉,通常不会造成金属设备的突发性失效事故。根据较简单的试验所获数据,就可以准确地估算设备的寿命,从而在工程设计时通过采取预先留出腐蚀裕量的措施,达到防止设备发生过早腐蚀破坏的目的。

在大气中,铁生锈、钢件失去光泽以及金属的高温氧化均属于全面腐蚀。在工程结构发生的腐蚀破坏事故中,全面腐蚀占较小的比例;另外,全面腐蚀虽然会导致金属的大量损伤,但不会造成突然破坏事故,与局部腐蚀相比危险性小些。全面腐蚀的特征、形成原因和应对措施如下:

特征:金属件的表面变得粗糙、刻蚀和斑痕累累,且往往伴生粉末状沉积物。

形成原因:①飞机外部。由于未加涂层的铝件、紧固件表面受外界侵蚀而产生腐蚀,因此大气污染起了主要作用。②飞机内部。最易发生腐蚀的地方是厨房或洗手间,原因是液体的凝积、溢出和泄漏;还有弯管处,因该处液体排放常被堵塞。

应对措施:控制全面腐蚀的技术措施也较为简单,可采取选择合适的材料或涂镀层、缓蚀剂和电化学保护等。

4.2　局 部 腐 蚀

腐蚀只集中在金属表面特定部位进行,在其余大部分区域几乎不发生,这种腐蚀称为局部腐蚀。

局部腐蚀的特点是阳极区和阴极区截然分开,腐蚀电池中的阳极反应、腐蚀剂的还原反应可以在不同的区域发生。通常阳极区域较小,阴极区域较大,加剧了局部腐蚀中阳极区的溶解损伤速度。据统计,局部腐蚀造成的事故远比全面腐蚀造成的事故多,危害性也更大。

飞机常见的局部腐蚀类型主要有点腐蚀、缝隙腐蚀、丝状腐蚀、晶间腐蚀、层离腐蚀、电偶腐蚀、应力腐蚀开裂、腐蚀疲劳、工业介质腐蚀微生物腐蚀等。

4.2.1　点腐蚀

1. 概念

金属材料在某些环境介质中,经过一定时间后,大部分表面不发生腐蚀或腐蚀很轻微,但在表面上个别点或微小区域内会出现孔穴或麻点,且随着时间的推移,蚀孔不断向纵深方向发展,形成小孔状腐蚀坑,这种现象称为"点腐蚀"(pitting corrosion),简称"点蚀"(pitting)。由于蚀点最终发展成腐蚀孔洞,因此,它又称为"小孔腐蚀"或"孔蚀",如图 4-1 所示。

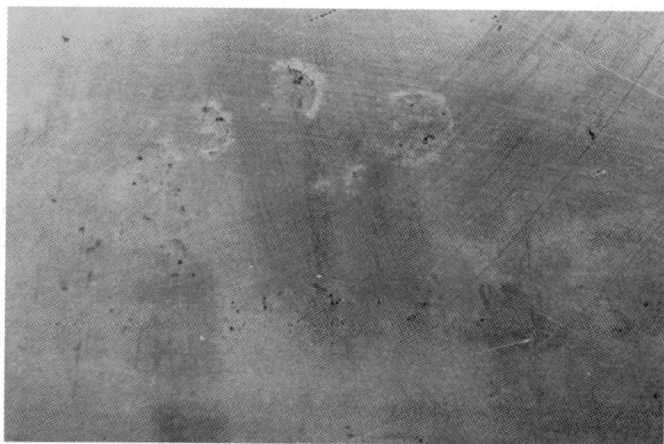

图 4-1　蒙皮表面的点蚀

2. 特征

点蚀是破坏性和隐患较大的腐蚀形态之一,它在失重很小的情况下,就会导致构件发生穿孔破坏,造成介质泄露,甚至导致重大危害性事故发生。由于点蚀是向深度方向迅速发展的,这给腐蚀物的清除和修复也带来一定的困难。此外,在承受应力的情况下,点蚀会成为应力腐蚀源,诱发构件腐蚀开裂。

点蚀通常发生在易钝化金属或合金表面,并且腐蚀环境中往往有侵蚀性阴离子(最常见的是 Cl^-)和氧化剂同时存在。例如,由不锈钢或铝合金制成的设备,在含有氯离子及其他一些特定的介质环境中,很容易产生点蚀破坏。另外,当在金属材料表面镀上阴极性防护镀层(如钢上镀 Cr,Ni,Cu 等)时,如果镀层上出现孔隙或其他缺陷而使基体材料暴露时,将会形成大阴极(镀层)、小阳极(孔隙处裸露的基体金属)结构特征的腐蚀电池,导致表面缺陷处产生点蚀。

点蚀形成的小孔形状各种各样,如图 4-2 所示。在金属表面分布有些较分散,有些较集中,形成一些"麻坑"。多数的腐蚀坑被腐蚀产物覆盖;也有的腐蚀小孔是开口的,表面可以看到一小撮一小撮的白色粉末。点蚀的直径可大可小、深度可深可浅、分布可孤立可密集,这与材料、溶液以及保护层状况有关。

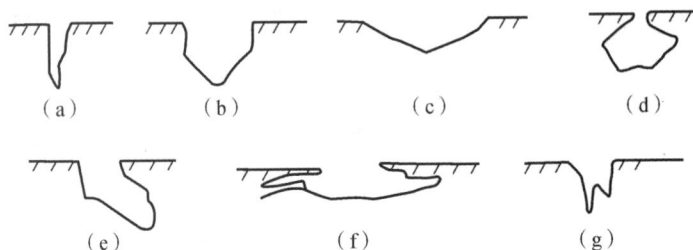

图 4-2 各种蚀孔形貌示意图
(a)窄深;(b)椭圆形;(c)宽浅;(d)在表面下面;(e)底切型;(f)水平型;(g)垂直型

从外观来看,点蚀坑的凹坑壁常与金属表面几乎保持垂直,蚀孔的深度远大于蚀孔的直径,且多数蚀坑被腐蚀产物所覆盖,大多呈闭口状。这些给腐蚀的发现带来了较大的难度。蚀坑的发展受重力的影响比较大,其在多数情况下发生在水平放置的板材上,只有在很少的情况下发生在垂直放置的板材上。

点蚀具有浓差电池的特征,它是由于防护层不适当或被损坏而产生的局部表面腐蚀。这种腐蚀常常是沿着加工纹理的边缘,或在掺杂物处、含杂质的位置以及结构表面的缺陷处分布。

3. 发展过程

点蚀的发展过程如下:金属表面某些敏感部位,如钝化膜缺陷处,很容易吸附活性阴离子(如 Cl^-),阴离子的富集导致遭破坏后的钝化膜再次修复(因为此时成膜速度小于膜的溶解速度)变得异常困难,于是形成了一个大阴极(钝化膜完整区)、小阳极(钝化膜局部破坏区)的活性-钝性电池,导致坑内金属加速溶解;随着反应的进行,蚀孔逐渐缩小,最终发展成闭塞电池。阴离子(如 Cl^-)所引起的自催化酸化效应,导致缝内金属溶解的速度进一步加快,所以点腐蚀一旦发生,其扩展速度是相当快的。

4. 控制措施

点蚀的控制可以从材质、环境、表面处理等几个方面考虑,具体如下:

(1)选择耐蚀合金,如铝合金、钛合金等。钛及其合金具有优异的抗点蚀性能,在经济条件许可时应尽量选用。对于不锈钢材料,适当增加抗点蚀的合金元素(如 Cr,Mo),可以显著提高其抗点蚀性能。

(2)改善介质条件。降低 Cl^- 含量、介质的温度,增加介质的流速。

(3)电化学保护。用阳极抑制点蚀,把金属的极化电位控制在临界孔蚀电位以下。

(4)使用缓蚀剂。对于封闭的体系,添加缓蚀剂是防止点蚀的一种非常有效的方法。如对于不锈钢,可以选用含硫酸盐、硝酸盐、钼酸盐、铬酸盐、磷酸盐、碳酸盐等成分的缓蚀剂。需要说明的是,采用此方法防腐时,应保证足够的缓蚀剂用量,确保钝化膜遭破坏处已被完全修复,否则会因"大阴小阳"的问题导致腐蚀进一步加剧。

(5)改善材料的表面状态。一般光滑、清洁的表面抗点蚀能力高,而有灰尘或杂质覆盖的表面,易产生点蚀。因此从防腐的角度出发,经常对零部件表面进行清洁是非常必要的。另外,如对飞机结构主要用合金材料(如铝合金)进行包铝处理,将会显著改善其耐点蚀性能。

注意:普通表面腐蚀的发展,或微生物侵蚀,可引起点蚀。点蚀的发展要比表面腐蚀快得多,如任其发展将会导致结构部件的承载能力严重减弱。

4.2.2 缝隙腐蚀

1.概念

金属表面由于存在异物,或因结构原因形成了缝隙,其宽度足以使介质进入缝隙而又使与腐蚀有关的物质流动困难,从而引起缝内金属腐蚀加速的现象,称为缝隙腐蚀(crevice corrosion)。

缝隙腐蚀(见图 4-3)是一种很普遍的局部腐蚀。结构中存在缝隙并不是产生缝隙腐蚀的充分条件,产生缝隙腐蚀狭缝的宽窄程度必须符合这样的特点:既要能够保证腐蚀介质能够流入其中,同时还要满足缝外介质与缝内介质间的相互补充难以进行。因此,缝隙腐蚀通常发生在宽度范围为 0.025～0.100 mm 的缝隙中。而对于那些宽的沟槽或缝隙,腐蚀介质可在内、外自由流动,因此一般不发生缝隙腐蚀。

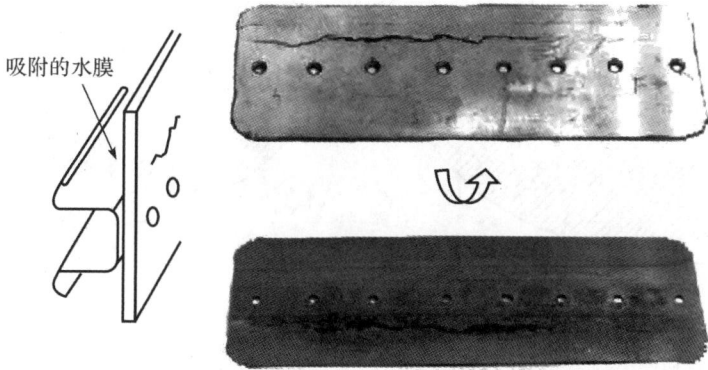

图 4-3 发生缝隙腐蚀的构件

2.机理

目前普遍为大家所接受的缝隙腐蚀机理是氧浓差电池和闭塞电池自催化效应的共同作用。现以铆接金属(如铁或钢)板材在含氧海水中发生的缝隙腐蚀(见图 4-4)为例来介绍这一机理模型。

在腐蚀初期,因为金属材料缝内外整个表面都与含氧溶液相接触,所以电化学腐蚀的阴极和阳极反应均匀地发生在缝隙内部及外部的整个表面上(见图 4-4(a))。

阳极反应为金属的离子化:

$$M \rightarrow M^{n+} + ne$$

阴极反应为氧的还原:

$$O_2 + 2H_2O + 4e \rightarrow 4OH^-$$

金属阳极溶解产生的电子不断被氧的还原反应所消耗。然而,由于缝隙所导致的缝内、外环境的差异,缝内溶液中的氧被消耗以后,只能依靠缝外溶液中的氧不断突破缝口向缝内补充,而这个过程是很困难的。随着腐蚀过程的进行,缝内的氧很快就耗尽了,因此缝内氧的还原反应很快被迫中止。但是,缝外溶液中的氧被消耗后可以随时得到补充,氧的还原反应继续进行,由此导致缝隙内、外形成了氧浓差宏观电池。

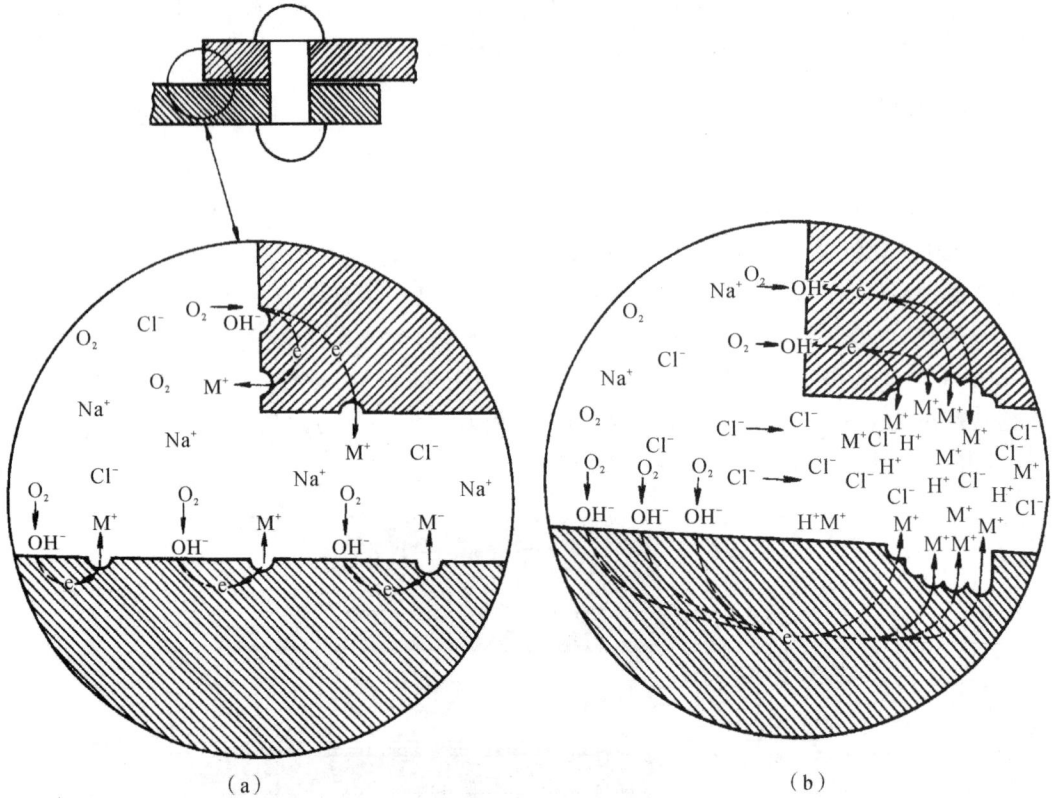

图 4-4 金属在海水中发生缝隙腐蚀的示意图
(a)初始阶段;(b)后期阶段

缺氧的区域(缝隙内)电位较低,成为阳极区;氧分子容易到达的区域(缝隙外),电位较高而成为阴极区。形成的"大阴小阳"这样一种特殊的结构,导致缝内金属加速溶解,金属离子 M^{n+} 不断在缝内产生、金属离子与 OH^- 结合形成的不溶性二次产物不断在缝口堆积,缝口逐渐缩小,当缝口小到使缝内的金属离子无法从缝口扩散出去时,标志着腐蚀已经发展到闭塞电池阶段。此时缝内不断产生无法向外部转移的金属离子,缝内溶液的电中性被打破。为维持缝内溶液的电中性,缝外溶液中阴离子(如 Cl^-)不断迁入缝内(见图 4-4(b)),造成 Cl^- 在缝隙内富集(如 Cl^- 含量比缝外溶液中可高出 3～10 倍)。缝隙内的金属离子不断和 Cl^- 结合,形成可溶性金属氯化物。金属氯化物在水中水解成不溶的金属氢氧化物和游离酸,如二价金属有如下反应:

$$MCl_2 + H_2O \rightarrow M(OH)_2 \downarrow + 2HCl$$

反应的结果使缝隙内溶液 pH 值下降,可达 pH2～pH3,即造成缝隙内溶液的酸化。这种酸性和高浓度 Cl^- 进一步加速缝内金属的溶解。缝内金属的加速溶解又引起更多的 Cl^- 从缝外向缝内迁入,氯化物的不断水解又使缝内介质进一步酸化。如此循环往复,构成了自催化酸化效应,导致缝内金属的溶解不断加剧。

3.产生条件

(1)金属结构的连接,如铆接、焊接、螺纹连接等。

（2）金属与非金属的连接，如金属与塑料、橡胶、木材、石棉、织物等的连接。

（3）金属表面的沉积物、附着物，如灰尘、泥土、腐蚀产物的沉积等。

从图 4-5 可以看到，结构中不可避免地会出现缝隙，如螺母压紧面、铆钉头底面、法兰盘对接面、焊渣、锈层、污垢等。若形成的缝隙宽度在 0.025～0.100 mm 范围内，就会产生缝隙腐蚀。

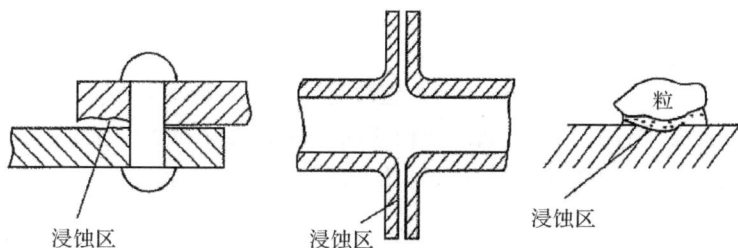

图 4-5　缝隙腐蚀示意图

4.特征

（1）缝隙腐蚀可发生在所有金属与合金上，特别是可发生在靠钝化而耐蚀的金属及合金上。不论是同种金属或异种金属的接触，还是金属同非金属（如塑料、橡胶、玻璃、陶瓷等）的接触，只要存在满足缝隙腐蚀的狭缝和腐蚀介质，就会发生缝隙腐蚀。相对于其他材料，那些依靠钝化（尤其是自钝化）而获得耐蚀性能的金属材料更容易发生缝隙腐蚀。

（2）介质可以是任何侵蚀性溶液，且酸性或中性均可，而含氯离子的溶液最易引起缝隙腐蚀。

（3）与点蚀相比，对同一种金属而言，缝隙腐蚀更易发生，因为缝隙腐蚀的临界电位要比点蚀电位低。

5.缝隙腐蚀与点蚀的区别与联系

（1）从腐蚀发生的条件来看，点蚀起源于金属表面的点蚀核，缝隙腐蚀起源于金属表面的极小缝隙。前者必须在含有活性阴离子的介质中才会发生，后者在不含活性阴离子的介质中也能发生。

（2）从腐蚀过程来看，点蚀是通过腐蚀逐渐形成闭塞电池，然后才加速腐蚀的。而缝隙腐蚀由于事先已有缝隙，腐蚀一开始就很快形成闭塞电池而加速腐蚀。前者闭塞程度大，而后者闭塞程度较小。

（3）从发生腐蚀的电位来看，缝隙腐蚀的电位低于点蚀的电位，缝隙腐蚀较孔蚀容易产生。

（4）从腐蚀形态来看，点蚀的蚀孔窄而深，缝隙腐蚀的相对宽而浅。

6.缝隙腐蚀的控制措施

控制或减缓缝隙腐蚀的根本方法是消除缝隙。有效方法是使用防腐剂，排除水分，并阻止水分再进入缝隙。根据缝隙腐蚀产生的条件、机理及其影响因素，常采用以下控制措施。

（1）合理设计。在设计和制造工艺上应尽可能避免造成缝隙结构。如尽量用焊接取代铆接或螺栓连接，采用连续焊取代点焊。连接部位法兰盘的垫圈要采用非吸湿性材料（如聚四氟乙烯等）。

（2）合理选择耐蚀性材料。选择合适的耐缝隙腐蚀材料是控制缝隙腐蚀的有效方法之一。如含 Cr,Mo,Ni,Nb 量较高的不锈钢和镍基合金、钛及钛合金、某些铜合金等具有较好的抗缝隙腐蚀性能。

（3）采用缓蚀剂。采用此方法时要注意，通常需要使用较高浓度的缓蚀剂才能有效，因为缓蚀剂进入缝隙时的阻力较大，若缓蚀剂用量不足或浓度过低，则不仅不能保证缝内活化的金属再度钝化，反而可能会导致腐蚀的加剧。

4.2.3 丝状腐蚀

1.概念

丝状腐蚀（filiform corrosion）被认为是缝隙腐蚀的一种特殊形式，在有涂层的钢、锌、铝、镁等金属表面上经常可以看到。金属表面由于涂层渗透水分和空气而引起腐蚀，腐蚀产物呈细丝状纤维网的形状，这种腐蚀称为丝状腐蚀。因其多发生在涂层下面，又称为膜下腐蚀。

2.特征

在飞机结构上，常常在铆钉头部的周围和沿着蒙皮的搭接缝处首先观察到丝状腐蚀。一旦表面涂层破裂，就可以看到由丝状腐蚀生成的腐蚀产物——白色粉末引起的隆起。如图4-6所示就是在致密的聚氨酯涂层下面产生的丝状腐蚀。从图中可以看到由于丝状腐蚀引起涂层隆起很多小包，该腐蚀可看成是一种轻微的表面腐蚀。在腐蚀初期，在紧固件孔附近表面漆膜已经损坏的区域出现小的鼓泡，泡内由于腐蚀介质的作用而产生电化学腐蚀。腐蚀产物的增加使得漆膜和金属之间产生间隙，间隙处的贫氧催生氧浓差电池，致使腐蚀不断地向前扩展。显然，漆膜破损并存在氯离子这一类的活化剂将会促生丝状腐蚀。

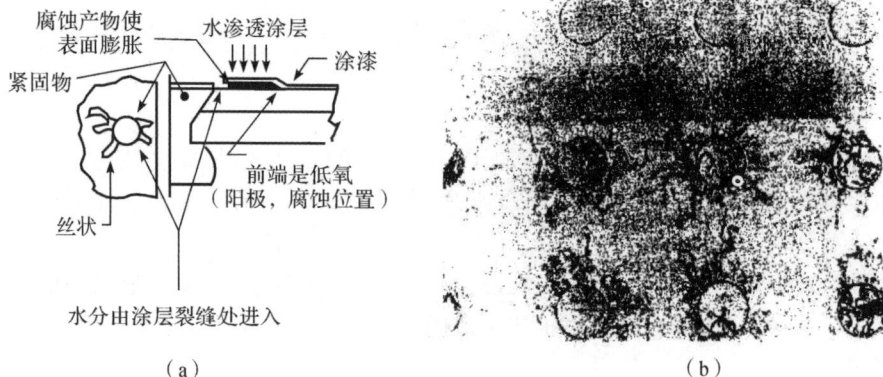

（a） （b）

图4-6 致密聚氨酯涂层下面生成的丝状腐蚀

3.影响因素

影响丝状腐蚀最主要的因素是大气的相对湿度。当相对湿度高于65%时，才会产生丝状腐蚀；当相对湿度高于90%时，丝状腐蚀会充分发展，最终导致涂层出现明显鼓泡。铝蒙皮的丝状腐蚀如图4-7所示。

4.控制丝状腐蚀的措施

（1）降低环境中的相对湿度，如采用密封包装。

（2）消除空气中或磷化工艺带来的腐蚀介质，提高磷化膜质量。

（3）合理选择涂料和预处理工艺，采用透水率低的涂料，降低涂层的孔隙率。

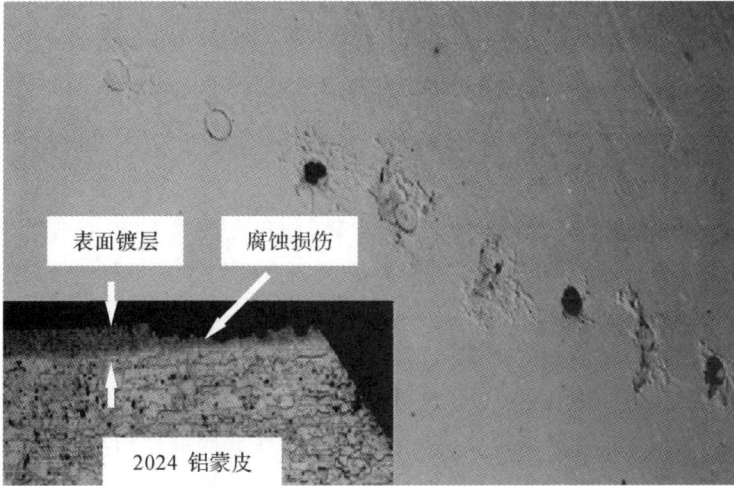

图 4 - 7　铝蒙皮的丝状腐蚀

4.2.4　晶间腐蚀

1. 概念

晶间腐蚀(intergranular corrosion)是金属材料在特定的腐蚀介质中,沿材料晶界发生的一种局部腐蚀。这种腐蚀会在金属表面无任何变化的情况下,使晶粒间失去结合力,金属强度完全丧失,导致构件发生突发性破坏。如果有应力存在,会以晶间腐蚀为起源,形成晶间型应力腐蚀,导致结构件破坏。对于航空金属构件(见图 4 - 8),晶间腐蚀是危害性较大的腐蚀形式之一。

图 4 - 8　厕所客舱地板结构发生的晶间腐蚀

2. 产生原因

晶间腐蚀常在不锈钢、镍基合金、铝基合金以及铜合金上发生。晶间腐蚀不仅会导致材料的承载能力下降,而且它也是晶间型应力腐蚀开裂的诱因之一。

产生晶间腐蚀的根本原因是晶界及其附近区域与晶粒内部存在电化学腐蚀的不均匀性。这种不均匀性是金属材料在冶炼、焊接和热处理等过程中造成的,例如:

(1)晶界容易形成新相,造成晶界某种合金成分的贫化;

(2)晶界析出阳极相,优先遭受腐蚀;

(3)晶界新相的析出造成该处有较大的内应力,使得该处原子的活性较高,首先遭到腐蚀。

奥氏体不锈钢,尤其是 1Cr18Ni9 不锈钢,在氧化性或弱氧化性介质中产生晶间腐蚀,多数是由于热处理不当造成的。当不锈钢在 $450\sim850℃$ 受热时(例如焊接时,钢材的受热影响区),过饱和的碳从奥氏体中析出,形成铬的碳化物,分布在晶界上,结果使晶界附近区域含铬量大大下降,形成贫铬区(见图 4-9)。当晶界附近贫铬区的含铬量低于形成钝化所需要的铬元素含量时,就会造成晶间腐蚀。

铝合金的晶间腐蚀,是由热处理不当造成的。当对铝合金加热进行固溶处理时,在要求的温度下保温热透后,从炉中取出,应立即进行淬火处理,从而得到细化的晶粒。若没有及时处理,哪怕只推迟几分钟,铝合金晶粒就会长大,并在晶界形成铜化物,使晶粒边缘处含铜量下降,形成贫铜区。贫铜区的电位较低,在外界腐蚀介质作用下,晶间腐蚀就会发生。如图4-10所示就是和钢接触的 7075-T6 铝合金件上出现的晶间腐蚀。

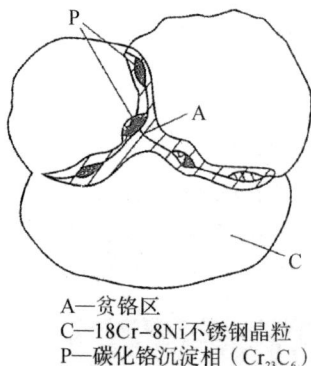

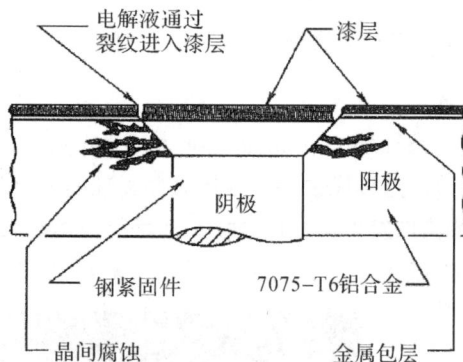

A—贫铬区
C—18Cr-8Ni不锈钢晶粒
P—碳化铬沉淀相（$Cr_{23}C_6$）

图 4-9 敏化的 18-8 不锈钢晶界示意图　　图 4-10 发生在 7075-T6 铝合金件上的晶间腐蚀

晶间腐蚀的特征、检查和维修措施如下:

特征:初期在可见表面上毫无迹象,晚期表层上可能出现鳞状疏松剥落。

检查:可用超声波检查法或涡流探测法。

维修:只能更换零件。

3.产生条件

(1)组织因素:晶界与晶内的物理化学状态及化学成分不同,导致其电化学性质不均匀。如晶界的原子排列较为混乱,缺陷多,易产生晶界吸附或析出碳化物、硫化物等。

(2)环境因素:腐蚀介质能显示出晶粒与晶界的电化学不均匀性。易发生晶间腐蚀的金属材料有不锈钢、铝合金及含钼的镍基合金等。

4.控制措施

(1)降低含碳量。对于飞机结构中的钢构件,一般采用重熔等多种方式尽可能地降低碳元素的含量,如可采用超低含碳量的不锈钢。

(2)稳定化处理。加入固定碳的合金元素,加入与碳亲和力大的合金元素。Ti,Nb 与不锈钢中的 Cr 相比,它们与碳的亲和力来得更高。因此钢中的碳会优先与这两种元素结合,避免了贫铬的产生,消除了晶间腐蚀的倾向。

（3）适当热处理。焊接奥氏体不锈钢构件时应快速进行，焊后应快速冷却，避免在敏化温度区间停留时间过长。焊接件产生晶间腐蚀时，应重新进行固溶处理，即首先把构件重新加热至 1 050℃～1 100℃，使晶间附近的碳化铬重新溶解，然后淬火防止其再次沉积。

（4）选材时，采用双相钢（如奥氏体-铁素体不锈钢）。

4.2.5　层离腐蚀

层离腐蚀（exfoliation corrosion）是晶间腐蚀的一种特殊情况，主要发生在锻造、挤压型材上。锻造、挤压型材拉长的晶粒成层形排列，腐蚀从金属表面开始，进入晶间后，沿锻压平面的晶界继续进行，造成金属内部产生分层剥落，或称之为剥离腐蚀（简称剥蚀）。

具有晶间腐蚀倾向的铝合金经轧制或锻压后，晶粒会变成宽长而扁平的形状。在腐蚀介质作用下，腐蚀沿与型材表面平行的方向发展，生成腐蚀产物的体积比铝材本身的体积大很多，体积的膨胀导致张应力产生，其方向垂直于型材表面（见图 4-11）。随着腐蚀的扩展以及张应力的增大，已失去结合力的晶粒会向上翘起，严重时铝材表面会呈层状翘起或产生剥落。

层离腐蚀发生的位置是在金属件表面不适当的防护处理处或涂层破裂处。层离腐蚀通常用目视检查的方法即可发现，其表现为材料表面出现肿胀凸起，2024 铝合金层离腐蚀的微观形貌如图 4-12 所示。如果紧固件头偏斜、头部拔出或破坏，就可能是发生了层离腐蚀。一旦从表面可以看出层离腐蚀时，层离腐蚀造成的损伤就已经超过了允许损伤的范围，必须对构件进行加强，或更换构件。

图 4-11　2024 铝合金的层离腐蚀形貌

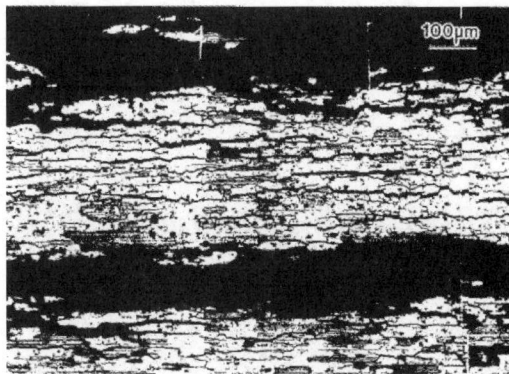

图 4-12　2024 铝合金层离腐蚀的微观形貌

4.2.6　电偶腐蚀

1. 概念

两种不同的金属在电解质溶液中接触时，它们之间若存在电位差，则在两金属接触部位会产生电偶电流，使电位较低的金属遭到腐蚀，电位较高的金属得到保护，这种腐蚀叫电偶腐蚀（galvanic corrosion），有时也称为双金属腐蚀（bimetallic corrosion）或异种金属接触腐蚀（dissimilar metal corrosion）。这也是一种常见的局部腐蚀的类型，它的腐蚀原理就是腐蚀电池的作用。

2. 特征

飞机结构中只要存在由两种不同材料相互连接的情况就有可能出现电偶腐蚀。如当用钛合金紧固件将不锈钢蒙皮与铝合金蒙皮连接在一起（见图 4-13）时，若两块蒙皮同时暴露在电解质溶液中,在一定的条件下(如两者间的绝缘密封胶遭到破坏),铝合金蒙皮就会遭到电偶腐蚀破坏。

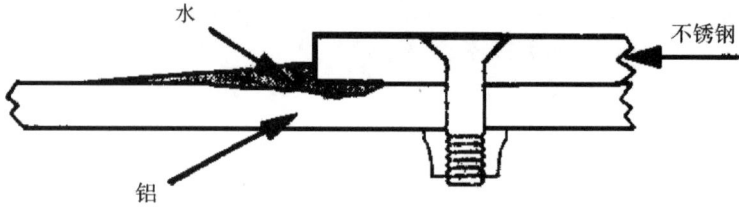

图 4-13 不锈钢蒙皮与铝合金蒙皮连接后的电偶腐蚀

产生电偶腐蚀时,电位低(或负)的金属成为电偶腐蚀电池的阳极,其腐蚀速率较连接前大大提高(有时会增加数十倍);而电位高的金属成为电偶腐蚀电池的阴极,其腐蚀速率大大降低,甚至不再发生腐蚀(受到电化学保护)。

在某种腐蚀介质中,将一些金属或合金的电位由低到高排列起来,得到电化排序表(见表 4-1),也称为电偶序。利用金属电化排序表可以定性地比较金属腐蚀的倾向:排在前面的金属电位比较低,在电偶腐蚀中通常作为阳极受到腐蚀;而排在后面的金属电位比较高,在电偶腐蚀中通常作为阴极不受到腐蚀。两种金属在表中排列的位置相距越远、电位差越大,它们之间发生的电偶腐蚀越严重,即电位低的金属往往被快速腐蚀。但应注意的是,在不同腐蚀介质中,金属的电位会有所差异。

表 4-1 某介质中金属与合金电偶序

金属或合金	电位排序
镁	电位低
锌	
7075 铝合金	
6061 铝合金	
包覆铝 2024 铝合金	
7075-T6 铝合金	
镉	
2024-T3 铝合金	
钢铁	
锡	
铜	
钛	
蒙乃尔钢	
镍	
不锈钢	
银	
铬	
金	
铂	
CFRP(碳纤维复合材料)	电位高

如果 2024 铝合金蒙皮表面包覆的铝保护层或钢螺栓表面的镀镉或镀锌保护层受到损坏,基体金属裸露出来,当电解质溶液中发生电化学腐蚀时,由于保护层金属的电位比基体金属低,将先受到腐蚀,基体金属得到保护,这种电偶腐蚀也称为牺牲性腐蚀。而表面镀镍或铬的钢螺栓,若镀层破坏,发生电化学腐蚀时,受腐蚀的则是钢螺栓。可见,虽然镉、锌镀层和镍、铬镀层都对基体金属钢起保护作用,但一旦保护层受到损坏,由于镍、铬比钢的电位要高,基体金属被腐蚀的情况就会完全不同。

3.产生条件

电偶腐蚀实际上是宏观腐蚀电池的一种,产生电偶腐蚀应同时具备下述三个基本条件:

(1)具有不同电极电位的材料。电偶腐蚀的推动力是相互连接的两种材料间的电位差。

(2)存在离子导电通路。电解质溶液构成了电偶腐蚀电池离子导电的通路,相互接触的两种材料必须同时处于电解质溶液之中。对于飞机结构而言,电解质溶液主要的存在形式是凝聚在结构件表面上的、含有某些杂质(氯化物、硫酸盐等)的水膜或海水。

(3)存在电子导电通路。其最常见的形式是两者直接接触。

4.电偶腐蚀的影响因素

电偶腐蚀受多种因素的影响,它除了与相互耦合的两种金属材料自身的性质有关外,还受阴极与阳极面积比、介质导电能力、以及其他环境条件等因素的影响。

(1)阴、阳极面积比的影响。发生电偶腐蚀时,阳极金属的腐蚀速度与组成电偶的阳极、阴极面积比有很大关系。如图 4 - 14 所示为铝合金板使用钢铆钉(图(a))和镁铆钉(图(b))的电偶腐蚀情况。在图 4 - 14(a)中,铝合金板是阳极,构成的电偶是大阳极小阴极,铝合金板腐蚀不严重;而在图 4 - 14(b)中,镁铆钉是阳极,构成的电偶是小阳极大阴极,镁铆钉腐蚀很严重。从图 4 - 14(c)可以看出,随着阴极对阳极面积比值的增大,阳极的腐蚀速度呈直线上升。

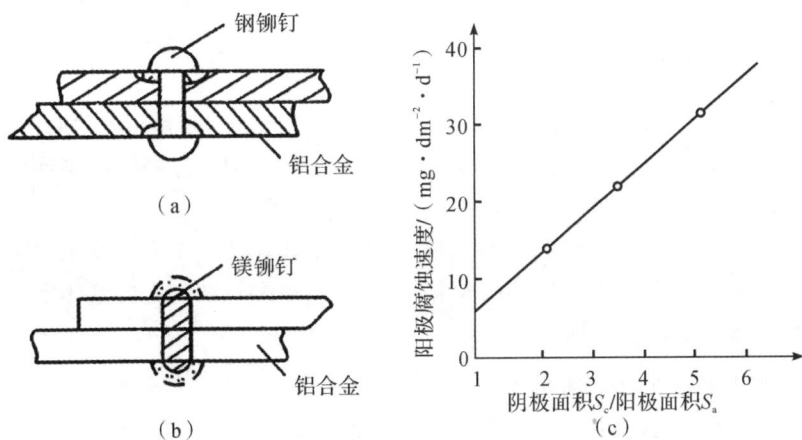

图 4 - 14　电极面积比对阳极腐蚀速度的影响

(a)铝合金腐蚀不严重;(b)镁铆钉腐蚀严重;(c)阳极腐蚀速度与阴、阳极面积比关系

(2)介质导电能力的影响。电偶腐蚀造成的破坏程度与电解质溶液的导电能力有关。在导电能力强的电解质溶液中,腐蚀电流在阳极上分布比较均匀,腐蚀破坏较轻;在导电能力弱的介质中,腐蚀电流主要集中在两耦合金属接触边沿附近,破坏相对严重些。

5.电偶腐蚀的控制措施

由于电偶腐蚀中阳极金属腐蚀电流分布的不均匀性,造成电偶腐蚀的典型特征是腐蚀主要发生在两种不同金属、或金属与非金属导体相互接触的边沿附近,而在远离接触边沿的区域其腐蚀程度要轻得多,据此可很容易地识别电偶腐蚀。实际中,可以通过设法控制或消除电偶腐蚀产生的三个基本条件,达到控制电偶腐蚀的目的。其主要的技术措施如下:

(1)不应把电位属性相差过大的金属连接在一起。在设计相互耦合的两个结构时,应尽可能选用电位差小的两种金属材料。

(2)采用合理的表面处理技术来提高相互接触的两种材料的相容性。例如,在钢构件与铝合金构件接触前,应首先对钢构件表面进行镀锌、镀镉处理。钛合金铆钉铆接铝合金板材,虽然不属于大阴极小阳极的结构,但由于钛合金与铝合金在电偶序中相距较远,两者间电位差较大。因此,对于钛合金铆钉铆接铝合金板材的结构,从降低腐蚀倾向性的角度出发,需要采取一定的措施。常用方法是,在连接之前,对钛合金铆钉表面采用真空离子镀铝处理,这样就可以改善相互接触的两种材料的相容性。

(3)应避免出现大阴极、小阳极的不合理结构。为了防止电偶腐蚀的发生,在进行结构设计时,应尽量避免不同金属相互接触,特别是避免形成大阴极、小阳极面积比的组合。例如,在螺接或铆接时,所选择的螺栓、螺帽或铆钉材料的电极电位不应低于被连接构件材料的电极电位。

(4)用绝缘材料将两金属隔开。在异类材料连接处或接触面采取绝缘措施,采用适当的涂层或金属镀层进行保护。在组装金属结构前,在相互配合的接触面上应首先进行绝缘处理,如放置绝缘衬垫或涂绝缘胶(如密封胶)。飞机结构组装中广泛采用的"湿安装"工艺正依据于此。

(5)如条件许可,还可通过在设计阶段有意识地增大阳极构件的尺寸来产生一定的"大阳小阴"效果,以延长整个结构的使用寿命。

(6)使水分不在接触点积聚和存留,用防腐漆或沥青涂覆接触区及其周围。

4.2.7 应力腐蚀开裂

金属构件在使用中,需承受工作载荷产生的附加应力,在应力和环境共同作用下材料会发生腐蚀。由于承受应力的形式不同,一般可分为应力腐蚀开裂、腐蚀疲劳(腐蚀疲劳将在4.2.8节详细介绍)和磨损腐蚀等。

腐蚀介质与金属表面间的相对运动引起金属加速破坏或腐蚀称为磨损腐蚀,简称磨蚀。多数金属和合金在流动介质中,如气体、水溶液、含有固体颗粒和气泡的液体中,在机械力和电化学的共同作用下遭受磨损腐蚀。

4.2.7.1 应力腐蚀开裂的概念

应力腐蚀开裂(Stress Corrosion Cracking,SCC),通常简称为应力腐蚀,是指材料在特定的腐蚀介质和拉应力共同作用下所发生的脆性断裂,如图4-15所示。

这种腐蚀会使材料在没有明显预兆的情况下突然断裂,所以是危险性最大的局部腐蚀之一。应力腐蚀开裂是电化学-力学共同作用的结果:电化学腐蚀和应力作用导致裂纹形成;裂纹的发展主要由力学因素引起,直至断裂。

应力腐蚀裂纹位置

图 4 - 15　构件发生的应力腐蚀开裂

4.2.7.2　应力腐蚀开裂发生的条件

1. 敏感材料

合金比纯金属更容易发生应力腐蚀开裂。一般认为纯金属不会发生应力腐蚀开裂,但金属只要含有非常微量的合金元素就可能发生应力腐蚀开裂。

2. 特定的腐蚀介质

对于某种金属,只有在特定的腐蚀介质中,才发生应力腐蚀开裂,而且介质中能引起应力腐蚀的物质浓度一般都很低。如铝合金在氯化钠溶液、海水、水蒸气等介质中可能发生应力腐蚀开裂。常见合金产生应力腐蚀的环境见表 4 - 2。

表 4 - 2　常见合金产生应力腐蚀的环境

金属或合金	腐蚀环境
碳钢和低合金钢	NaOH 溶液,硝酸盐溶液,海水,海洋大气和工业大气
高铬钢	含 Cl^- 溶液,海水,H_2S 水溶液
奥氏体不锈钢	含 Cl^- 溶液,高温高压蒸馏水
铜合金	氨蒸气,汞盐溶液,含 SO_2 大气,水蒸气
镍及镍合金	NaOH 溶液,硝酸盐溶液
铝合金	含 Cl^- 溶液,海水,含 SO_2 大气,水蒸气
镁合金	海洋大气,蒸馏水,$NaCl - K_2CrO_4$ 溶液
钛合金	甲醇,甲醇蒸气,含 Cl^- 溶液,发烟硝酸

3. 拉伸应力

只有拉伸应力能引起应力腐蚀开裂,而且拉应力值越大,应力腐蚀开裂时间越短。宏观上,应力腐蚀开裂方向与拉应力作用方向垂直。金属构件中的拉应力来源于冶炼、装配、焊接等加工过程中形成的残余应力,以及结构承受载荷时产生的拉应力。一般以残余应力为主,在应力腐蚀开裂造成的破坏事故中,由残余应力引起的约占80%。

产生应力腐蚀所需的应力值比较低,在大多数应力腐蚀系统中,存在一个临界应力值,当应力低于这个临界值时,不会发生应力腐蚀开裂,这个临界应力被称为应力腐蚀开裂门槛值。

4.2.7.3　应力腐蚀开裂的机理

由于材料出现应力腐蚀开裂的原因异常复杂,目前对应力腐蚀产生的机理还没有统一的看法。金属构件发生应力腐蚀时,腐蚀和应力这两者相互促进:腐蚀使材料表面缺陷处产生应力集中,构件有效承载截面积减小,内部晶粒之间的结合力降低;而应力加速表面缺陷沿晶间更深处延伸的进程,最终导致材料断裂。可能的腐蚀机理主要有以下几种。

1. 阳极溶解理论

一般说来,在构件表面的某些区域总是存在一些薄弱点,如划痕、点蚀坑,这些缺陷在腐蚀介质的作用下逐渐发展成微观裂纹。在与裂纹走向垂直的拉应力作用下,裂纹逐渐向前扩展,由于裂纹尖端半径极小,应力高度集中,材料表面的保护膜因此被撕破,裸露出来的新鲜基体金属较为活泼,于是演变成原电池的阳极;而裂纹以外的大部分其他区域,其表面膜保持在完好的状态,电极电位较高,充当原电池的阴极。这样一个"大阴-小阳"的结构决定了处于裂纹尖端的阳极材料有一个快速溶解的过程,因此裂纹尖端会快速地向前推进。

事实上,裂纹尖端往往还具有缝隙腐蚀的结构特征。因此,在裂纹扩展过程中,裂尖往往还伴随着自催化酸化的过程。因而裂纹一旦形成,其扩展的速度是相当大的。随着裂纹的不断扩展,裂纹所在截面的有效承载面积不断缩小,应力不断加大,最终发展成脆性断裂。

2. 滑移-溶解-断裂理论

金属在应力作用下,位错沿着滑移面运动至金属表面,在表面产生滑移台阶,使表面局部破裂并暴露出"新鲜"金属。滑移会使位错密集和缺位增加,造成某些元素或杂质在滑移带偏析,形成活性阳极区。活性阳极区与金属的膜层形成微电池,产生的电位差有利于该区的电化学溶解。阳极溶解过程同时也会在阳极周围发生钝化,重新生成钝化膜。在应力的继续作用下,该过程不断循环交替,使腐蚀破坏不断向裂纹前沿发展,造成纵深裂纹直至断裂。

3. 氢脆理论

腐蚀过程中阴极产生的氢原子,会进入拉应力微裂纹的尖端,它沿晶界扩散后引起氢脆,加快应力腐蚀的扩展速度。

4. 阳极溶解和氢脆结合理论

由于受腐蚀介质及拉应力的共同作用,在晶界缺陷处易造成钝化膜破裂,萌生微裂纹,阳极溶解产生的 H_2 会进入到晶界和裂纹尖端,晶界的脆化导致合金的综合性能降低。

4.2.7.4　应力腐蚀开裂的断裂特征

从宏观上看,应力腐蚀开裂属于脆性断裂,即便是对于高塑性的材料来说也是如此。断裂方式主要有三种,即沿晶断裂、穿晶断裂、混合型断裂(前两种类型的组合)。裂纹的走向总是与拉伸应力的方向垂直,呈树枝状(见图4-16)。一般说来,对于原先表面无裂纹、无蚀坑或无缺陷的材料,其应力腐蚀断裂过程要经过以下三个阶段。

(1)孕育期。在孕育期内主要进行的是裂纹源的形核过程,它在整个应力腐蚀破坏进程中占时90%左右。

(2)裂纹扩展期。裂纹扩展期是指从裂纹形核开始发展到临界尺寸所经历的时间,通常所说的裂纹扩展速率就是针对该阶段而言的。

（3）失稳断裂期。当裂纹尺寸达到临界尺寸后,裂纹尖端的应力强度因子就会达到或超过材料的断裂韧性,此时裂纹会快速向前扩展,构件在瞬间发生断裂,这就是失稳断裂期所进行的过程。

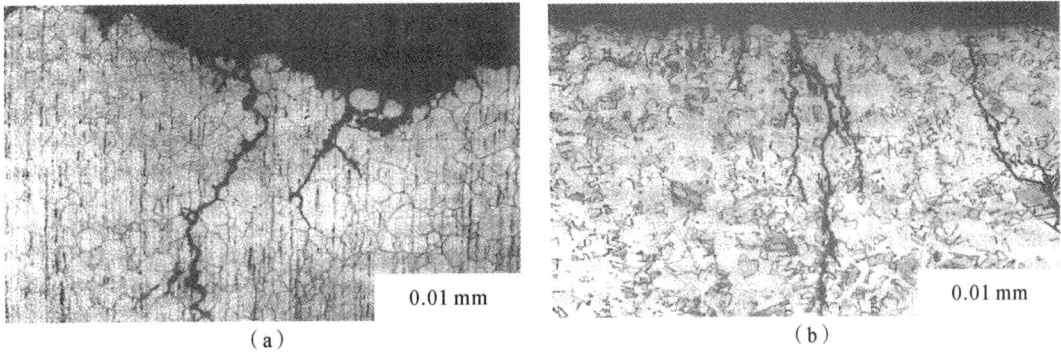

（a）　　　　　　　　　　　　　　　　　（b）

图 4-16　不锈钢应力腐蚀裂纹形貌

（a）晶间型裂纹；（b）穿晶型裂纹

4.2.7.5　防止应力腐蚀开裂的措施

防止应力腐蚀开裂主要有以下措施。

（1）正确选择材料。对于某种金属只有在特定的腐蚀介质中,才会发生应力腐蚀开裂。在已知结构件工作环境的情况下,应尽可能选择在此工作环境中不会发生应力腐蚀开裂的材料制造结构件。

（2）降低或消除应力。结构设计时应尽量避免或减少应力集中,消除加工或装配过程中产生的残余应力。

（3）控制环境。改善使用条件,减少和控制有害物质,如去除介质中的氧和氯化物等。

（4）涂覆保护涂层。在金属构件表面涂保护涂层或镀层,将金属表面与环境中的危害性介质隔离开,避免应力腐蚀开裂产生。

4.2.8　腐蚀疲劳

腐蚀疲劳（corrosion fatigue）是指材料或构件在交变应力与腐蚀环境的共同作用下,产生脆性断裂的一种破坏形式。

由于腐蚀介质与交变应力的联合作用,材料抗疲劳能力明显下降,甚至发生疲劳断裂。腐蚀疲劳的破坏要比单纯的交变应力或单纯的腐蚀作用造成的破坏严重得多。

与应力腐蚀不同的是,腐蚀疲劳时材料受到的是交变应力而不是静应力的作用,而且不需要某种金属与某种环境介质的特定组合。腐蚀疲劳与单纯的机械疲劳不同之处就在于断口是否有腐蚀产物。

腐蚀疲劳的特征是裂纹通常短、粗且多。

1.影响因素

（1）力学因素。一般包括以下几项。

1）频率。周期应力的频率对裂纹扩展影响很大。

2)应力比 R。R 值增加,疲劳寿命下降。

3)加载方式。一般来说,扭转疲劳大于旋转弯曲疲劳,旋转弯曲疲劳大于抗压疲劳。

(2)材质因素。耐蚀性较高的金属及合金(如钛、铜及其合金等),以及耐点蚀的不锈钢对腐蚀疲劳的敏感性小,而高强铝合金、镁合金对腐蚀疲劳的敏感性较大。

(3)介质因素。pH 值对腐蚀疲劳的影响很大;如介质中含氧量增加,腐蚀疲劳寿命降低(氧主要影响裂纹扩展速度);温度对腐蚀疲劳亦有显著影响。

(4)电流、电位。在一定极限内,阴极保护可推迟裂纹形成时间,提高疲劳寿命。

2.防护措施

(1)改进设计和选用合理的热处理工艺消除残余应力,或用喷丸处理等方法改变应力为压应力。

(2)加入足够量的缓蚀剂,在金属表面覆盖金属涂层(用电镀、浸镀、喷镀等)。

(3)采用阴极保护的方法来提高条件疲劳极限。

4.2.9　工业介质腐蚀

1.酸碱溶液腐蚀

在飞机上,最容易发生工业介质腐蚀(industrial medium corrosion)的部位是电瓶舱和排放口。目前飞机上使用的电瓶有铅-酸电瓶和镍-镉电瓶。电瓶中的电解质溶液和蒸气都会对电瓶舱及排放口的金属造成腐蚀。为了防止腐蚀,铅-酸电瓶区域必须用耐硫酸蒸气腐蚀的材料进行防护;而镍-镉电瓶区域必须用耐碱侵蚀的涂层进行保护,最好使用聚氨酯涂层。

2.汞(水银)腐蚀

水银对铝合金有很强的腐蚀作用,它会与铝合金进行化学反应,也就是产生汞齐化作用。在这个过程中,汞会沿着铝合金晶界进行腐蚀,使铝合金在很短时间内破坏。

如果在工作中,不小心将水银洒到飞机结构上,水银会散成很光滑的小圆粒,沿细小缝隙进入内部结构,并在结构内部散开,造成大面积损伤,因此在处理时要格外小心。可以用带有水银收集袋的真空吸尘器吸收;绝不能用压缩空气把洒在结构件上的水银吹掉,否则会使水银扩散开,造成受损面积进一步扩大。

水银对黄铜材料的钢索松紧螺套筒体的腐蚀最严重。如果发现筒体上有因水银侵蚀而产生的退色痕迹,就必须把受损零件更换下来。

4.2.10　微生物腐蚀

1.燃油箱中发生的微生物腐蚀

飞机上发生微生物腐蚀(microbial corrosion)的部位主要是燃油箱(见图 4-17)。喷气式飞机使用的燃油具有较高的黏性,燃油中常夹裹着悬浮的小水滴。在高空飞行时,温度下降,这些小水滴会从燃油中冷凝出来,并聚集在油箱的底部。水滴中含有的一些微生物,在燃油箱黑暗潮湿环境里迅速繁殖,成倍增长。这些微生物新陈代谢分泌的黏液与金属腐蚀的产物、燃油中的杂质等混合,形成黏泥式的沉积物(见图 4-18)。

如果微生物分泌的黏液形成的沉积物聚集在整体油箱的缝隙上,会使缝隙上的密封剂脱落,造成油箱渗漏;如果沉淀物聚集在油箱底部,会造成浓差电池腐蚀,损坏整体油箱的金属材料；此外，这些沉积物还会损坏油滤、油泵和管道等，造成油滤、管道堵塞。

图 4-17 燃油箱发生的微生物腐蚀

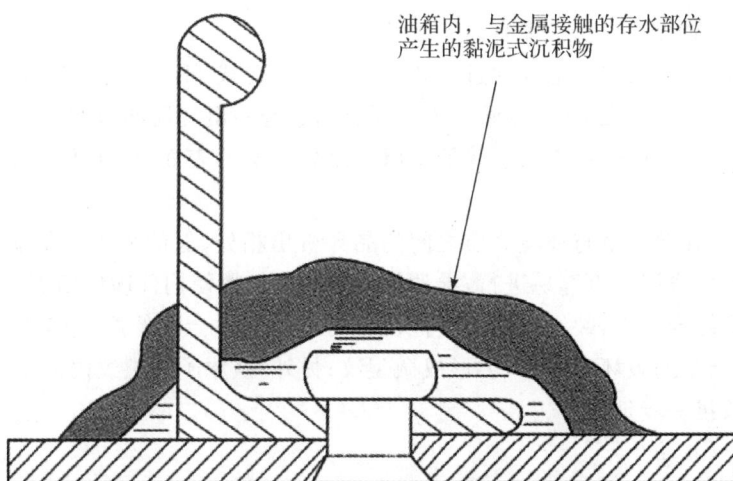

油箱内，与金属接触的存水部位
产生的黏泥式沉积物

图 4-18 燃油箱中微生物腐蚀生成的黏泥式沉淀物示意图

2.微生物腐蚀的特征

从以上微生物腐蚀形成过程的分析中可以看出，微生物腐蚀有以下几个特征：

(1)微生物腐蚀是指在微生物生命活动参与下所发生的腐蚀；

(2)产生微生物腐蚀时，金属表面会有黏泥式的沉积物；

(3)发生微生物腐蚀部位的金属，总是带有点腐蚀的迹象。

3.防止微生物腐蚀的措施

为了防止燃油箱中发生微生物腐蚀，应注意控制燃油中的水分，在燃油中加入抑制微生物生长的添加剂，并定期提取油样进行分析，以决定是否对油箱内部进行目视检查和清洗。

防腐维护过程中要每天对燃油箱的污物、水沉淀池进行排放，避免污物和水在燃油箱底部的沉积，滋生微生物腐蚀。

4.3 氢脆、镉脆和其他脆性损伤

4.3.1 氢脆

氢原子渗入金属内部,由于高温高压氢的作用,引起金属组织发生变化,使金属的韧性和抗拉强度下降,断口呈脆性断裂的现象,称为氢脆。

氢脆是一种延迟性破坏,即使在低于材料屈服强度的应力作用下,经过一段时间后仍会发生零件的突然破断。由于这种破断常常是在零件通过正常检验合格后发生的突然破坏,所以它是一种十分危险的零件失效模式。

高强度钢对氢脆是很敏感的,其敏感性会随着材料强度的增大而增大。高强度钢中金属晶格高度变形,氢原子进入金属后,使晶格应变更大,因而降低材料韧性及延性,引起氢脆。一般来说,合金的强度越高,对氢脆的敏感性越大。氢脆只在一定的温度范围内(-100~150℃)出现,其中,在室温附近最敏感。

1. 氢脆的损伤机理

目前比较受认同的氢损伤机理有以下几种。

(1)氢压机理:合金内部缺陷处的过饱和氢原子易结合成 H_2,当氢压随着 H_2 浓度增加而增大到大于铝合金的屈服强度时,导致气泡表层材料鼓起并出现局部塑性变形。

(2)氢降低表面能机理:由于氢会降低金属裂纹处原子的表面能,导致裂纹扩展的临界应力下降。

(3)弱键机理:在铝合金与环境介质之间的晶界析出相处,氢的积聚会削弱原子间的结合力,氢的交换受应力作用会更容易进行,导致氢沿着晶界扩散使构件脆性断裂。

(4)氢致开裂综合机理:裂纹尖端及其他位置的应力集中会降低原子键合力,当键合力小于该处塑性变形产生的破坏应力时,会形成微裂纹;另外,氢原子在裂纹内部结合成 H_2 后产生氢压,推动微裂纹进一步延伸。

2. 氢脆的控制措施

氢脆发生与否由包括晶界、位错、微孔等裂纹源所捕获的氢量与导致这类缺陷开裂的临界氢浓度之间的相对大小决定。提高金属及其合金耐氢脆能力的主要方法为降低内部的氢、限制外氢的进入。避免和消除氢脆的措施包括以下几项:

(1)减少金属中渗氢的数量。在除锈和氧化皮时,尽量采用喷砂的方法。若对硬度等于或大于 32HRC 的紧固件进行酸洗时,需在酸洗液中添加缓蚀剂,应尽量降低酸液的浓度,并保证零件在酸中浸泡的时间不超过 10 min。在除油时,宜采用清洗剂或溶剂除油等化学除油方式,渗氢量较少;若采用电化学除油,应先阴极后阳极;高强度零件不允许用阴极电解除油。在电镀时,碱性镀液或高电流效率的镀液渗氢量较少。

(2)采用低氢扩散性和低氢溶解度的镀涂层。一般认为,电镀 Cr,Zn,Cd,Ni,Sn,Pb 时,渗入钢件的氢容易残留下来;而 Cu,Mo,Al,Ag,Au,W 等金属镀层具有低氢扩散性和低氢溶解度,渗氢较少。在满足产品技术条件要求的情况下,可采用不会造成渗氢的涂层。如达克罗(Dacromet)涂覆层不会发生氢脆,附着力好,耐蚀性比镀锌层的高 7~10 倍,膜厚仅 4~8 μm,不会影响装配。

(3)镀前去应力和镀后去氢以消除氢脆隐患。零件经淬火、焊接等工序后内部残留应力较大,镀前应进行回火处理,减少发生严重渗氢的隐患。

(4)控制镀层厚度。由于镀层覆盖在紧固件表面,镀层在一定程度上会起到氢扩散屏障的作用,这将阻碍氢向紧固件外部的扩散。当镀层厚度超过 $2.5\mu m$ 时,氢从紧固件中扩散出去就非常困难。因此,对于硬度<32HRC 的紧固件,镀层厚度可以要求在 $12\mu m$ 以内;对于硬度≥32HRC 的高强度螺栓,镀层厚度应控制在 $8\mu m$ 以内。

考虑到氢脆带来的不利影响,在进行焊接作业时,应确保工作场所干燥,另外在选用焊条时,应尽可能地选用低氢型焊条。酸洗和电镀是产生氢的主要环节。在酸洗过程中,基体金属遭受腐蚀,产生一定数量的氢。氢会以原子的形态渗入金属内部,导致金属晶格发生畸变,引发氢脆。为减轻酸洗过程对氢脆的影响,通常需要在酸液中加入缓蚀剂,以减少氢的产生。在实施电镀的整个环节中,不可避免地要带入一定数量的氢。为消除此影响,通常在投入使用前对电镀后的零件进行烘烤处理,以驱除其内部的氢。电镀时,应确保镀槽中氢离子浓度在一定的范围内,以避免氢离子在阴极表面过度放电对氢脆带来的不利影响。

在航空器维修中,预防氢脆的措施有以下几项:

(1)正确选择表面处理和热处理工艺,严格控制酸洗和电镀工艺。

(2)烘烤。常用的脱氢方法是在较低温度(200~300 $^\circ$F[①])下烘烤。

(3)选择合适的焊接工艺。

4.3.2 镉脆

镉是一种典型的低熔点(312℃)金属,即使零部件的使用温度低于镉的熔点温度,镉也有很强的扩散能力。镉一旦接触到敏感材料(低合金高强度钢和钛合金),便以很快的速度向其内部扩散,导致敏感材料发生预先毫无征兆的脆性断裂,即镉脆。镉脆断裂是一种延迟断裂,是在裂纹发生并扩展到一定程度后,基体材料承受不了外力载荷而发生的断裂。

镉镀层柔软,对钢具有较高的保护能力,且电镀过程中对基体金属产生的氢脆性比镀锌的小,因此广泛应用于紧固件、弹性件及重要承力件的防护。但镀镉的钢零件在使用温度较高,承受的载荷达到一定数值时易产生脆断,且使用温度越高,承受载荷越大,越容易产生镉脆。为避免发生镉脆断裂事故,FAA(美国联邦航空管理局)规定表面有镉镀层零件的使用温度不得超过 450 $^\circ$F,我国航标规定其使用温度不得超过 230℃。

钢的含碳量越高,强度也就越高,越容易在更低的温度下产生镉脆。

镉与钛合金或高强度合金钢直接接触是产生镉脆的重要条件。脆化效应能在镀镉的钢或钛合金上发生,也能在与镉镀层相接触的钢或钛合金上发生。相对于高强度钢而言,钛合金对镉脆更为敏感。因此,通常情况下维护手册有如下规定:钛合金构件表面不允许镀镉,也不允许其与表面镀镉的钢零件直接接触,装配钛合金构件时不允许使用表面镀镉的工具。

有时为了防腐的需要,需对高强度钢构件表面进行镀镉处理,以起到牺牲阳极的阴极保护效果,可以选择铜或镍作为防止钢产生镉脆的阻挡层,这时可以采取如下措施:先在钢构件表面镀上一层铜镀层或镍镀层,然后再行镀镉。铜或镍可以阻止镉渗入钢基体,同时镍、铜对钢不产生有害作用,这样就可以利用中间镀层的阻挡效应,避免了镉元素向钢基体内部直接渗

---

① 1 $^\circ$F(华氏度)=5/9℃(摄氏度)。

透,可有效地避免镉脆。

判断镉脆的依据如下:

(1)零件有镀镉层,或表面有镉的污染物,或与镀镉零件相接触,并同时承受一定的温度和应力作用。

(2)断口起源于钢、钛合金与镉接触的部位。

(3)用扫描电镜观察断口的微观形貌,脆断区为岩石形貌的沿晶断裂。

4.3.3 其他脆性损伤

研究证明,Sb,Zn,Cd,Pb,Bi,Sn,In 等低熔点元素都是脆化元素。在大约 3/4 的绝对熔化温度到熔化温度范围内,这些脆化元素由于自身拉伸韧性的降低,会引起亚晶界间的临界裂纹稳定扩展,从而造成基体材料的脆化。

习题与思考题

1.飞机常见的局部腐蚀有哪些种类?

2.简述点蚀的特征、形成及发展过程。

3.缝隙腐蚀的特征有哪些?缝隙腐蚀与点蚀,这两者存在哪些差异?

4.简述丝状腐蚀的特征。影响丝状腐蚀的因素是什么?

5.产生晶间腐蚀的原因是什么?如何控制?

6.影响电偶腐蚀的因素有哪些?应采取哪些防护措施?

7.应力腐蚀的产生条件有哪些?应力腐蚀断裂的过程包括哪些阶段?

8.简述微生物腐蚀的特征。

9.什么是氢脆?如何消除氢脆?什么是镉脆?简述产生镉脆的原因。

第5章 飞机腐蚀预防及腐蚀损伤等级划分

民用飞机在设计、制造和修理过程中,对飞机结构及连接中应采取不同的防腐措施,这些措施是预防和控制飞机腐蚀的关键。飞机在服役、日常维护工作中,防腐工作也是很重要的,腐蚀控制的好坏直接影响到飞机安全性及使用寿命。

5.1 防腐计划及最低防腐要求

5.1.1 防腐计划

防腐维护工作应包括以下几项内容。

1.定期、仔细地进行机体的清洁工作,保持机体表面清洁、干燥和光滑

采用推荐的乳胶型清洁剂清洗表面,可以清除灰尘、污垢、油渍及一些工业废物,必要时要在机体表面打蜡。保持机体内部的清洁也非常重要。要特别注意容易积水的地方,所有的排水口应打开,并能顺利排水,防止机体内部积水。发动机排气装置、起落架舱等容易积存污垢的地方都应及时进行清洁。

2.对飞机进行定期仔细检查,及时发现腐蚀迹象和防护系统的损伤情况

检查的重点如下:

(1)发动机进气道和尾部排气区域。高速气流和气流中夹裹的污物会损坏进气道表面的防护层,虽然沿进气道前缘的抗磨带有一定的保护作用,但检查和维护进气道区域的防护层仍然十分重要。发动机排放的高温并含有腐蚀金属物质的空气会对尾部排气区域产生腐蚀。排放空气所经途中的缝隙处、短舱整流罩、合叶、检查口盖的螺栓等处都是需要重点检查的部位。

(2)电瓶舱和电瓶排气口。要仔细检查电瓶四周和下面区域,确定储液槽通气口内浸湿中和溶液的吸收垫完好,电瓶舱通气口干净通畅。

(3)卫生间和配餐区。

(4)起落架和轮舱区域。镁金属机轮上的螺栓头部和螺帽,铝金属管上的识别带和金属环圈的下面,加强件、肋板、下蒙皮表面等处的缝隙容易存水和污物的部位都须重点检查。另外,外露的位置指示电门、防滞传感器等电气组件也要给予充分的注意。

(5)外露蒙皮区域。最早的腐蚀迹象可能出现在飞机的外蒙皮上。包覆纯铝的金属蒙皮的边缘和搭接接头处、沿点焊缝缝隙、镁金属蒙皮的边缘、紧固件的周围、裂纹缝隙处都容易发生腐蚀,检查时都应给予重点关注。

(6)舱底区域。机身底部、地板的下面区域容易积聚水、灰尘等脏物以及液压油、滑油等废

弃物,从而导致腐蚀的发生。由于可接近性不好,腐蚀刚发生时不容易被发现,检查时一定要注意。

(7)操纵面收起的凹槽处。操纵面收进固定翼面的凹槽内,轴承铰链等被掩盖在凹槽内,这些部位不容易进行定期润滑,也容易发生腐蚀。

(8)燃油箱。由于燃油中水分夹裹微生物的繁殖,导致燃油箱内产生微生物腐蚀,而在密封剂下面发生的腐蚀检查起来很困难,通常要借助 X 射线等无损检测方法进行。

(9)操纵钢索。飞机操纵系统的操纵钢索,特别是使用碳钢制成的钢索,在各股钢丝之间可能发生腐蚀。如果怀疑有腐蚀发生就应将钢索的张力卸掉,反拧钢索,检查钢丝之间是否有腐蚀产生。

(10)焊接区域。进行电弧焊接操作时使用的焊剂含有很多对铝有腐蚀作用的物质,焊接后,应用热水和毛刷将焊剂的所有痕迹都清除掉,否则会对金属产生腐蚀作用。因此,所有的焊接区域也是重点检查的部位。

3. 对发现的腐蚀损伤要及时处理,对损伤的保护层、密封剂涂层要及时修补

4. 定期进行彻底润滑

对于需要润滑的部位要定期进行彻底的润滑,特别是长铰链要定期加润滑油;用防水的润滑油喷涂操纵钢索;在蒙皮缝隙和搭界处涂抹防水润滑剂薄膜。

5. 保持各种排放管口的通畅

机身底舱的排放口、电瓶舱排气口等凡是容易积水和污物的排放管口都应保持干净和通畅。

6. 每天排放燃油箱的沉积物

7. 每天清洁机体外露的关键部位

8. 风雨天气应注意机体的防水,温暖潮湿天气要注意适当通风

9. 对于停放的飞机要用防护罩进行保护

10. 维修中应采取的防腐措施

(1)不同的材料应用不同的清洗剂和不同的擦干物,具体如下:

1)钢铁上的污物用重铬酸钾消除,热水清洗,抹布擦干;

2)铝及铝合金上的污物用白汽油清除,热水清洗,抹布擦干;

3)飞机外表面用清洁剂清洗,用压力水冲洗;

4)电气件上的污物(积碳等)用酒精、四氯化碳清洗,绸布擦干;

5)有机玻璃上的污物用中性肥皂水清除,用清水喷洗,绒布擦干;

6)凡是受到酸碱盐侵蚀都要中和:酸类侵蚀用碱(小苏打)中和,碱类侵蚀用酸(柠檬酸、醋酸)中和。中和前应首先将污染物去除,中和后应用水冲洗。

(2)形成腐蚀抑制膜,例如氧化膜、漆膜、有机物膜、电镀层。

(3)避免不同金属接触产生腐蚀,一般的隔绝方法如下:

1)紧固件。当钢紧固件(螺栓)与铝合金连接时:

a. 铝合金孔内涂阿洛丁,生成氧化膜;

b. 螺栓湿接(如涂抹密封胶),刷底漆。

2)板的搭接。

a. 铝合金与除镁以外的金属搭接,接触面各涂一层铬酸锌底漆;

b.若其中之一为镁合金,则涂两层铬酸锌底漆,中间加一层压敏胶带。

(4)保护金属表面的保护层,穿软底鞋,正确使用工具、零部件、梯子、车辆等;不允许与飞机直接接触。

5.1.2　最低防腐要求

1.内部结构或附件的最低防腐要求

铝合金表面涂阿洛丁或做铬酸阳极化处理。对于包铝构件表面只能涂阿洛丁,不能采用铬酸阳极化处理。此外,还要涂一层耐液体环氧树脂底漆(如波音公司规范中的 BMS 10 - 11,I 型底漆)。

2.外部涂层区域的最低防腐要求

首先包铝构件表面涂阿洛丁,非包铝构件表面做铬酸阳极化处理。然后涂一层环氧树脂底漆(如波音公司规范中的 BMS 10 - 79,III 型底漆,能提高构件耐丝状腐蚀能力,并且能耐气流冲刷作用)。在腐蚀环境恶劣的部位或有防腐要求的部位,则需要加涂附加涂层,如波音公司规范中的 BMS 10 - 60,I 型或 II 型瓷漆,也耐气流冲刷作用。

3.容易聚积潮气和腐蚀性化学物质部位的最低防腐要求

在机身舱底、轮舱以及厨房、卫生间下面的区域,对构件表面做铬酸阳极化处理,再涂两层耐液体环氧树脂底漆(BMS 10 - 11,I 型,黄色＋绿色,第一层为绿色,第二层为黄色),最后涂一层环氧树脂瓷漆(BMS 10 - 11,II 型)。当受耐液体作用时,环氧树脂底漆比铬酸锌底漆防腐性能要好一些,并且它具有耐特种液压油的作用。

在飞机使用维护过程中,合理的腐蚀损伤等级划分与评定对保证飞行安全、提高使用维护的效费比等起着非常重要的作用。本章将就如何进行腐蚀损伤等级划分进行介绍。

5.2　紧固件的安装

紧固件连接区域是易发生腐蚀的区域。因此,要根据不同的情况采取不同的防腐措施。

5.2.1　紧固件的湿安装

在铝合金结构中,如果使用钢螺栓,应该在螺栓孔内涂阿洛丁,再涂铬酸锌底层涂料,在螺栓表面也应涂上铬酸锌涂料,并在涂料潮湿时进行安装。对不同金属的蒙皮进行搭接时,应特别注意,在它们之间要形成绝缘隔离。在每个搭接配合面上,至少要涂一层铬酸锌底层涂料,待涂层完全干燥后,装配在一起,并用铆钉沾着铬酸锌涂料进行湿铆接。如果其中一块蒙皮板是用镁合金材料制成的,那么在每个搭接配合面上至少要涂两层铬酸锌底层涂料,并在搭接面之间加上 0.003 in① 厚的乙烯树脂薄膜,然后,用铆钉沾着铬酸锌涂料进行湿铆接。如果因为某些原因,不能使用乙烯树脂薄膜,搭接配合面上的铬酸锌底层涂料的施加层数应加倍。

(1)对于非铝合金不可拆卸紧固件,如 HI - LOCK 螺栓,应该在紧固件表面涂 BMS 5 - 95 密封胶或 BMS 10 - 11 型底漆后湿安装,如图 5 - 1 所示。

(2)安装结构油箱紧固件时,使用 BMS 5 - 26 密封胶湿安装。

---

① 　1 in(英寸)＝2.54 cm。

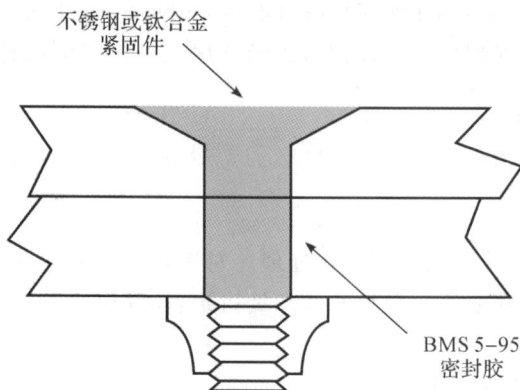

图 5-1 湿安装紧固件

（3）高精度可拆卸紧固件表面只能使用 MIL-C-11796 密封剂。其他种类的可拆卸紧固件可以使用 BMS 10-11，Ⅰ型底漆，但在安装之前底漆必须固化。

（4）5056 铝合金紧固件安装在铝合金结构中时，必须涂上 BMS 5-95 密封剂湿安装，但是不能涂 BMS 10-11，Ⅰ型底漆湿安装。

（5）实心铆钉一般不需要湿安装，BACR15FV 铆钉不允许涂密封胶或者底漆。

（6）安装拉钉时，需要涂 BMS 5-95 密封胶湿安装。

（7）铝合金构件上使用的钢或不锈钢紧固件表面应镀镉。

5.2.2　防腐垫片

在结构修理中，如果螺帽与结构之间的电位差相差较大，会导致结构件或者螺帽发生电偶腐蚀。为了降低腐蚀发生的可能性，可依需要使用防腐垫片来隔离螺帽与结构件，通过减小垫片与结构件、螺帽之间的电位差来防止腐蚀的发生。不同材料的螺杆与结构件接触时，应根据维修手册的要求使用不同材料的防腐垫片。

5.3　涂 防 腐 剂

在飞机结构中很难完全避免不同金属相互接触，这时就必须在不同金属之间采取隔离措施，如可以使用防腐剂（Corrosin Inhibitor Compound，CIC），如图 5-2 所示。

5.3.1　防腐剂的类型

防腐剂的主要种类有渗透排水型防腐剂（波音公司规范牌号为 BMS 3-23）、浓型防腐剂（波音公司规范牌号为 BMS 3-26）、先进型防腐剂（波音公司规范牌号为 BMS 3-29）、最先进型防腐剂（波音公司规范牌号

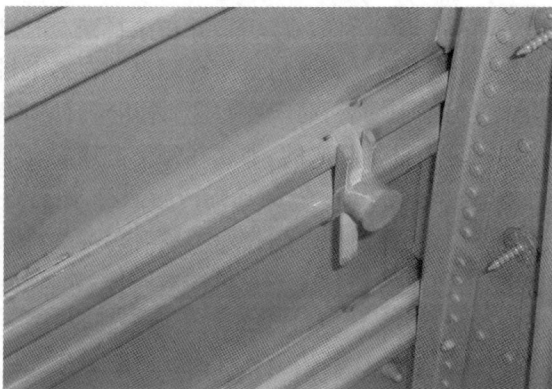

图 5-2　在面漆上使用防腐剂

为 BMS 3 - 35),以及 MIL - C - 16173 和 MIL - C - 11796 防腐化学物等。现在介绍航空器维修中常用的几类防腐剂。

1.渗透排水型防腐剂(BMS 3 - 23)

这种防腐剂是一种具有挥发性的油/石蜡基液体化合物,可以喷涂或刷涂在结构件上,液体载体会很快挥发,留下一层类似石蜡的黏性残留物覆盖在涂过的表面上。这种防腐剂具有低的表面张力,能渗入极小孔洞或缝隙中。由于它具有低的表面张力,所以能排除缝隙中的水分,并能使表面液膜形成水珠排出,从而起到防腐作用。它也是一种黏附性很强的材料,正常情况下不容易被清除掉。但是,这种防腐剂的耐久性较差,并且固化后黏性较大,易吸附污物。

BMS 3 - 23 排水型防腐剂具有以下两种类型:

(1)Ⅰ型,无色透明薄膜,只有在紫外线下才能看到;

(2)Ⅱ型,有色薄膜,目视易看到。

较为常见的 BMS 3 - 23 防腐剂为 AV8,其性能参数如下:

闪点:49℃;

标准膜厚:8 μm;

固化时间(不黏手):40 min;

有效期:24 个月。

2.浓型防腐剂(BMS 3 - 26)

这种防腐剂具有Ⅰ型和Ⅱ型两种类型:Ⅰ型防腐剂,能形成中等厚度的薄膜;Ⅱ型防腐剂,能形成较厚的薄膜,并能取代 MIL - C - 16173,Ⅰ型防腐剂。

BMS 3 - 26 是一种非渗透性的有机防腐剂,具有抗磨损性、干后不剥落、耐久性好等特点。但它不能渗入到微小缝隙中,不具有渗透排水特性。通常,把这种防腐剂涂在具有渗透排水作用的 BMS 3 - 23 防腐剂之上,用作外层防腐剂,不单独使用。实践证明,在易腐蚀区域,例如舱底和轮舱处,联合使用这两种防腐剂,防腐效果是很好的。

这种防腐剂也是一种挥发性液体,可以喷涂或刷涂到处理的表面上。液体载体挥发后,留下沉积物覆盖在涂过的表面上。大约 24 h 后,涂膜彻底干燥,可以触摸。BMS 3 - 26,Ⅱ型防腐剂是透明的,进行结构检查时不需要清除它。

常用的Ⅰ型防腐剂产品有 AV25B 或 AV25B - 2。常用的Ⅱ型防腐剂产品有 AV100D。

3.先进型防腐剂(BMS 3 - 29)

这种防腐剂具有 BMS 3 - 23 防腐剂的渗透排水性,也具有 BMS 3 - 26 防腐剂的耐久性。因此,采用这种防腐剂只需喷涂或刷涂一层即可,这不仅大大减少了喷涂工作量,还避免了双层防腐剂体系对航空器增重过大的缺点。

这种防腐剂刷涂 3 h 后即干,24 h 后就不会剥落。在铆接处涂上 BMS 3 - 29 防腐剂,它不会流到机身外部,但涂 BMS 3 - 23 防腐剂时可能会流到机身外部去。另外,BMS 3 - 29 防腐剂与 BMS 3 - 23,BMS 3 - 26 防腐剂相容,还可以直接涂在这两种防腐剂上。

满足 BMS 3 - 29 规范的防腐剂有 AV30,其性能参数如下:

闪点:50℃;

标准膜厚:30 μm;

固化时间(不黏手):1～3 h;

有效期:24 个月。

4. 最先进型防腐剂(BMS 3 - 35)

BMS 3 - 35 是用于代替 BMS 3 - 29 的新型渗透排水型防腐剂。与 BMS 3 - 29 相比，BMS 3 - 35 具有更强的渗透能力以及更快的固化速度(不到 1 h)。

满足 BMS 3 - 35 规范的防腐剂有 AV15。

5.3.2 防腐剂的应用部位

通常,在航空器结构的以下区域涂防腐剂:

(1)操纵面动作时暴露在大气中的结构,如机翼前缘和后缘翼舱中露出的部分。

(2)可能积水又不易排掉的结构部位,如机身舱底部内表面。

(3)接触腐蚀性液体,易产生腐蚀的结构部位,如厨房和厕所下面的结构。

(4)涂层或密封剂损伤区域的所有连接缝处。

(5)紧固件周围漆膜已破坏处。

(6)凡是制造厂家涂过防腐剂的部位,在大修后都要再涂防腐剂。

5.3.3 使用渗透排水型防腐剂的注意事项

(1)温度超过 104℃ 的玻璃纤维管道,不能接触防腐剂。

(2)排水型防腐剂与氧气混合时,会发生爆炸。因此,其应远离氧气系统保存和使用。

(3)涂防腐剂之前,要使底漆和(或)面漆至少干燥 8 h。

(4)防腐剂含有易燃成分,不能使这类材料接触电源、电接头或其他具有潜在火险的部位(使用中表面温度能达到 150℃ 或以上的部位,如发动机吊架内腔、APU 及 APU 保护罩等)。由于排水防腐剂含有蜡质,有些飞机(如 B757)明确规定温度超过 60℃ 的表面不宜涂这种防腐剂。否则,高温能破坏防腐剂,并能使防腐剂损伤密封剂。

(5)应避免在操纵钢索、滑轮、轴承和润滑连接处直接使用防腐剂。因为它可能会驱除润滑剂或使润滑剂稀薄,影响润滑作用,导致部件过度磨损,降低使用寿命。

(6)排水防腐剂会使橡胶膨胀。因此,使用排水防腐剂时,不应使它接触橡胶件。

(7)避免将防腐剂涂到保温隔音层和内部材料(包括尼龙制品、塑料件等)上,因为防腐剂会降低这些材料的防水性和阻燃性。

5.3.4 涂防腐剂的方式

涂防腐剂之前,表面可只做一般清洁性工作。这里应当指出,绝不能在涂漆层和密封剂前涂防腐剂。排水型防腐剂具有渗透到缝隙中的能力,可采用一般喷涂或刷涂(涂防腐剂的面积较少时)的方式涂到结构上,没有必要采用压力喷涂。对于浓型防腐剂,可考虑采用低压喷枪喷涂。

防腐剂可以直接涂在原排水防腐剂涂层上。如果原排水防腐剂涂层已被灰尘或砂粒严重污染,则必须先清洁原防腐剂涂层,再涂新防腐剂。当在 BMS 3 - 26 浓型防腐剂涂层上重涂防腐剂时,应清除原防腐剂后再涂。

5.3.5 防腐剂膜的厚度

防腐剂膜并不是越厚越好。这首先是因为防腐剂膜越厚,航空器增加的质量就越大。第二是因为防腐剂的闪点较低,当温度稍高时,防腐剂会释放出可燃性气体。这种气体与空气混合达到一定比例后会发生爆炸,因此,防腐剂膜太厚会降低飞机的防火性能。第三是因为防腐剂的熔点较低、固化时间较长、黏性大,会吸附一些脏物及杂质。因此,防腐剂涂得太厚会增加航空器质量并降低其防火要求。

5.3.6　防腐剂的清除

在航空器结构修理中,修理前应清除掉防腐剂。清除防腐剂时,不推荐使用甲基乙基酮(MEK)或丙酮,可使用石脑油。对于排水防腐剂也可以采用全氯乙烯、三氯乙烯、三氯乙烷等溶剂来清除。

需要指出,在采用渗透法检查构件损伤前,应清除防腐剂。

5.4　密　封　处　理

通常,使用密封剂对飞机结构进行防水密封是机体防腐的重要措施。当原有的密封剂受到损伤需要修理时,首先要将密封缝处所有旧密封剂彻底清除掉,使用推荐的清洁剂清洁要修理的表面,清除掉所有污垢、燃油、滑油等污渍,然后严格按照推荐的方法用新密封剂进行密封。

5.4.1　密封胶的性能

密封胶是一种随密封面形状改变而变形,不易流淌,有一定黏结性,用来填充构形间隙以起到密封作用的胶黏剂。它还具有防泄漏、防水、防振动及隔音、隔热等作用。

密封胶的性能:不透性,隔离液体、气体;良好的弹性和塑性,抵抗变形;耐温、耐油、耐水、耐气候;对金属和非金属有良好的黏结力;无腐蚀作用;毒性小,不影响人体健康;良好的工艺性,可涂刷、堆砌、流动、注射、喷涂。

5.4.2　密封胶的分类

航空常用的密封胶材质分为两大类,即聚氨酯或聚硫化物密封剂、硅酮密封剂(有机硅树脂)。

聚硫化物密封剂通常无色,使用在温度不高的部位,又分为结构油箱密封剂、压力与环境密封剂两种。结构油箱密封剂是一种耐燃油的,不含铬酸盐的聚硫化物密封剂,它用于飞机结构油箱的密封。压力与环境密封剂是一种含铬酸盐的聚硫化物密封剂,具有辅助防腐作用,既可以作接合面处的缝内密封,又可以作填角密封。飞机结构上大部分区域都是用该密封剂密封的,增压舱或外表面蒙皮接缝处以及安装紧固件时也使用该密封剂。

硅酮密封剂通常为白、红、灰色,是一种耐液压油并耐高温的密封剂,可以使用在温度较高的部位,通常作为防火墙密封剂使用。

密封材料分为两大类,即密封胶和密封腻子。密封胶组成成分为基料、增强剂、增黏剂和硫化剂。常用密封胶见表 5 - 1。

表 5-1 常用密封胶

类型	性能	颜色
BMS 5-26	耐油密封胶	棕色
BMS 5-95	耐气候胶	黑灰色
BMS 5-79	压力要求	黑灰色
BMS 5-63	中温密封胶	灰绿色
RTV-106	高温隔离胶	红色
RTV-174,731,140	黏结舱门密封带	白色
RTV-3145	不受力防水胶	白色

5.4.3 密封胶的使用

密封胶使用工艺过程包括以下阶段:调和期——熟化期,调和时需搅动50次;适用期——施涂有效期,常用的适用期有1/8 h,1/4 h,1/2 h,2 h,6 h,12 h,24 h;安装期——工作期;固化期——硫化期。固化剂有毒,只许将固化剂往基料倒。依据使用方法的不同,波音公司将密封胶的稠稀度分为A,B,C,D,E,F,G共七类。

1.涂胶前的表面清洁

彻底清洁修理区域是极为重要的,其操作步骤:用吸尘器和毛刷清除修理碎渣;用蘸湿的毛刷或棉布完成清洁工作;用干净布擦去所有的清洗剂;用新的白色的吸湿棉布清洁,清洁到白布没有污迹为止;保护好清洁表面不受污染;在150~200 ℉温度下干燥2 h;清洁连接每边大于1 in;棉布含脂少于75%,并无毛;不用手触摸清洁的表面;被液压油污染的表面按特殊法清洁。

涂胶清洁注意:避免溶剂挥发,以防溶解的杂质遗留;清洁溶剂远离火源;工作场所通风充分;保护好皮肤、眼睛、呼吸腔。

2.涂胶方法——填角、填缝涂胶

注胶法:注射管嘴沿着接缝匀速前进;注胶嘴与接缝保持45°夹角;适当给管嘴加压,不必清除气泡和整形。

刮涂法:朝一个方向刮涂,禁止来回刮涂,以免产生气泡。

3.选用与不同温度区域相适应的密封胶

BMS 5-95 密封胶适用于71℃以下,BMS 5-26 密封胶适用于油箱或温度低于121℃,93-006 密封胶适用于在温度低于232℃下使用的电气灯罩,BMS 5-63 密封胶适用于发动机吊舱内部中温(232℃)区域。

4.使用密封胶 BMS 5-95 填缝

完全混合 PR 1824 或 PS 870;用胶枪和合适的胶嘴,向所有空隙注入密封混合物。为加快固化,可选用如下材料:PS 870B-2,PS 870B-1/2,或 DOW C 93-007-1/8 有效期1/8 h。

5.修理飞机油箱渗漏的密封胶

应用密封胶 BMS 5-26,Type II,CLASS A-2 或 CLASS B-2。常用的牌号为 PS 890A-2

和 PS 890B - 2。

修理飞机油箱渗漏的密封胶,使用时先涂 PS 890A - 2 密封胶,待其干到不黏手,再涂 PS890B - 2 密封胶。涂新胶前,待涂胶面要保持清洁干净,以保证密封胶与封严面之间最大的附着力。

修理飞机油箱渗漏的密封胶 BMS 5 - 26,Type I 不能用于 BNS - 20 底漆上。为加快固化,可选用如下材料:已上漆,890 B - 2 有效期 2 h;未上漆,890B - 1/2 有效期 0.5 h。

油箱涂胶注意:在油箱内工作,先通风 24 h;做好劳动保护;穿棉工作服;用防爆灯;飞机接地可靠。

6.金属与非金属胶黏剂

BMS 5 - 92 TY1,EC 2216 B/A:混合结构胶,100 g 的分量有效期约为 90 min。温度提高、分量增大将明显缩短有效期。应在有效期内安装所有的紧固件。混合好胶后可马上使用(参见表 5 - 2、表 5 - 3),在 70 ℉温度下安装铆钉。

表 5 - 2　BMS 5 - 92 TY1 的使用时间要求

BMS 5 - 92 TY1 适用期	BMS 5 - 92 TY1 工作期
混合到使用	胶黏后到安装完毕
5 min	180 min
30 min	120 min
60 min	60 min
90 min	0 min

表 5 - 3　密封胶的加温固化时间

BMS 5 - 92 TY1		BMS 5 - 95 B2	
温度	时间	温度	时间
60 ℉	48 h	60 ℉	96 h
80 ℉	24 h	80 ℉	48 h
100 ℉	10 h	100 ℉	24 h
120 ℉	4.25 h	120 ℉	12 h
140 ℉	1 h	140 ℉	6 h
160 ℉	20 min		

5.4.4　密封胶的涂敷方式

涂敷密封胶方式有接合面密封(见图 5 - 3)、孔和槽的缝内密封(见图 5 - 4)、缝外密封、紧固件密封、电气密封接头的安装和密封等。

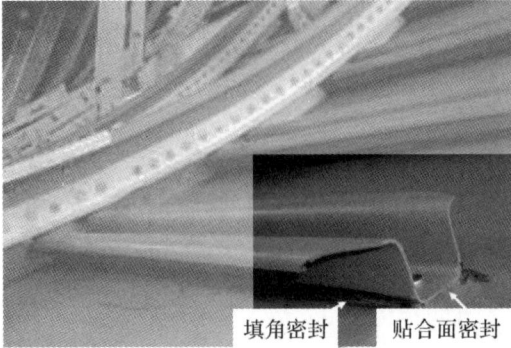

图 5-3 接合面密封

图 5-4 缝内密封

1. 接合面密封的涂敷

永久性的接合面密封(见图 5-5)的涂敷方法如下：

(1)用滚筒将密封胶涂于一个接合面上。整个表面上获得一层薄而均匀的连续密封胶；所涂密封胶应厚到足以盖住下表面,但又薄到所要求的连续胶珠粒尺寸减到最小；建议的厚度范围为 0.005～0.015 in。

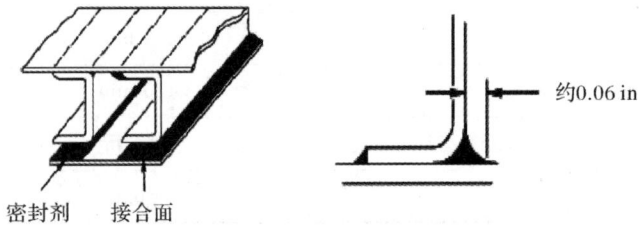

图 5-5 接合面的密封

(2)要涂足够的密封胶。首先使组装的接合面之间的空隙完全填满,并沿着连接的边缘挤出少量胶；然后用一抹平工具把挤出的密封胶整平齐,形成深约 0.06 in 连续而平滑的填角(此填角是保证以后涂敷的填角密封胶,充分接触所必需的),密封胶的涂敷如图 5-6 所示。

2. 注射密封的涂敷

(1)需要连续性密封或隔断密封的孔,要完全填满密封胶。

(2)用 SEMOCO 注胶枪或其他代用品,将密封胶注入空腔的一端(见图 5-7)。

(3)密封槽缝底部时,要将胶填满使槽缝的底部和各边连续接触。

注射密封时应注意,为了防止空气夹在密封胶内,不要将注油枪内的密封胶完全用完,不要从空腔的两端密封,因为这样会造成气泡,有可能形成密封胶内渗漏。

3. 填角密封的涂敷

填角密封如图 5-8 所示,其涂敷方法如下：

(1)用 SEMOCO 注胶枪或相当工具涂敷密封胶。

(2)将胶嘴尖端插入槽缝内,注胶时要保持直线。

(3)在胶嘴前端挤成一条密封胶珠串。

(4)用一个平整工具将胶结实地压进槽缝空隙内,以获得成形和光滑的填角。

(5)涂上第二次密封胶形成填角整体密封,只有整体油箱的密封才需涂第二次密封胶,可以选择注胶嘴形状符合填角密封的要求。

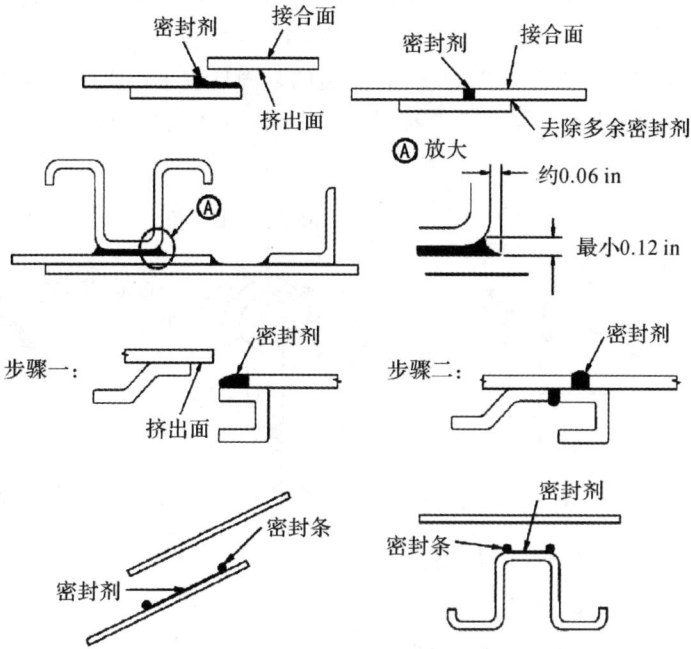

图 5-6　密封胶的涂敷

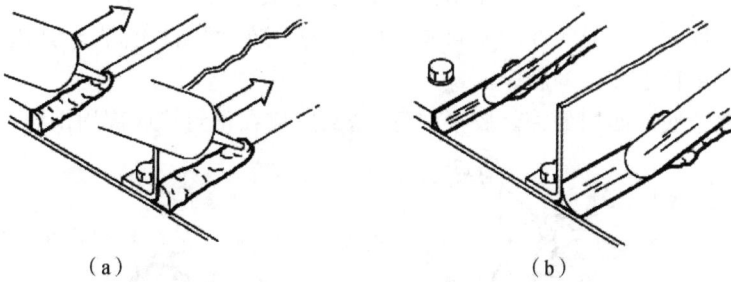

图 5-7　注射涂覆密封胶

（a）使用时；（b）结束后

（6）用工具平整,形成填角以获得最后的构形。

（7）用平整工具压密封胶,并使其与球串平行移动；密封过程中必须很小心,不产生折叠、缺口和任何明显的气泡；平整后的带状密封胶要符合尺寸,并且相当光滑。

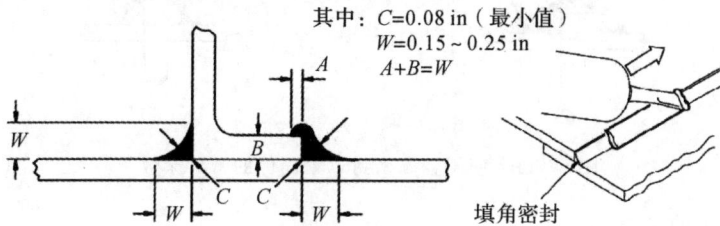

其中：$C=0.08\ \text{in}$（最小值）
$W=0.15\sim 0.25\ \text{in}$
$A+B=W$

图 5-8　填角密封

4.紧固件密封的涂敷

凡是在密封胶的工作期以内,穿过接合密封安装的紧固件不需再涂密封胶;在超过密封胶工作期后,凡穿过接合密封面安装的紧固件,都应再涂密封胶。

穿过接合面不用密封胶部位的密封平面,安装的紧固件应采用以下方法之一:

(1)安装时应在紧固件上或孔内涂上密封胶;被挤出的密封胶应该连续不断,以表明密封良好(见图5-9)。

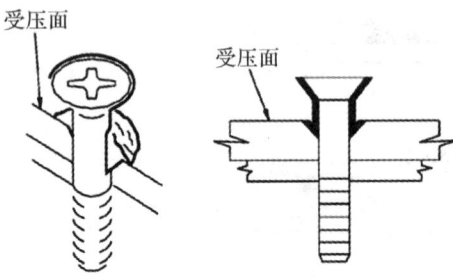

图5-9　在紧固件上或孔内涂上密封胶　　　图5-10　安装后在紧固件周围做填角密封

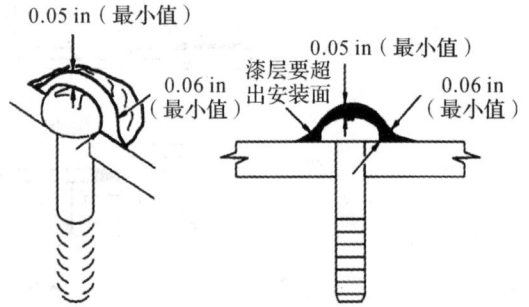

(2)安装后对紧固件涂敷密封胶。

(3)紧固件安装后在其周围做填角密封(见图5-10)。

5.密封罩密封的涂敷

对于使用金属密封罩的紧固件(见图5-11),其涂敷方法如下:

(1)先在罩内填充1/2或2/3的密封胶,再将罩子压在紧固件上,直至其边缘接触到结构。

(2)清除密封罩顶上多余的胶。

(3)将沿着罩子底部四周的密封胶平整好,密封胶应在密封罩底部周围连续地挤出。

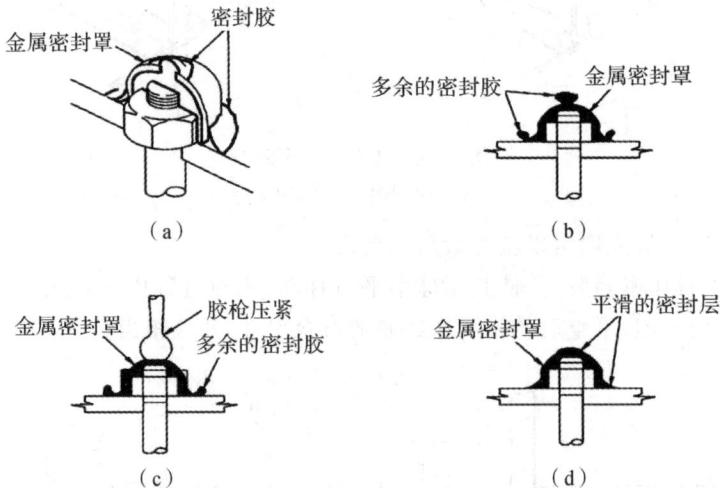

图5-11　使用金属密封罩紧固件的密封涂敷

6.气动平滑胶的涂敷

(1)将待修部位已经损坏的密封胶清除干净,并将余下的密封胶削成一定的坡度,以便嵌接。

（2）将要涂平滑胶的面层和凹槽进行彻底清洗。

（3）用保护胶带将凹槽周围蒙皮盖住，用注胶枪将凹槽填满，确保填密封胶期间无空气残留在凹槽内，如图 5-12（a）所示。

（4）用抹刀将密封胶按保护胶带的平面抹齐，如图 5-12（b）所示。由于密封胶会收缩，有些凹槽的槽口平面，需要相隔约 8 h 进行二次填充以便填平。

（5）在密封胶抹平滑后立即将胶带撕去，如图 5-12（c）所示，或者在整个硫化期内使其留在原来的位置。

（6）将有抬起胶带趋势的密封胶边缘压下，并抹平滑，再用木制工具或塑料工具将多余的胶清除掉。

注意：在铬酸锌底漆还未固化之前，不准在其上面涂敷；涂敷的胶层要光滑、平齐。

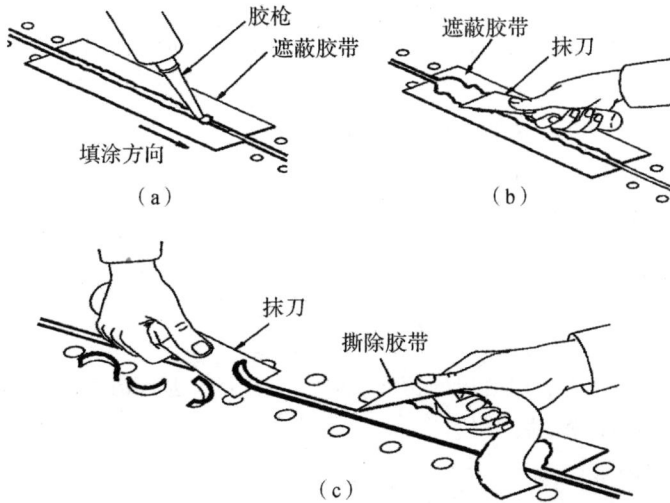

图 5-12　密封胶的涂敷与清除

7. 电气接头密封的涂敷

涂敷要求：当其固定在开口处时，电气接头能完全被密封组件包住；三根或三根以下的导线可以用硬塑料隔套分开；四根或四根以上的导线要用导线圈形隔套分开；在导线束周围装上两个密封的半接头，并使其安装凸缘向着承压的一面。电气接头密封的涂敷如图5-13所示。

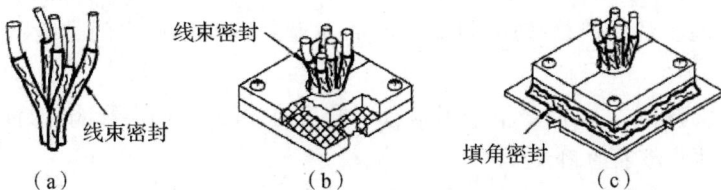

图 5-13　电气接头密封的涂敷

对于单孔口电气接头密封，它的所有涂敷工序和多孔口的涂敷工序相同，只是没有密封板和填板(见图 5-14)。

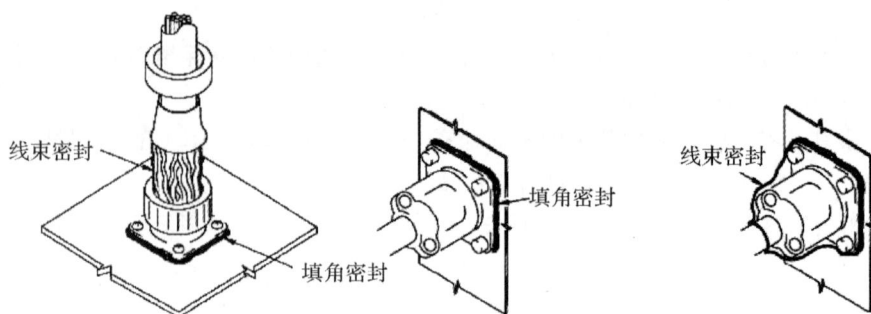

图 5-14　单孔口电气接头密封的涂敷

5.4.5　密封胶的加速固化

温度低于 60 ℉或相对湿度低于 40％时,两组分密封胶固化相当缓慢。可用以下方法加速密封胶的固化:

(1)可用外部加热的方法,来加速密封胶的固化;

(2)使用热风机、灯泡加热或对结构进行预热。

注意:密封胶加温不超过 120 ℉,以免出现气泡。

5.4.6　密封胶的使用及防护要求

1.密封胶的使用要求

密封剂的使用要求包括选择适用的密封胶,严格按工艺进行清洁、施涂,保持密封胶的完整性,严格控制固化期,不得随意替代。

2.密封胶的防护要求

(1)密封材料应保持清洁,不沾染油脂、滑油、污物及金属屑。

(2)密封后,要小心保护密封胶不被碰动、沾污或损坏;可在胶体黏性消失后,用容易去除的材料蒙在上面作为保护。

3.密封修理注意事项

(1)飞机上使用密封剂的地方很多,用途也各不相同。用于不同目的的密封剂应满足不同的要求,绝不能互相代替使用。必须使用与原密封剂完全相同的材料或使用飞机制造厂家批准的材料进行密封修理。

(2)飞机上使用的密封剂通常都是两组分型的。当用两组分材料混制密封剂时,混制的比例、顺序、时间和温度都要严格按照说明执行,否则密封剂与金属之间黏结不牢,起不到密封作用。

(3)施用密封剂的方法也应严格采用制造厂推荐的方法,否则会影响密封的效果。

4.影响密封结构渗漏的因素

(1)涂胶不当——形成气泡;

(2)紧固件松动——胶面裂开;

(3)零件安装不当——密封元件不密封;

（4）密封胶过期——成分变化；

（5）密封材料、密封元件损伤、老化；

（6）密封紧固件产生裂纹、损伤。

5.5　腐蚀损伤等级的划分

结构腐蚀原因是评定腐蚀级别的首要决定性因素。腐蚀原因可分为"非偶然因素"和"偶然因素"。

1. 非偶然因素

结构腐蚀在整个机队普遍存在（如源于飞机使用环境、结构设计缺陷等），通过采取调整 CPC（飞机结构腐蚀防护与控制）任务／要求、重复检查间隔等手段，能够有效地将结构腐蚀控制在一级或者更好水平。这类造成结构腐蚀的原因称为"非偶然因素"。

非偶然因素包括结构表面保护层自然老化、防腐剂自然老化、结构设计缺陷等。

2. 偶然因素

如果造成结构腐蚀的原因在整个机队中并不具有普遍性，且通过采取调整 CPC 任务／要求、重复检查间隔等手段，并不能有效地将个体飞机结构腐蚀控制在一级或者更好的水平（偶然因素导致的结构腐蚀均为一级腐蚀），那么这类造成结构腐蚀的原因称为偶然因素。

偶然因素包括结构修理工艺不当（将可能导致二次腐蚀），构件安装密封不当，排污通道不畅，意外渗漏（如装置／设备中的腐蚀液、化工品货物渗漏等）和防腐措施不当（清洁不彻底，忘喷防腐剂等）。

5.5.1　腐蚀的评估

中国民用航空总局综合考虑已发生的腐蚀对结构件承受载荷能力的影响、已发生腐蚀的影响范围及代表性和腐蚀在相继腐蚀检查过程中的出现情况，在咨询通告 AC - 121 - 65 中对机体腐蚀的级别给出了定义。

评估已发生的腐蚀对结构件承载能力的影响，根据清除腐蚀时所除去的材料量是否超出容许极限确定。

容许极限是指在不影响结构件极限设计强度条件下，可以除去的材料最大量（通常用材料厚度表示）。容许极限由型号合格证或补充型号合格证持有人确定。

评估已发生腐蚀的影响范围，根据腐蚀属于局部腐蚀还是漫延腐蚀确定。

局部腐蚀是指不超过一个隔框、桁条或加强杆的蒙皮或腹板格子（机翼、机身、尾翼或吊架）内的腐蚀。一般局限在单个隔框、桁条或加强杆，或者是一个以上的隔框、桁条或加强杆，但腐蚀构件每边的相邻件上不存在腐蚀（见图 5 - 15）。

漫延腐蚀是指两个或者两个以上相邻蒙皮或腹板格子上的腐蚀，或者是指一个隔框、翼肋、桁条或加强杆与相邻蒙皮或腹板格子上同时发生的腐蚀，如图 5 - 16 所示。

腐蚀允许损伤极限是指厂商对腐蚀规定的允许损伤限制。对于腐蚀允许损伤极限，如在 B737 - 300 机型《结构修理手册》的 101～199 页，通常为材料厚度的 10%。腐蚀在允许损伤容限内，只需作打磨修整，无需换件，结构有剩余强度。

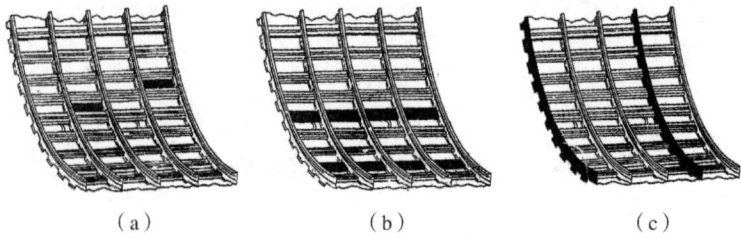

图 5-15 局部腐蚀

(a)不相邻蒙皮;(b)不相邻桁条;(c)不相邻隔框

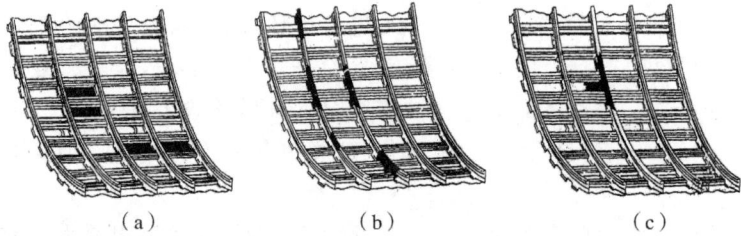

图 5-16 漫延腐蚀

(a)相邻的蒙皮;(b)相邻的隔框;(c)相邻的隔框蒙皮

5.5.2 腐蚀损伤的等级

将航空器结构上的腐蚀产物清除后,可根据打磨后材料厚度的减少量和腐蚀面积的大小,并参考结构手册(如 B737-300 机型《结构修理手册》),确定腐蚀等级。通常,腐蚀损伤按照其严重程度分为以下三个等级。

1.一级腐蚀

一级腐蚀指的是以下一种或几种情况:

(1)发生在相继两次腐蚀检查任务之间的腐蚀是局部腐蚀,并可以在容许极限内清除。

(2)超过了容许极限的局部腐蚀,但不是运营人同一机队其他航空器可能发生的典型腐蚀情况(如水银溢出引起的腐蚀)。

(3)以往相继腐蚀检查之间都只有轻微腐蚀,最近一次腐蚀检查任务发现腐蚀,清除腐蚀后超出容许极限。

一般来说,一级腐蚀是发生在两次相邻检查之间的较轻微腐蚀。制订和实施腐蚀预防及控制大纲的目的在于将飞机腐蚀控制在一级或更好的水平。

总之,发生在单个设备舱的腐蚀,并小于允许损伤极限,或者多处的腐蚀,但是腐蚀深度远远低于允许损伤深度的腐蚀现象属于一级腐蚀。

2.二级腐蚀

二级腐蚀指的是任何两次相继的腐蚀检查任务之间超出容许极限的腐蚀。二级腐蚀需要进行修理、加强、部分或全部替换相应结构。

如果在老龄航空器上发现了二级腐蚀,则建议并支持用户对机队中同型号的其他航空器相应部位进行腐蚀检查和评定,并对防腐维修大纲作适当的修改。必要时,缩短检查间隔。对于打磨量超过容许极限值较多的二级腐蚀,建议由制造厂家做进一步的评估。

3.三级腐蚀

三级腐蚀指的是在第一次或以后各次腐蚀检查任务中,运营人认为会严重危及适航性的腐蚀情况。

当发现飞机存在三级腐蚀时,应考虑在机队其他航空器采取相应的紧急维修措施,并且应将有关腐蚀问题的详细情况和计划采取的措施及时向适航当局和航空器制造厂报告。

5.5.3　腐蚀等级分类的最终目的

腐蚀等级分类的最终目的是将飞机结构件的腐蚀控制在一级腐蚀范围内或更好水平,将飞机结构的腐蚀控制在安全且经济的范围内,确保机队的适航。

需要指出的是,腐蚀等级的判定与飞机结构件是否需要修理或更换无直接关系,当总损伤超过允许损伤极限时,不管是一级腐蚀还是二级腐蚀都需要修理或更换。腐蚀等级的判定会直接影响腐蚀防护方案的修改。如果在腐蚀防护中发现了一级腐蚀,则不影响腐蚀防护方案;如果发现了二级腐蚀,则需要评估并确定是否需要修改腐蚀防护方案。

如果在腐蚀检查中发现了二级以上腐蚀损伤,发现的单位要及时将腐蚀损伤的检查结果报告相应的修理厂家与飞机设计制造单位,以供飞机设计制造单位分析腐蚀原因并改进飞机设计。同时,要考虑对机队同机型的其他航空器进行普查或修改腐蚀防护方案。

习题与思考题

1.防腐计划包括哪些基本要求?

2.简述内部结构及附件、外部涂层的最低防腐要求。

3.简述易积聚潮气及腐蚀性化学物质的最低防腐要求。

4.紧固件湿安装时有哪些注意事项?

5.简述防腐剂的种类及各自的优、缺点。

6.密封胶的种类有哪些? 并简述各种密封胶的特点。

7.腐蚀损伤的影响因素有哪些?

8.什么是局部腐蚀、漫延腐蚀和允许损伤极限?

9.划分腐蚀等级有何意义? 其目的是什么?

第6章　飞机腐蚀维修资料及相关技术文件

6.1　腐蚀维修所需的手册

飞机维修适用的手册包括飞机维护手册(AMM)、零件目录手册(IPC)、无损探伤手册(NDTM)、结构修理手册(SRM)和腐蚀防护手册(CPM)等。有关腐蚀处理的资料可以在AMM,NDTM,SRM,CPM等手册中查找。

服务指令(SA)是飞机生产厂家向用户发的带有强制性质的文件,用户必须执行。服务通告(SB)是飞机生产厂家向用户发的带有强制性质的文件,一般情况下都必须执行。服务信函(SL)是飞机生产厂家向用户发的带有建议性质的文件,一般情况下可以选择执行。服务说明(SI)是飞机生产厂家向用户发的带有说明性质的文件,一般情况下可以参考执行。我国民航局的适航指令(AD)常伴随着服务指令(SA)下达。

1.飞机维护手册(AMM)

飞机维护手册的内容包括维护安装在飞机中的全部系统和功能部件的说明,它是用来满足外场人员维护安装在飞机上的组件、系统、结构的资料,而不是翻修和部件维修人员使用的资料。

2.零件目录手册(IPC)

零件目录手册由飞机生产厂家提供,记载飞机上各种零、部件的件号和图示。目录手册按次序、归类、分解结构和机载设备的各种部件的各个剖面,从而标出各个零部件的件号、生产厂商、技术规范、使用数量和适用位置等信息。中间还包括飞机制造厂生产的所有组件的视图和剖面图。

3.部件维修手册(CMM)

部件维修手册是由飞机生产厂商提供的,一般与翻修手册(OHM)放在一起,在车间用作对飞机各种部件进行翻修的技术参考。

4.翻修手册(OHM)

制造厂的翻修手册包括对从飞机上拆下的零件正常工作的简要资料和详细的分段工作说明,其中包括外场工程技术人员不熟悉的部分,如对飞机更换零件的检测、排故、校核、机械公差等。

5.无损探伤手册(NDTM)

无损探伤手册一般由专业无损探伤人员完成。它提供对飞机初级和次级结构的无损探伤特定说明和数据,包括无损探伤的方针,探伤的部位和准备,以及X射线、磁力、涡流、超声波和渗透剂等探伤方法的实施。

6. 结构修理手册(SRM)

结构修理手册包括制造厂给出的主要结构和次要结构的详细资料和特殊说明,典型的蒙皮、框架、桁条也在此手册中。它还包括材料紧固件的代用品以及特殊修理技术。

7. 腐蚀防护手册(CPM)

腐蚀防护手册为维护人员提供一般结构的腐蚀产物和原因,使用相应的防腐措施,当腐蚀发生后提供相应的处理方法。

(1)腐蚀防护手册(CPM)的内容简介。

腐蚀防护手册是遵照 ATA100 规范编写的,波音公司的防腐手册分为两部分,即 Volume1 和 Volume2。其中,Volume1 几乎适用于全部的波音飞机,如 B737～B777,主要内容是腐蚀的识别、检查、不同腐蚀的处理方法等,是防腐基本的标准工艺。这部分也称为防腐通适信息,包含在第 20 章(见表 6-1)中。

表 6-1　CPM(通适)手册简介

章　节	名　称	内容简介	举　例
第 20-10	腐蚀识别、类型及原因	介绍了腐蚀识别、类型及原因	点蚀原因分析
第 20-20	腐蚀检查与诊断	介绍了腐蚀检查与诊断常见方法	货舱结构腐蚀检查
第 20-30	腐蚀环境因素	介绍了各种腐蚀环境的影响	工业大气对腐蚀的影响
第 20-40	腐蚀去除方法	介绍了各种金属腐蚀去除工艺	铝合金腐蚀去除的工艺
第 20-41	水银泼溅后腐蚀去除工艺	介绍了水银泼溅后腐蚀去除正确方法	去除水银的刷子的选择
第 20-42	火烧后腐蚀去除工艺	介绍了火烧后腐蚀去除正确方法	火烧后腐蚀预防的工艺
第 20-43	强碱泼溅后腐蚀去除工艺	介绍了强碱泼溅后腐蚀去除方法	腐蚀去除工具选择
第 20-44	强酸泼溅后腐蚀去除工艺	介绍了强酸泼溅后腐蚀去除方法	腐蚀中和试剂选择
第 20-50	腐蚀处理标准工艺	分别介绍了铝合金、钛合金、镁合金及合金钢与不锈钢等金属表面处理方法和工艺、复合材料紧固件及紧固件孔的腐蚀修理	铝合金阿洛丁化学表面处理工艺
第 20-60	标准腐蚀维护预防工艺	介绍了飞机清洗、涂层及各种防腐剂的使用	防腐剂 BMS3-26 的使用规范及具体要求
第 20-61	活牲畜运输腐蚀维护	介绍了活牲畜运输腐蚀维护方法	腐蚀预防的方法
第 20-62	燃油箱微生物腐蚀维护	介绍燃油箱微生物腐蚀维护方法	微生物腐蚀去除工艺
第 20-63	海鲜运输腐蚀维护	介绍了海鲜运输腐蚀维护方法	运输过程中腐蚀检查

Volume2 是机型的防腐内容,具体机型的防腐控制分布在每一章的各子系统中,根据各个不同机型分类,给出每一种机型防腐关键项目,是实际工作中例行检查和处理腐蚀问题的主要参考。

下面以 B737 - 300 为例,简要介绍 Volume2 的主要内容(见表 6-2)。手册中具体每一个章节的内容框架大体一致,章节的前一部分为总体概要的介绍,包括该章节所涉系统详细的腐蚀问题条目,以表格的形式列出,之后的节为表格中列出的相关腐蚀项目的详细信息。

表 6-2 737-300 的 CPM(Volume2)目录

章节目录	内容	章节目录	内容
06 - 00 - 37	区域与尺寸	51 - 00 - 37	结构
25 - 00 - 37	设备与装饰	52 - 00 - 37	门
26 - 00 - 37	防火	53 - 00 - 37	机身
27 - 00 - 37	飞行控制	54 - 00 - 37	起落架吊架
29 - 00 - 37	液压	55 - 00 - 37	平尾
32 - 00 - 37	起落架	56 - 00 - 37	窗户
34 - 00 - 37	导航	57 - 00 - 37	机翼
35 - 00 - 37	氧气	71 - 00 - 37	动力装置
39 - 00 - 37	电子电气	72 - 00 - 37	排气
49 - 00 - 37	辅助动力装置		

(2)腐蚀防护手册(CPM)的查询方法及步骤。

1)查找相应信息之前,首先应根据所学的专业及英语知识,找到该信息的英文关键词(Keyword)。这是由于手册的目录是根据关键词编写的,如果找出关键词,就很容易判断所查内容的正误。再根据 ATA100,确定要查的问题在手册中所在的章(Chapter),并判断可能的页码区段(Page Block)范围,也就是判断问题应该在哪部分内容当中。根据问题的性质,ATA100 确定了各种问题的页数编号。

2)翻到该章的目录(Table of Contents),在目录中寻找问题所在的节、分系统(Section)和项目(Subject)。

3)确定 Chapter - Section - Subject,根据这一线索,就可以到手册的具体章节里查阅所需要的信息。

8.查阅工具

(1)印刷版手册。印刷版手册查找比较直接,也是最保险的一种手册,在任何情况下都能够阅读。因此,虽然经历了很多代手册出版形式的变更,印刷版手册仍然使用至今。在飞机上,必须携带的部分重要文件都是印刷版的手册,因其可以不借助任何设备直接阅读。但印刷版的手册也是最笨重的一种手册,携带和改版都很不方便。以维修手册为例:一套 737 - 300

型的维护手册,大约有 3 万多页,1 m 多厚,几十千克重。因此随着新技术的不断涌现,产生了其他微缩形式的手册资料。

(2)微缩胶卷、胶片手册。微缩胶卷手册需要通过微缩胶卷阅读机查阅;微缩胶片手册同样需要通过微缩胶片阅读机来查阅,但手册的某一部分内容是一张胶片。胶片阅读机较胶卷阅读机小,且轻便,胶片上的内容同样由光学设备投影放大在屏幕上,胶片没有胶卷那样位置固定,需手动调节并且需要更多的技巧。

胶卷和胶片是一种早期的文件压缩办法,这种办法成本高,查询费力劳神,而且仪器也比较笨重,随着现代计算机的应用已经慢慢退出了历史的舞台,但现在仍有部分老机型使用这种手册。

(3)磁带、光盘版手册。现在手册的阅读大都使用电子版手册,这些手册的内容以计算机能识别的二进制数据为基础,只要拥有一台便携式电脑就可以进行相应的阅读和使用了。随着个人电脑的普及,电脑技术和功能也不断完善,存储量更大、更加方便的介质也不断涌现,存储器的体积不断减小,原有的大量文本手册现在只需要一张 DVD 光盘就完全可以容纳其中的所有信息。

大型的飞机生产厂商很早就看到了信息数字化的这个趋势,最早曾使用磁带作为存储介质,存储的内容仍然不多。光驱动存储器技术出现后,改用 CD 光盘来传递和更新手册的内容,大大缩小手册的体积。现在使用的大多是 DVD 光盘手册,一张光盘可以容纳原来 8~9 张 CD 光盘的内容。

使用电子版手册,除了需要有微型计算机,还需要有相应的阅读软件。早期使用的软件并不相同,后来随着 ATA 组织介入,统一使用由 Adobe 公司开发的 Acrobat Reader 软件来阅读和查询。部分公司还开发了自己的手册阅读软件、查询系统,极大地方便了手册的使用、查询和更新。由于很多早期机型印刷板手册十分成熟,因此他们的相应电子版手册仍然遵循原来 ATA100 的风格,延续了原有印刷版手册的样貌。

(4)网络版手册。随着互联网的不断发展,各公司的文件系统也相应地做了很多网络使用阅读手册的尝试。例如,波音公司开通的 My Boeing Fleet 网站,人们根据自己公司的账户和密码,进入该网站就可以阅读相关的手册内容,下载最新版本的电子手册;新版的手册也不断运用网络技术进行加密、认证等,来保护自己的技术资料。

另外,随着技术不断发展,超链接也进入了手册领域,相关的内容被链接起来,现在的手册查询更加简便、容易。

6.2　ATA100 规范

ATA100 规范是美国航空运输协会(Air Transport Association of America,ATA)与航空制造商、航空公司共同制定的一种规范,用以统一各种民用航空产品厂商出版的各种技术资料编号。这一规范已被很多国家所采用,成为一种民用航空器各种产品在设计、制造、使用、维修等过程中各种资料、文件、函电、报告和目录索引在国际间的统一编号。它使各种技术记录和数据处理趋于统一,改进了各种资料和文件的归档保管,促进了民用航空各种情况的交流和对比。

ATA100 规范是按照章节的概念进行编写的。依据该规范,各种民用航空器技术资料都可按其内容根据以下四种情况编号。

1. 分类

航空设备的大体上可分成"航空器"和"动力装置"两大类,其中"航空器"下又可划分为"总体""系统"和"结构"三类,"动力装置"下则可分为"螺旋桨旋翼"和"发动机"两类,对每一分类所属各章的编号划分如下:

5～12 章为"总体"类;

20 ～49 章为"系统"类;

51～57 章为"结构"类;

60～65 章为"螺旋桨/旋翼"类;

70～91 章为"发动机"类。

2. 系统/章号(system/chapter)

所谓"系统"是由相关机件所组成,用以完成某种特定功能的集合,每一系统包括各种基础机件、仪表、机械操纵以及与该系统相关的各种电气和液压件等。每一系统在手册中都称为"章",每章都指定一个编号作为这一标准编号中的第一组号码,如起落架系统为第 32 章"起落架(landing gear)"。

3. 子系统/节号(sub－system/section)

所谓"子系统"是"系统"中的某一部分,每一个系统可以由几个子系统共同组成,每一个子系统还可以再划分为几个子系统。每一个子系统都拥有各自的编号作为标准编号规范中的第二组号码。

4. 组件/目号(unit/subject)

所谓"组件"是指组成"系统""子系统"并完成一定功能的组件及各个单独的线路、管路等。"组件"所编的"目号"成为标准编号规范中的第三组号码。这一编号由组件的制造厂家自行编排。

如图 6－1 所示为波音公司起落架的 CMM 手册章节号的典型编排方式。其中"32"表示该组件属于起落架系统;"00"表示其属于综述子系统;"05"为生产商自定义编号,也就是目号,大部分根据组件等分类,在这里指高强度钢的部件修理。ATA100 对章节规定到子系统一级,即第二组号码的第一位,其他为厂家自定义编号。

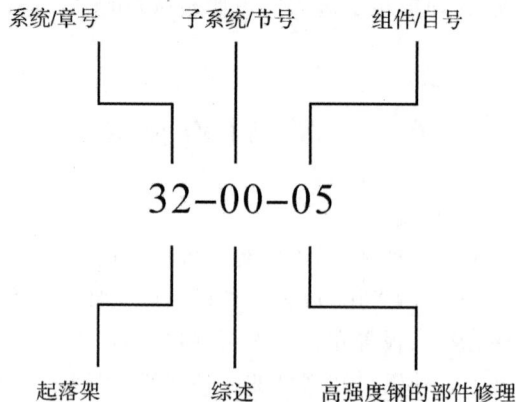

图 6－1 CMM 手册的典型编排方式

6.3　手册的有效性

所谓有效性,指手册或其他技术资料的技术内容是针对、包含、覆盖、适用于该待修件的。以下几方面是在查阅手册、图纸或其他技术资料时应当注意的。

(1)所查阅的手册或技术资料必须是该设备原制造厂(OEM),待修件的拥有者——选用该设备的航空公司或其他单位,或其他合法授权单位提供的。所查阅的手册或技术资料必须为厂方正式发布的工程技术资料,用于培训的资料、一般商业宣传资料、个人学习等其他用途的资料不得作为修理工程实践的依据。

(2)所查阅的图纸等资料必须是有效更新的,应注意手册开始部分的有效页清单。

(3)待修的部件号、序号必须与所查阅的手册或技术资料的适用范围相符。

(4)注意待修件的修改等级标示符与所查阅的图纸或技术资料的适用性。有的设备制造厂利用修改等级(REV LEVEL)标识符来表示对其制造的设备、部件或分部件的设计修改等级。修理实践中应注意查阅、使用与待修件修改等级标识符相符的图纸和其他技术资料。修改等级标识符用英文大写字母表示,标示在设备上,并在部件修理手册中用线路图更改页来说明。修改等级以 REV 后跟英文字母 A 开始,依次为 B…Z,AA,AB…ZZ,如果无更改,则表示为 REV__。

维修文件的有效性主要体现在以下两个方面:

(1)型号有效性。由于同一型号设备的基本型号发展出不同的机型,不同的机型之间存在差别,当这些型号的设备共用一本手册时,便需要利用有效性来表示不同维修文件内容的适用范围。一般采用件号和模式代码来标示设备的型号有效性。

(2)时效有效性。时效有效性是指文件随时间更迭而产生的有效性问题,如厂家的定期改版(Normal Revision)和临时改版(Temporary Revision)。此外,此类文件还有国家强制执行的适航指令(AD)和制造厂家推荐执行的服务通告(SB)和服务信函(SL)。

每本手册首页都应注有"受控文件",表明该手册有效并能及时改版。CMM 手册的前面有有效页的目录(List of Effective Pages)。同时应注意在手册中区分临时改版和正式改版,临时改版为黄页,正式改版为白页,只有正式改版才对手册前的有效页目录进行覆盖,因此在有黄页时应以黄页为准(可能会出现已有正式改版,但黄页未撤,此时应以日期最近的为准)。手册的颁布日期在手册的右下角,和页码在一起,如图 6-2 所示。

BOEING
OVERHAUL MANUAL

LIST OF EFFECTIVE PAGES

* Indicates pages revised, added or deleted in latest revision
F Indicates foldout pages - print one side only

PAGE	DATE	PAGE	DATE	PAGE	DATE
32-10-22		410O	Mar 1/02	426	Mar 1/02
T-1	Mar 1/02	410P	Jul 1/02	427	Nov 1/89
T-2	Jun 1/97	411	Mar 1/02	428	Mar 1/06
* LEP-1	Jul 1/06	412	Jul 1/02	429	BLANK
LEP-2	BLANK	413	Mar 1/02	430	BLANK
T/C-1	Feb 10/66	414	Sep 1/96	431	Jul 1/01
T/C-2	BLANK	414A	Nov 1/99	432	Mar 1/02
1	Feb 1/93	414B	Mar 1/02	433	Mar 1/02
2	BLANK	414C	Jul 1/02	434	Mar 1/99
101	Mar 1/06	414D	Mar 1/02	501	Mar 1/02
102	BLANK	414E	Jul 1/02	502	Mar 1/02
301	Mar 1/01	414F	Mar 1/02	601	Mar 1/02
302	BLANK	414G	Jul 1/03	602	Mar 1/02
401	Nov 1/05	414H	Mar 1/02	603	Mar 1/02
* 402	Jul 1/06	414I	Mar 1/02	604	Nov 1/02
402A	Jul 1/04	414J	Mar 1/02	605	Mar 1/06
402B	Jul 1/04	414K	Mar 1/02	606	Nov 1/02
403	Jul 1/04	414L	BLANK	901	Mar 1/02
404	Jul 1/04	415	Mar 1/02	902	BLANK
405	Jul 1/04	416	Jul 1/01	1001	Mar 1/02
406	Jul 1/04	416A	Mar 1/02	1002	BLANK
406A	Mar 1/02	416B	Jul 1/01	1101	Feb 1/93
406B	BLANK	416C	Mar 1/02	1102	Dec 5/77
407	Jul 1/01	416D	Mar 1/02	1103	Mar 1/02
408	Jul 1/01	416E	Nov 1/03	1104	Nov 1/05
* 408A	Jul 1/06	416F	Mar 1/02	1105	Nov 1/05
408B	BLANK	416G	Mar 1/02	1106	Nov 1/03
409	Mar 1/02	416H	BLANK	1107	Nov 1/03
410	Nov 1/05	417	Mar 1/02	1108	BLANK
410A	Nov 1/98	418	Mar 1/02		
410B	Nov 1/98	419	Mar 1/02		
410C	Nov 1/98	420	Mar 1/02		
410D	Nov 1/05	420A	Mar 1/02		
410E	Jul 1/99	420B	Mar 1/02		
410F	Jul 1/99	420C	Mar 1/02		
410G	Jul 1/99	420D	BLANK		
410H	Nov 1/05	421	Mar 1/02		
410I	Jul 1/99	422	Mar 1/02		
410J	Jul 1/99	423	Mar 1/02		
410K	Nov 1/05	424	Mar 1/02		
410L	Mar 1/02	424A	Mar 1/02		
410M	Mar 1/02	424B	Mar 1/02		
410N	Mar 1/02	425	Mar 1/02		

OHM

位置

32-10-22
Page LEP-1
Jul 1/06

BOEING PROPRIETARY - Copyright © - Unpublished Work - See title page for details.

图6-2 手册颁布日期的位置

习题与思考题

1. 腐蚀维修中一般会涉及哪些手册？

2. 对于波音公司来说，防腐手册有哪几种？分别对应哪些内容？

3. 简述维修文件的有效性包括哪些内容。

4. 对于波音公司来说，CPM内容在ATA100的哪一章？

5. 简述CPM中主要包括哪些防腐内容。

第7章 飞机腐蚀的检测方法

7.1 腐蚀的检查

7.1.1 飞机常用合金的腐蚀特征

1. **颜色特征**

(1)铝合金和镁合金:腐蚀初期呈灰白色斑点,发展后出现灰白粉末状腐蚀产物,刮去腐蚀产物后底部出现麻坑。

(2)合金钢及碳钢:腐蚀刚开始时,金属表面发暗,进一步发展变成褐色或棕红色。

(3)铜合金:氧化铜是黑色,氧化亚铜是棕红色,硫化铜是黑色,氯化铜是绿色,因此铜腐蚀后可呈现出棕红、绿、黑色。

(4)镀锡、镀镉、镀锌零件:腐蚀产物呈白色、灰色、黑色斑点或白色粉末薄层,如果基体金属腐蚀,则腐蚀产物与基体金属的腐蚀产物相同。

(5)镀铝零件:腐蚀产物呈白色或黑色,严重时表面脱落,裸露出基体金属。

(6)不锈钢:腐蚀后往往会出现黑色斑坑点。

(7)钛合金:白色或黑色的氧化物。

2. **外表特征**

通常,当飞机结构件具有以下特征时,就要引起重视。

(1)铝合金的腐蚀常在蒙皮边缘或铆钉头周围呈现白色或灰白色的粉末。对于机身增压舱蒙皮上的铆钉,如果其头的后部出现黑色尾迹,表明该铆钉的连接和密封作用已降低。由于铆钉孔漏气,当机身内充压时,就很容易使潮气进入到蒙皮接缝中,从而产生腐蚀。

(2)腐蚀产物的体积通常比原金属的体积大,因此,积累的腐蚀产物可使蒙皮鼓起,从而使蒙皮在铆钉处呈现微凹现象。当蒙皮内部存在严重的腐蚀时,铆钉头周围可呈现出明显的凹坑现象。

(3)铆钉断头或变形,说明蒙皮内表面可能产生腐蚀。

(4)如果蒙皮上出现针眼大小、目视可见的小孔,也说明蒙皮可能产生了腐蚀。

(5)金属材料(特别是沿接缝处)表面的涂层变色、剥落、隆起、裂纹,表示其可能产生了腐蚀。

(6)结构变形,或连接缝隙变宽,表示可能产生腐蚀。

(7)用手触摸构件,可通过手感鼓起发现剥层腐蚀。这种发现剥蚀的方法比目视更可靠。

(8)存在碎屑或污染物处,可能会产生腐蚀。

7.1.2 检测方法

7.1.2.1 光学目视检查

腐蚀的初步检查,可以采用目视和触摸的方法。

目视检查使用的工具包括手电筒、长柄反光镜、放大镜(10倍)、塑料刮刀、管道窥探器、合适的工作台架和梯子等。

目视检查用作一般检查,可检测金属的表面腐蚀情况。对于日常的光学目视检查需要以下工具:放大镜、反光镜、手电筒、抹布和规定的画笔等。外部条件:照明条件好,接近方便;必要时,应清洁结构表面、去除密封剂,检查完后要恢复原样;检查者应熟悉飞机的结构、腐蚀的迹象,通过看、摸、拍、碰和摇等方法来协助判断腐蚀的情况。例如,铆钉断头或变形,说明蒙皮内表面可能产生腐蚀;由于腐蚀产物的体积通常比原金属的体积大,当蒙皮鼓起、剥落、裂纹、涂层变色等都表示可能发生腐蚀。

金属材料的应力腐蚀及氢脆、镉脆等裂纹损伤,没有明显的外观特征,不易目视检查。通常采用手电筒,按照如图 7-1 所示的要求进行检查。当在铝合金构件上使用了钢紧固件时,如果钉头出现黑圈或尾迹,表明可能产生了电偶腐蚀。

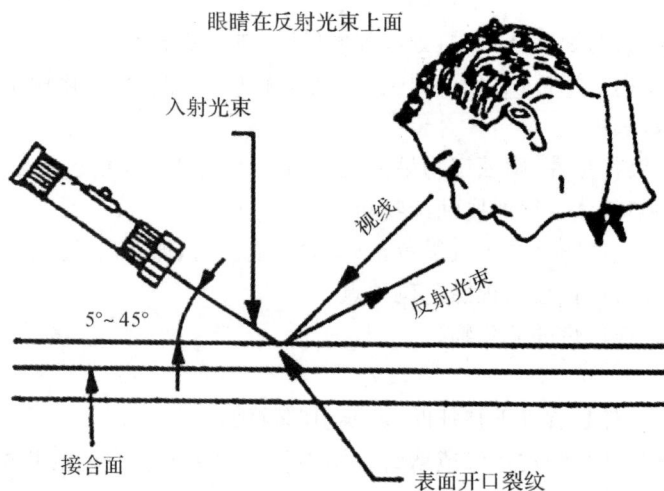

图 7-1 目视检查裂纹

7.1.2.2 无损探伤检查(NDT)

虽然检测飞机结构的腐蚀损伤主要依靠目视检查,但当腐蚀异常严重时须用专门的设备进行特殊的检查。在一些目视检查无法检测出来或对一些特殊部位需要做进一步检查时,还有对许多内部结构都必须使用无损检测,原因如下:

(1)避免在检查隐蔽区域时,为了得到检查通道而进行昂贵、费时的拆卸;

(2)测量和估算材料腐蚀的损失总量;

(3)查核腐蚀是否已经完全排除;

(4)探测和确定怀疑有破裂的区域。

常用的无损探伤检查手段包括涡流检测、X 射线检测、超声波检测、磁粉检测和渗透检测以及发动机孔探检查等。

1. 涡流检测

涡流检测法以电磁感应原理为基础，其基本原理如图 7-2 所示：检测线圈通交流电，在其周围产生交变磁场（初级磁场 H_p），初级磁场在被检测导体中产生感应电流（涡流），该涡流又会产生感应磁场（次级磁场 H_s），初级磁场和次级磁场相迭加（两者方向相反），使检测线圈中电流发生变化，由于有缺陷试件和无缺陷试件的涡流不同，从而可检测出线圈中的电流变化，通过对比测出缺陷。

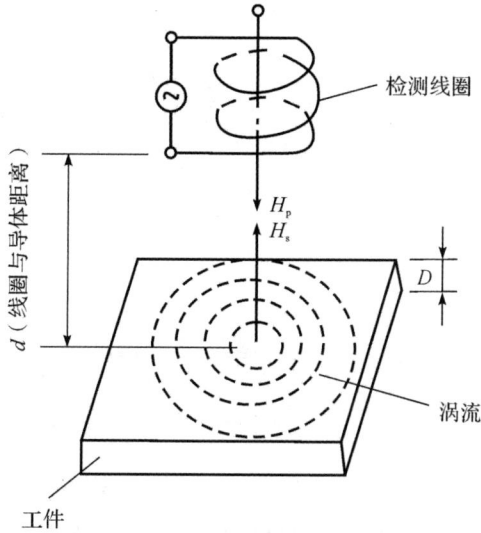

图 7-2　涡流检测的原理示意图

涡流的磁场会引起高频交变电流趋向导体表面，使导体横截面上电流的分布不均匀，即表面电流密度最大，随着深度的增加电流密度减小，这种现象称为趋肤效应。涡流检测法适合检查外层构件的腐蚀损伤，通常它难以检测出内层构件的腐蚀损伤。

由于存在趋肤效应，当交变磁场直透入平板导体时，导体感应出的涡流密度随着深度的增加按指数规律衰减。涡流渗透深度与检测频率呈反比关系。频率越低，渗透深度越大，可检测深度也越大（见图 7-3）。因此，低频涡流用于检测面板内层的腐蚀损伤，高频涡流用于检测材料表面和接近表面的缺陷。

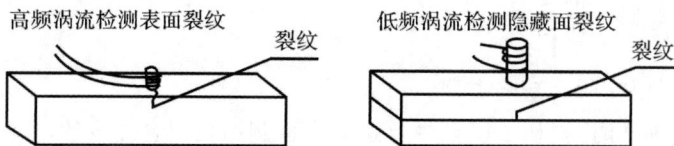

图 7-3　高频和低频涡流检测

涡流检测的适用范围及条件如下：

(1) 导电金属构件。对于非金属构件则不适用。检测金属蒙皮时，首选涡流检测法。

(2) 表面或近表面缺陷。高频涡流可检测试件表面或近表面的损伤，而低频涡流可检测构件隐蔽面或内层构件的损伤。

(3)有边缘效应。接近边缘处的探测灵敏度不高。

(4)对于剩磁大的硬磁材料,此法不适用。

2.X射线检测

X射线对不同物质的穿透力不同,其穿透率因材料种类、厚度或密度的不同而不同。当物体内部有缺陷时,因缺陷部位所含空气或非金属夹杂物对X射线的吸收力大大低于金属的吸收力,故透过的射线强度比正常部位强,感光胶片曝光量强,底片上缺陷处的影像黑度高。通过底片上的黑度差可以判断缺陷(见图7-4)。

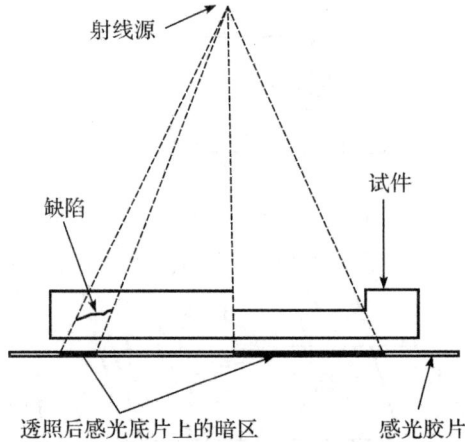

图7-4 X射线照相法原理示意图

采用X射线检测法,腐蚀在底片上大多呈现无规则的、边缘不整齐的斑点或块状。当某一金属板材严重腐蚀,损失的厚度已达叠合厚度的20％或更多时,可采用此方法。

X射线检测法的优、缺点和应用范围如下所述。

(1)优点。

1)不需大量清洁和拆卸即可做原位检查。

2)适于复杂结构内部缺陷的检查及对其他方法的验证,有永久性记录。

(2)缺点。

1)设备昂贵,操作专业性强。

2)射线对人体有害,需有劳动保护。

3)对底片评判要有高度技巧。

(3)应用范围。

1)适用于所有材料、所有缺陷类型。

2)当检测腐蚀损伤时,损伤厚度至少要达到被检测结构组合厚度的20％。

3)可检测夹芯结构内的积水,可检测小缝隙内的水银。

3.超声波检测

超声波检测法原理:高频声束射入被检材料,经过不同介质分界面时会发生反射,检测者分析反射声束,便可确定缺陷所在位置(物体内部缺陷的分界面)(见图7-5)。

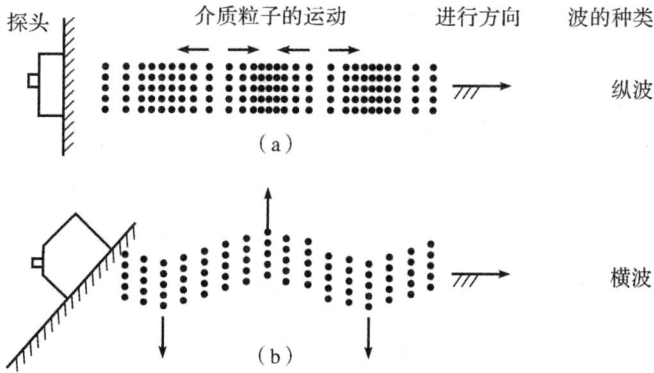

图 7-5　超声波检测的原理示意图

（1）超声波检测应用范围。

1）适用于所有材料、所有损伤类型，但不同材料应选择不同频率。初选频率时，第一次底波回波高度在显示屏上达到 80 ％刻度，即可使用。

2）只能检查探头可接触构件的损伤。

3）声束方向与裂纹面夹角达到一定要求。

4）超声波检测法可用来确定清除损伤后的构件厚度，精度达到±1%。

（2）横波检测法。利用斜探头（见图 7-6），使超声波穿过有机玻璃透声锲块倾斜射入工件，当入射角合适时，在工件中只有折射横波。其优、缺点如下：

优点：通过选择不同角度的锲块，可检测各种方向缺陷以及表面或近表面缺陷。

缺点：缺陷定位复杂，需和标准试块对比；受入射角限制，当管壁厚与外径之比大于20％时，横波无法入射到内壁，故不能检测此类构件。

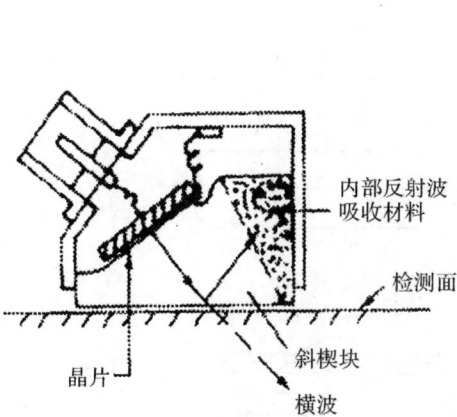

图 7-6　斜探头

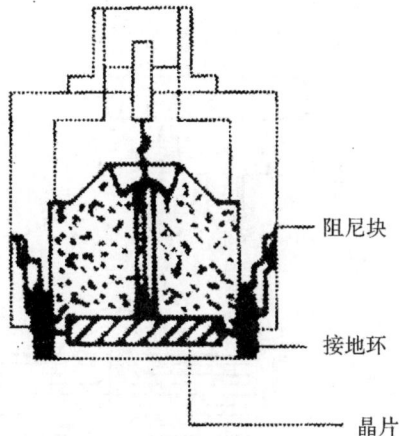

图 7-7　垂直探头

（3）纵波检测法。用垂直探头（见图 7-7），采用直接耦合或水浸法将超声波直射入工件，利用工件中传播的纵波遇到不同介质的界面会发生反射的特性，来检测工件中的缺陷（见图 7-8）。其优、缺点如下：

优点：因其衰减慢，故适用于检测大面积、大厚度工件，且定位简单。

缺点：①对走向与探测面平行的缺陷的探测灵敏度高，对走向与探测面垂直的缺陷以及表面或近表面缺陷的探测灵敏度低。②可以用超声波厚度仪检测轻微的腐蚀，但不能检测中等或严重的腐蚀损伤。这是因为中等或中等以上的腐蚀损伤，由于超声波的散射，不会得到构件厚度读数。但是，当清除腐蚀产物后，可以用它来测量去腐后的构件厚度，并可进一步确定腐蚀造成的材料减少量。

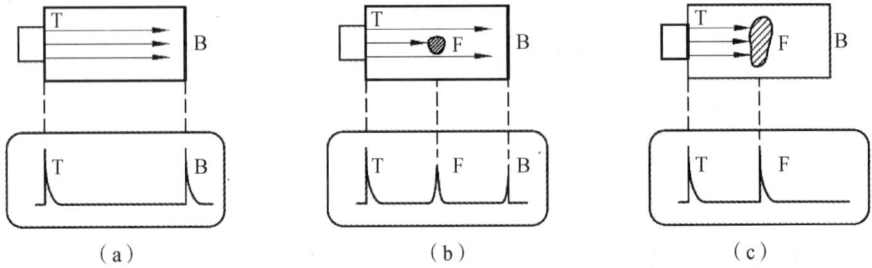

图 7-8　纵波检测示意图

4.磁粉检测

磁粉检测是将钢铁等磁性材料制作的工件磁化，利用其缺陷部位能吸附磁粉的特征，依磁粉分布显示被探测物件表面缺陷和近表面缺陷的探伤方法（见图 7-9）。

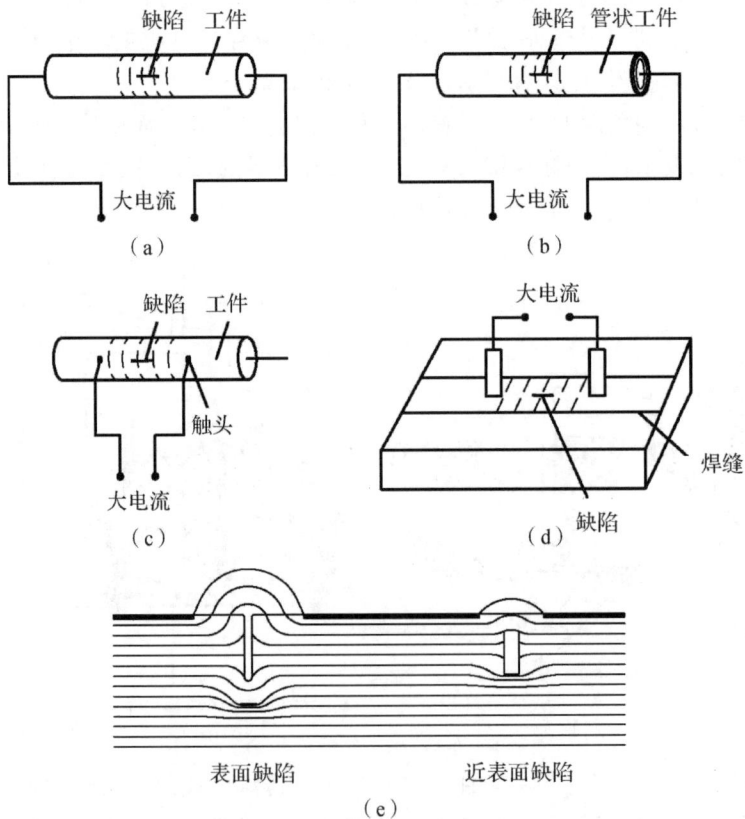

图 7-9　缺陷与磁力线作用产生漏磁的示意图

　　磁粉探伤的特点是简便、显示直观,主要应用于检测锻钢件及焊件。磁粉探伤与利用霍耳元件、磁敏半导体元件的探伤法,利用磁带的录磁探伤法,利用线圈感应电动势探伤法同属磁力探伤方法。其原理及优、缺点如下:

　　原理:将待测物体置于强磁场中或通以大电流使之磁化,若物体表面或表面附近有缺陷(裂纹、折叠、夹杂物等)存在,由于它们是非铁磁性的,对磁力线通过的阻力很大,磁力线在这些缺陷附近会产生漏磁。当将导磁性良好的磁粉(通常为磁性氧化铁粉)施加在物体上时,缺陷附近的漏磁场就会吸住磁粉,堆积形成可见的磁粉痕迹,从而把缺陷显示出来。

　　优点:对钢铁材料或工件表面裂纹等缺陷的检验非常有效;设备和操作均较简单;检验速度快,便于在现场对大型设备和工件进行探伤;检验费用也较低。

　　缺点:仅适用于铁磁性材料;仅能显出缺陷的长度和形状,而难以确定其深度;对于受剩磁影响的某些工件,经磁粉探伤后还需要退磁和清洗。

　　(1)磁粉探伤种类。

　　1)按工件磁化方向的不同分为周向磁化法、纵向磁化法、复合磁化法和旋转磁化法。

　　2)按采用磁化电流的不同分为直流磁化法、半波直流磁化法、交流磁化法。

　　3)按探伤所采用磁粉的配制不同分为干粉法和湿粉法。

　　4)按照工件上施加磁粉的时间不同分为连续法和剩磁法。

　　(2)常规检测步骤。

　　第一步:预清洗。所有材料和试件的表面应无油脂及其他可能影响磁粉正常分布,影响磁粉堆积物的密集度、特性以及清晰度的杂质。

　　第二步:探伤缺陷。磁粉探伤应以确保满意地测出任何方面的有害缺陷为准。使磁力线在切实可行的范围内横穿过可能存在于试件内的任何缺陷。

　　第三步:选择探伤方法。

　　1)湿法:磁悬液应通过软管浇淋或浸渍法施加于试件,使整个被检表面完全被覆盖,磁化电流应保持 $1/5 \sim 1/2$ s,此后切断磁化电流。

　　2)干法。磁粉应直接喷或撒在被检区域,并除去过量的磁粉,轻轻地震动试件,使其获得较为均匀的磁粉分布。应注意避免使用过量的磁粉,不然会影响缺陷的有效显示。

　　3)检测近表面缺陷。检测近表面缺陷时,应采用湿粉连续法,这是因为非金属夹杂物引起的漏磁通值最小;检测大型铸件或焊接件中近表面缺陷时,可采用干粉连续法。

　　4)周向磁化。在检测任何圆筒形试件的内表面缺陷时,都应采用中心导体法;试件与中心导体之间应有间隙,避免彼此直接接触。当电流直接通过试件时,应注意防止在电接触面处烧伤,所有接触面都应是清洁的。

　　5)纵向磁化。用螺线圈磁化试件时,为了得到充分磁化,试件应放在螺线圈内的适当位置上。螺线圈的尺寸应足以容纳试件。

　　第四步:退磁。将零件放于直流电磁场中,不断改变电流方向并逐渐将电流降至零值。大型零件可使用移动式电磁铁或电磁线圈分区退磁。

　　第五步:后清洗。在检验并退磁后,应将试件上所有的磁粉清洗干净;应该注意彻底清除孔和空腔内的所有堵塞物。

　　为了保证磁粉检验结果的可靠性,磁粉(包括磁性、粒度、形状)以及磁悬液的浓度、均匀性、悬浮性等均需要校验合格后才能使用,并且在使用过程中也需要定期校验。此外,观察评定时环境的白光照度,或者荧光磁粉检验时使用的紫外线灯的紫外线强度等,也属于校验的项目,以保证检验质量。

5.渗透检测

渗透检测包括荧光渗透探伤法和染色渗透探伤法。

荧光渗透探伤法:将含有荧光物质的渗透液涂敷在被探伤件表面,通过毛细作用渗入表面缺陷中,然后清洗去表面的渗透液,缺陷中的渗透液被保留下来进行显像。典型的显像方法是将均匀的白色镁粉末撒在被探伤件表面,将渗透液从缺陷处吸出并扩展到表面。这时,在暗处用紫外线灯照射表面,缺陷处发出明亮的荧光。使用荧光渗透剂并用紫外线进行照射,能提供增强的指示信息。

染色渗透探伤法所需的费用少,操作技术简单。此法适用于检测小裂纹、蚀孔或其他表露在外表面的缺陷。其原理:首先将被检测的工件表面清洗干净,之后涂上渗透剂,充分渗透后,将多余的渗透剂清除掉;然后加上适当的显影剂,残留在缺陷中的渗透剂就会被显影剂吸到表面上,形成放大的可视显迹信息。

染色法与荧光法相似,只是渗透液内不含荧光物质,而含着色染料,它使渗透液鲜明可见,可在白光或日光下检查。一般情况下,荧光法的灵敏度高于染色法。这两种方法都包括渗透、清洗、显象和检查四个基本步骤。

根据从被探伤件上清洗渗透液的方法,渗透探伤的荧光法和染色法又可分别分为水洗型、后乳化型和溶剂去除型三种。按显像剂种类不同还可分为干式显像和湿式显像两种。实际探伤时经常将几种不同方法的组合应用。例如水洗型、溶剂去除型的渗透剂组合,既可以使用干式显像也可以用湿式显像。

采用渗透检测法可以检查金属材料和非金属材料的表面缺陷,还可确定腐蚀产物的清除是否彻底。

渗透检测的常规检测步骤如下:

(1)清洗。渗透探伤前,必须进行表面清理和预清洗,清除被检零件表面全部污染物。准备工作范围应以探伤部位为中心四周向外扩展 25 mm。

清除污物的方法有机械方法、化学方法及溶剂去除法等。

(2)渗透。渗透施加应根据零件大小、形状、数量和检查部位来选择喷涂、刷涂、浇涂及浸涂等方法。

在渗透过程中,时间的长短与温度范围对探测裂纹的灵敏度有很大影响。当渗透温度为 15～50℃时,渗透时间一般为 5～10 min;当渗透温度降低为 3～15℃时,应根据温度适当增加渗透时间。

(3)去除。溶剂去除型渗透剂用清洗剂去除,除了特别难于去除的场合外,一般都用蘸有清洗剂的布和纸擦拭;不得往复擦拭,不得将被检件浸于清洗剂中或过量地使用清洗剂;在用水喷法清洗时,水管压力以 0.21 MPa 为宜,水压不得大于 0.34 MPa,水温不超过 43℃。

(4)干燥。干燥的方法有用干净布擦干、压缩空气吹干、热风吹干、热空气循环烘干装置烘干等方法。被检物表面的干燥温度应控制在不大于 52℃范围内。

(5)显像。显像是用显像剂将缺陷处的渗透液吸附至零件表面,产生清晰可见的缺陷图像。显像时间不能太长,显像剂不能太厚,否则缺陷显示会变模糊。显像时间为 10～30 min,显像剂厚度为 0.05～0.07 mm。

(6)检验。观察显示的迹痕应在显像剂施加后 7～30 min 内进行,如显示迹痕的大小不发生变化,则可超过上述时间。

为确保能检查到细微的缺陷,被检零件上的照度至少应达到 350 lx。

检测结束后,为了防止残留的显像剂腐蚀被检物表面或影响其使用,必要时应清除显像剂。清除方法可用刷洗、喷气、喷水、用布或纸擦除等方法。

6.发动机孔探检查

发动机孔探检查,就是借助工业内窥镜,对发动机内部结构进行检查,用于及时发现损伤,以评估发动机的整体性能,即给飞机发动机做"胃镜"检查。孔探(内窥镜检查)是检查飞机发动机内部组件最有效的方法,通过准确的孔探检查,能够有效检查出发动机内部的潜在隐患。在孔探检测中,检测设备与目标对象不发生接触,不形成任何破坏和损伤,也无需拆开目标和对象,因此,它是工业无损检测技术的重要手段。

孔探检测技术基本原理:采用光学手段通过小孔将密封物体内部的状况传递来,然后对光学图形进行评估、检测、诊断。孔探检测技术可以延长人类的视距,任意改变视线的方向,准确观察到物体内表面的状况。

在 1806 年德国人 Philipp Bozzini 发明了医用内窥镜的雏形至今的 200 多年里,内窥镜(航空业称为孔探仪)经历了三个大的发展阶段,分别是硬杆式内窥镜、软管式光纤内窥镜和软管式电子内窥镜,如图 7-10～图 7-12 所示分别为这三种设备的结构原理示意图。

(1)硬杆式内窥镜:由于无法弯曲和探测距离短等原因,常用于一些距离短、直线型内腔的检测工作。

(2)软管式光纤内窥镜:以挠性光导纤维作为导光、传像元件,因此导光性良好,视野扩大,被广泛推广应用。但是,光纤镜的导光纤维是用上万根光学玻璃纤维束扎成的,其最大的缺点是纤维容易折断,使图像出现黑点。

(3)软管式电子内窥镜:随着电荷耦合件(Charge Couple Device,CCD)诞生而发展起来的一种检测手段,兼有光电转换和扫描的双重特性。电子镜主要由内镜、光源、视频处理中心、视频显示系统、图像记录系统以及附属设备组成,其最大的特点是采用 CCD 元件将观察到的物像由光信号转换成数字信号,再传输到视频处理中心进行处理,最终达到显示和数据提取的目的。因此,电子内窥镜使得孔探技术的应用范围得到了空前的推广,不仅可用于静态体腔、容器和管道等的视察工作,而且适用于各种人体器官、旋转机械等运动实时成像观察、记录和显示,对发动机等机械内部损伤监测和故障诊断具有重大的应用价值。

发动机的关键部件,如主气流通道部件、高压压气机、高压和低压涡轮的各级轮盘及叶片、燃油喷嘴、燃烧室等都是不易拆卸且检验可达性较差的零部件,对这些零部件的检查与监测工作大都通过孔探技术完成。因此,孔探技术一直在航空发动机的维护中发挥着重要的作用,具体应用体现在以下几方面:

(1)定期规定的孔探检查。定检通常在无故障飞机上进行,工作开始前应参阅最近一次孔探报告,并了解发动机的技术状况,再按工单规定逐区域进行检查。

(2)突发事件后的检查。突发事件是指发动机超稳、喘振、发现异物、外来物打击进气道和参数异常等。内窥检查多针对于某一部位进行检查,工作前应详细了解故障原因,仔细分析损伤部位,并会同有关技术人员制订工作程序,确保不漏检。

(3)故障监控。发动机常见缺陷可分为三类:可忽略的缺陷;过渡阶段的缺陷,即缺陷暂不影响飞行安全,但缺陷若发展就会危及飞行安全;出现超标需要更换发动机的缺陷。其中第一种缺陷最常见,但在长期使用的发动机上,第二类缺陷较多,因而在换发动机前需要定期监控发动机的故障状态,并根据需要控制定检周期长短,直至缺陷超标。

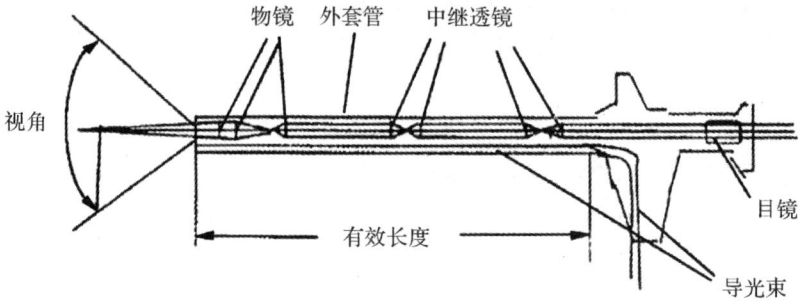

图 7-10　硬杆式内窥镜构造原理图

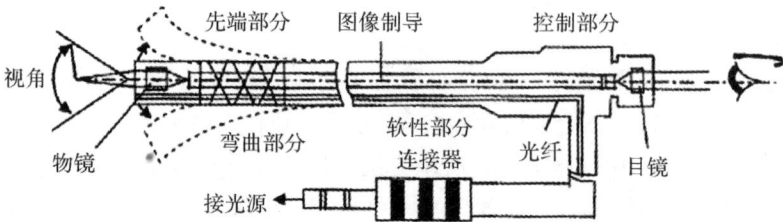

图 7-11　软管式光纤内窥镜的结构原理图

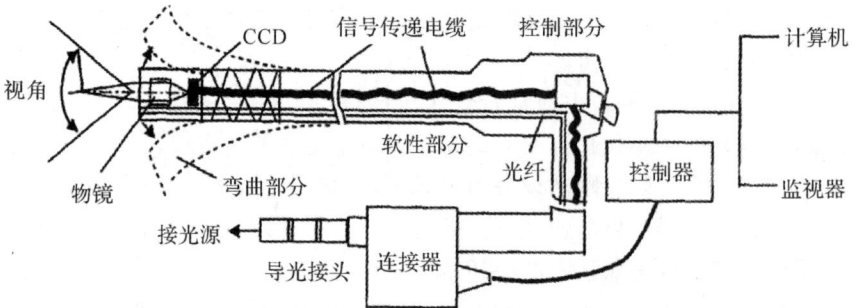

图 7-12　软管式电子内窥镜的结构原理图

结合以上应用,对检出的损伤必须进行相应损伤评估,以确定损伤的类型和程度。正确的损伤评估可以降低维修费用和成本,增加循环次数,为确定定检周期提供依据,可保证发动机在检测周期内正常使用。

硬杆式、光纤式和电镜式孔探仪都有着不同范围、不同方式的应用,在一定程度上满足了故障检测的需要。但是,这三种传统的孔探设备都存在以下一些弱点:

(1)探头伸入过程操作复杂,对工作人员经验要求高;

(2)检测工作主要依靠工作人员的直接目视;

(3)无法对具体的损伤尺寸进行定量的测量;

(4)无法对内部损伤状况进行立体显示;

(5)系统不能对缺陷或损伤做出自动评估,更不能预测故障的发生。

这些弱点在实际操作中将难以保证诊断结果的可靠性。这些问题一方面要求维修技术人员有更高的水平和经验,另一方面也对传统的孔探技术提出了新的技术要求。

孔探新技术(第三代电子内窥镜)在成像像质、探头视野和视距、图像亮度、显示方式以及设备操作等方面比前两代已经有了很大的提高,它通过对航空发动机内部零部件的缺陷或损伤成像,根据图像确定其工况。其分析目标有三个:

(1)确定缺陷或损伤的发生部位;

(2)确定缺陷或损伤的具体类型;

(3)确定缺陷或损伤的定量尺寸,包括二维与三维尺寸。

内窥图像的定性、定量分析结果为缺陷或损伤的评估、发展预测提供了依据,也成为制定发动机视情维修计划的依据。但是,一般的成像系统所形成的只是平面图像,缺乏立体信息,更难以对损伤的深度或厚度等三维尺寸进行测量评估,因此只根据图像仍难以掌握发动机内部的损伤或缺陷的具体情况。

20 世纪末出现了许多新型的可测量的孔探设备,其中最通用的是将计算机视觉技术应用到传统的孔探技术中,利用深度感知原理来获取内部的三维尺寸和形貌的设备。该类技术的典型产品有 OLYMPUS 公司生产的 1V6C6 系列内窥系统和美国韦林公司生产的 Video Probe XL 系列可测量型航空专用内窥系统等。这些新型孔探系统都采用视频成像,清晰度有了很大提高,同时视距加大,内窥探头变小,操作灵活性提高;更重要的是它们具有目标区域的三维测量功能,从而改进了传统内窥技术的缺陷。

7.2　防腐处理的专用工具和设备

1.气动磨钻

去除腐蚀的工具和方法在 SRM 手册第 51 章有相应的规定。在机械打磨中,使用的气动磨钻有 90°磨钻和直磨钻(见图 7 - 13),磨钻必须与适当的砂纸碟芯和砂纸碟配合使用,在使用时应根据结构件的形状和位置选择砂纸碟芯和砂纸碟的形状、尺寸。

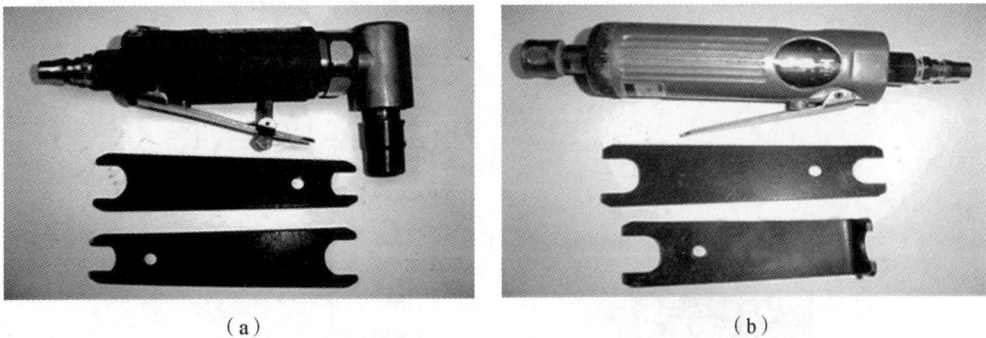

（a）　　　　　　　　　　　　　　　（b）

图 7 - 13　气动磨钻

(a)90°磨钻;(b)直磨钻

2.砂纸碟芯

砂纸碟芯如图 7 - 14 所示。

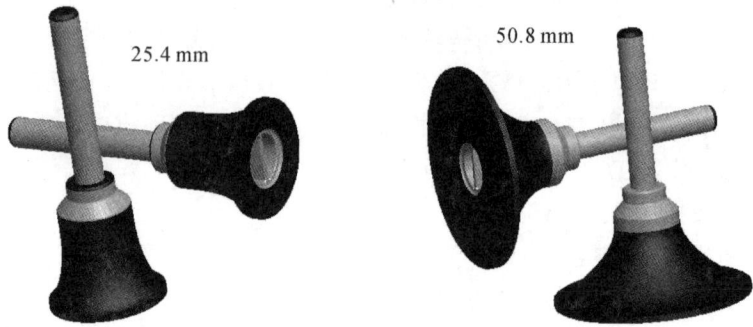

图 7 - 14　砂纸碟芯

3. 砂纸碟与尼龙碟

砂纸碟与尼龙碟如图 7 - 15 所示。

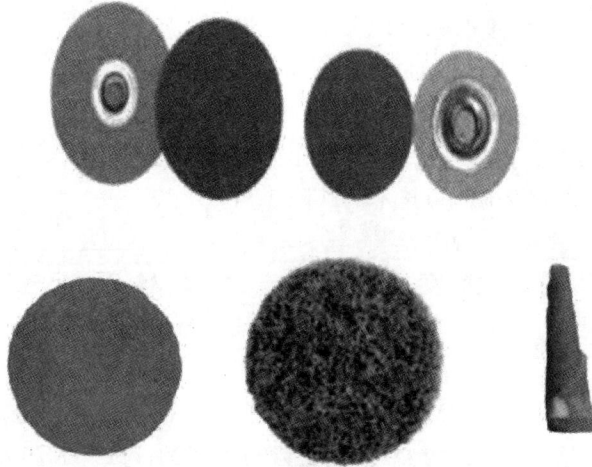

图 7 - 15　砂纸碟与尼龙碟

4. 管形砂布辊与锥形砂布辊

管形砂布辊与锥形砂布辊如图 7 - 16 所示。

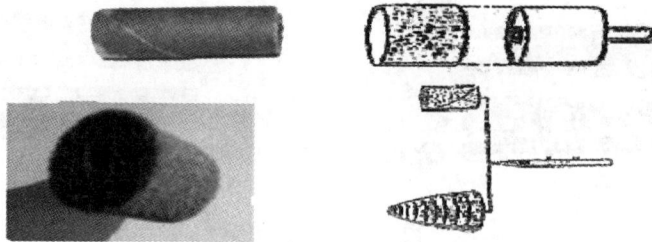

图 7 - 16　管形砂布辊与锥形砂布辊

5. 喷砂机

喷砂机如图 7 - 17～图 7 - 20 所示。

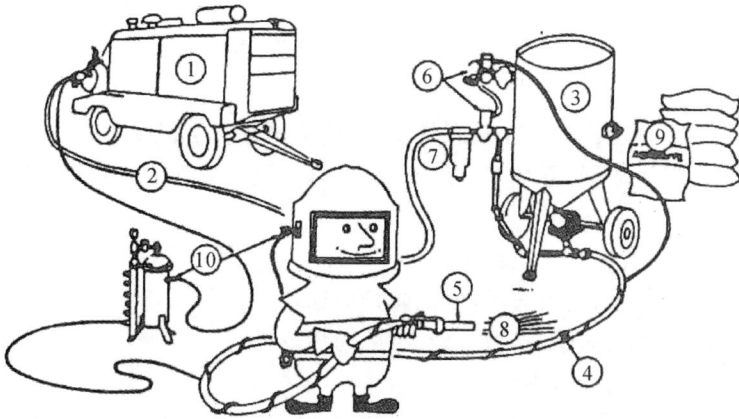

图 7 - 17　喷砂机

①压缩机；②压缩软管；③风机；④内部接合管；⑤喷嘴；⑥气动控制阀；
⑦湿气隔离装置；⑧正确的喷砂；⑨正确的金刚砂类型；⑩操作者的防护用品

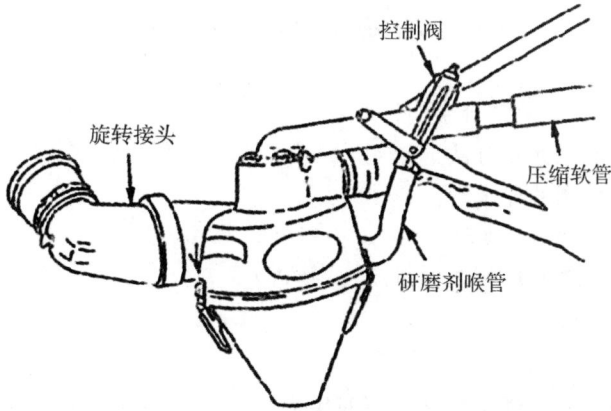

图 7 - 18　手提式喷砂机部件

图 7 - 19　喷嘴

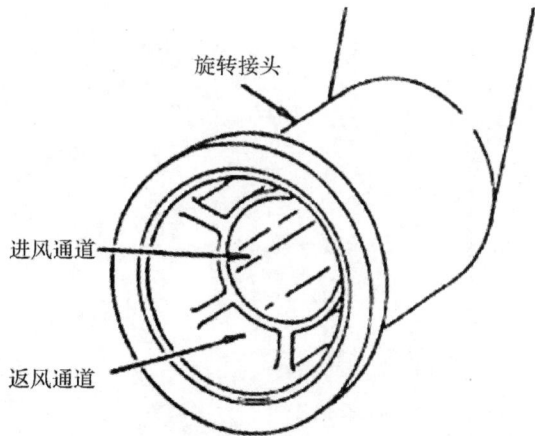

图 7 - 20　吹风头

7.3 安全事项

当实施腐蚀修理工作时,必须注意人身安全,严格执行安全程序。

当使用溶剂、漆层清除剂、清洗剂、除锈剂、防锈剂、油漆或其他化学物质时,工作人员必须遵守以下安全事项:

(1)避免直接接触,戴橡胶或塑料手套;

(2)避免吸入有害气体,适当通风,佩戴防护口罩;

(3)必要时,戴护目镜、面罩,穿橡胶雨衣,戴雨帽;

(4)严格按照规定调制化学物品;

(5)用洗涤、冲洗和漂洗等方法,迅速从皮肤、眼睛和衣服上清除化学物质;

(6)为防止噪声,应戴防噪声耳塞或耳机;

(7)必要时,迅速进行医疗检查。

习题与思考题

1.比较铝合金、不锈钢及铜合金腐蚀产物的颜色特征。

2.简述目视检测的意义及方法。

3.简述使用涡流检测的要求。

4.简述 X 射线检测的优、缺点。

5.超声波检测分为哪几种? 各有哪些优、缺点?

6.磁粉检测有哪些优、缺点?

7.渗透检测有什么用途? 简述其检测步骤。

8.发动机孔探技术的原理是什么? 有何用途?

第8章 飞机铝合金的腐蚀与防护工艺

铝合金材料,特别是硬铝及超硬铝材料,在当代民用飞机中独占鳌头,成为飞机用材的支柱。随着飞机的老龄化,以及对整个民用飞机维修中问题的分析发现,铝合金构件腐蚀普遍,其危害成为阻碍民航业发展的首要问题。构件的腐蚀不仅影响到飞机结构的完整性,而且影响到飞机的寿命与安全。为此,在飞机的服役中,必须做好飞机构件的腐蚀检查。对已经发生腐蚀的构件,更要做好腐蚀的去除与再防护工作。本章将讲述飞机铝合金的腐蚀去除与防护工艺。

8.1 铝合金构件的腐蚀清除

如果在航空器的维修检查中发现腐蚀,必须及时清除腐蚀产物,原因如下:

(1)腐蚀产物是一种或多种多孔盐类,其吸潮性较强,起加速腐蚀的作用。如果不及时清除腐蚀产物,将会使腐蚀变得越来越严重。

(2)如果结构的腐蚀严重,可能会危及飞行安全。

在日常维护中,应确保航空器结构中的全部腐蚀产物已被清除。如果没有清除所有腐蚀产物,留下的部分残余腐蚀产物,将会继续腐蚀构件。

对于铝合金构件来说,清除腐蚀的方法有机械去除法和化学去除法。机械法使用打磨工具清除材料及腐蚀产物,化学法使用化学试剂清洗并溶解腐蚀产物。一般来说,应该优先选取机械法。

8.1.1 腐蚀清除前的准备工作

1.彻底清洁机体表面

清除腐蚀前,首先要彻底清洁机体的表面,这是非常重要的一步。要将机体表面上的污垢、灰尘、排气管的残余物以及滑油、润滑脂沉积物等全部清除掉。

2.清除油漆保护层

为了检查漆层下面是否发生了腐蚀,必须先将漆层清除掉。

使用油漆清除剂清除漆层时,应注意以下几个方面的问题:

(1)使用不熟悉的油漆清除剂时,应先在与需要清除漆层金属相类似的金属上进行试验,确认对金属没有产生有害的作用后才能在机体表面上使用。

(2)必须用较厚的铝箔将不需要清除的漆层部位遮盖住,防止油漆清除剂与这些部位接触。

(3)油漆清除剂对橡胶和合成橡胶都有侵蚀作用,清除时必须对机轮轮胎、软管、密封剂等进行保护,防止油漆清除剂与它们接触。

(4)油漆清除剂对风挡和观察窗的透明塑料件有较强的侵蚀作用,清除机体表面漆层时必须严格按照要求对透明塑料件进行保护。

(5)油漆清除剂有毒,对人体有害。因此使用时必须小心,不要将清除剂弄到皮肤上或眼睛里。一旦碰到,应立即用水冲洗,并找医生进行及时处理。

8.1.2 铝合金与镁合金腐蚀产物的清除

在机体表面被彻底清洗,底层可能发生腐蚀的漆层也被清除后,应全面检查以确定基体金属是否有腐蚀发生,一旦发现腐蚀,首先要做的是将腐蚀产物全部彻底清除掉。

8.1.2.1 铝合金腐蚀产物的清除

一旦发现铝合金产生腐蚀,应将腐蚀产物——灰色或白色粉末全部清除掉。采用的方法视腐蚀的轻重而定。

轻微的腐蚀可以采用研磨剂或尼龙擦垫来清除,研磨剂中不能含有氯成分。

中等的腐蚀可以采用铝棉或铝丝刷来清除,也可以采用小于 500 目[①]的小玻璃珠进行表面喷丸来清除凹陷处的腐蚀产物。在用研磨剂、铝刷、喷丸等方法清除掉腐蚀产物之后,要用放大倍数为 5～10 倍的放大镜进行仔细检查,以确保所有腐蚀的痕迹都已被清除干净。

注意:不能使用钢丝棉或钢丝刷清除铝合金表面的腐蚀产物,因为钢材的微粒会留在铝合金中引起更严重的腐蚀。

对于已发生严重腐蚀的铝合金,可以采用锉刀锉掉腐蚀产物,或浸沾铝氧化物对腐蚀部位进行打磨。在进行清除腐蚀产物操作时,应注意进行目视检查,争取在去掉最少材料的情况下,把所有腐蚀产物清除掉。清除后用 5～10 倍的放大镜仔细检查,看是否还残留腐蚀的痕迹,如果确定腐蚀产物已被彻底清除掉,就再多打磨掉 2/1 000 in 的金属材料。这样做的目的是保证借助放大镜,肉眼观察不到的晶间裂纹的末梢也能被清除掉。

当紧固件孔边或附近有腐蚀损伤时,如果构件较厚(如机翼蒙皮)可采用适当锪窝和加大紧固件孔尺寸的办法清除腐蚀产物。对于丝状腐蚀,可用手提式喷丸机(采用玻璃弹丸)喷丸,清除腐蚀产物。

腐蚀产物清除以后,先用 280 目、再用 400 目砂纸将表面打磨光滑;用清洁剂溶液清洗,再用 5‰铬酸溶液进行中和处理。

注意:对于飞机构件表面的轻度腐蚀,采用打磨器等机械打磨方法是飞机修理中最常用、最有效的腐蚀清除方法。

彻底清除结构表面的腐蚀产物后,可能还需要去除部分未腐蚀区域的材料以确保结构件的耐久性,因为这样可以消除腐蚀引起的结构表面次应力以及结构表面的微裂纹。打磨清除结构表面的腐蚀后,如果构件表面粗糙度不满足要求,会降低结构修理的耐久性。粗糙的构件表面是应力集中源,在交变载荷作用下,粗糙的结构表面会加速疲劳裂纹的产生。打磨清除结构腐蚀之后,还可能会在结构表面形成凹坑。因此必须按照规定的斜率对这些凹坑进行打磨过渡(见表 8-1),才不会导致结构表面产生较高的应力集中。

---

① 目指的是每平方英寸范围内的孔数。目数越大,孔径越小。

表 8 - 1　打磨最小过渡斜率

结构类型	过渡斜率
机身蒙皮以及其他承受拉应力结构	20∶1
接耳孔以及其他承受压应力结构	10∶1

8.1.2.2　镁合金腐蚀产物的清除

因为镁合金性质非常活泼,清除镁合金腐蚀产物只能用非金属材料制成的硬毛刷或尼龙擦布,不能使用金属工具,否则金属颗粒残留在镁合金中会造成更大的损伤。对于深凹陷里的腐蚀产物可以用钢或硬质合金刀具、刮削工具来清除,而不能使用金刚砂轮或金刚砂纸打磨,以防止电化学腐蚀。如果使用喷砂方法来清除镁合金的腐蚀产物,只能使用玻璃珠进行喷砂操作。

8.2　清除腐蚀产物后的处理

按照上述方法将腐蚀产物清除之后,应用浓度为 5% 的铬酸溶液中和残留的腐蚀产物,待溶液在清理腐蚀的表面至少停留 5 min 后,再用水将溶液冲掉,然后使表面彻底干燥,为表面的防腐处理做好准备。在铝合金表面涂阿洛丁除了可以形成保护层之外,也有中和残留的腐蚀产物的作用。

8.3　构件表面化学转化方法

8.3.1　铝合金件

因清除腐蚀产物而被损坏的铝合金件表面的保护层可以采用化学处理的方法进行修复。最常用的方法是在飞机铝合金表面涂阿洛丁,Iridite,Turcoat Alumigold 等三种铬酸盐化学转化膜。

修理飞机时,可根据 SRM 手册中的 ATA51 章内容,将阿洛丁等试剂调制成一定浓度的溶液,静置 1 h 后使用。然后将已清除完腐蚀产物的表面彻底清洁,是否达到要求可用水膜试验进行鉴定。在表面还保持湿润状态下,首先用刷子或喷涂方法涂一层充足的阿洛丁涂层,让它在表面停留 2~5min,并且在阿洛丁成形期间一定保持表面湿润,不能让表面干燥,否则形成的保护层会出现条纹而失去保护作用;然后再用水进行冲洗。保护层未干之前很软,容易受到损坏,这时要十分小心,不要损伤阿洛丁生成的保护层。用水冲洗后让表面干燥。如果涂阿洛丁操作成功,干燥后的铝合金表面就会形成一层均匀的淡黄色或透明无色的闪光薄膜。

在清洁后的铝合金表面涂阿洛丁不但能形成保护层,而且由于阿洛丁层也有中和作用,可以中和表面残留的盐类腐蚀产物。另外,在铝合金表面形成的阿洛丁膜层还为油漆涂层提供了很好的黏结底层。

8.3.2　镁合金件

镁及其合金是航空工业中密度最小的一种合金,它同时具有比强度较高的特点,因此在飞机结构中获得了一定程度的应用。镁及其合金的最大缺点是耐腐蚀性能差(在飞机结构中所用到的合金材料中,镁合金的耐腐蚀性能是最差的)。

镁合金在大多数介质中都不耐腐蚀,甚至在纯水中也是如此。但是在碱性溶液中,当溶液的pH值大于11时,在镁的表面会生成一层难溶的 $Mg(OH)_2$ 保护膜(钝化膜),耐蚀性能很好。

为提高镁合金构件的耐腐蚀性能,通常的做法是在表面涂覆铬酸锌底漆,因底漆中含有氧化性较强的 CrO_4^{2-} 离子,它会与镁发生氧化还原反应,就可以在镁构件的表面形成一层钝化膜,使腐蚀速度大为降低。需要注意的是,底漆的使用应保证有足够的量,能将构件表面全部钝化,否则,未被钝化的局部区域与大部分被钝化的区域会组成活性-钝性电池,阴、阳面积比很大,腐蚀速度很快,导致构件很快遭到破坏。

因为镁合金的活性很高,所以为了避免电偶腐蚀,镁合金构件在与铝合金、不锈钢等其他材质构件连接前必须要采取良好的绝缘保护措施。

将镁合金表面腐蚀产物清除以后,可用铬酸盐溶液对表面进行处理。用擦拭材料将这种溶液涂在表面,让它停留 $10\sim15$ min,然后用热水彻底冲洗。也可以采用重铬酸盐进行变换处理,形成更具保护作用的涂层。在表面施加重铬酸盐溶液,让它停留在表面直到形成均匀的金褐色氧化膜,用冷水冲洗表面并吹风让表面干燥。在形成坚硬的氧化膜之前,不要过分地擦拭或触摸,以防氧化膜受到损坏。

8.4　铝合金构件表面的防腐工艺

为了防止腐蚀发生,飞机结构中使用的金属构件表面都应包覆有防腐蚀保护层,铝合金表面的镀层与涂层如图8-1所示。

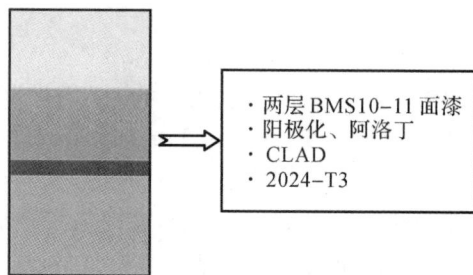

- 两层 BMS10-11 面漆
- 阳极化、阿洛丁
- CLAD
- 2024-T3

图 8-1　铝合金表面的镀层与涂层

飞机铝合金常用的防腐方法有包覆纯铝、表面生成氧化膜和涂漆法。

8.4.1　包覆纯铝

用滚轧工艺将纯铝轧制在飞机铝合金板表面,纯铝和铝合金紧密结合在一起,形成一个整体,这个工艺叫做包覆纯铝。包铝层厚通常占板厚的 $1.5\%\sim5\%$。

纯铝和氧有较强的亲和力,并能很快与氧产生作用,生成 Al_2O_3 薄膜。这种薄膜具有银灰色的光滑外表,而且具有保护性氧化膜所应具有的一切特点,保护铝合金不被进一步氧化。对于 7075 超硬铝合金应在外表面包覆含 1%锌的铝锌合金,而不能包覆纯铝,因为在电解液中,7075 铝合金的电极位比纯铝的还低。

8.4.2　表面生成氧化膜

在铝合金表面生成氧化膜的方法有两种：一种是电解法（Anodizing）；另一种是化学转化处理方法，飞机最常用的化学转化处理方法就是使用阿洛丁。

1. 电解法（又称阳极化）

电解法是将金属材料浸入适当的电解质溶液中作为阳极，通电处理使表面形成氧化膜的方法，此过程也称为阳极化。金属材料在经过阳极化处理后，其耐腐蚀性、硬度、耐磨性、耐热性等性能都会大幅度提高。阳极氧化的电解液可以分为酸性液、碱性液以及非水溶液，当前工业上以酸性电解液为主。酸性电解液包括硫酸、铬酸、草酸、磷酸等。如将已处理的铝合金件作为阳极放入铬酸电解液里，经过电解处理，会在铝合金件表面形成一层氧化膜。无色阳极化生成的氧化膜是浅灰色的，也可以进行着色阳极化，生成不同颜色的氧化膜，作为零件的标志颜色。

将铝或铝合金制品作为阳极置于电解质溶液中，利用电解作用，使其表面形成氧化铝薄膜的过程，称为铝及铝合金的阳极氧化处理。其装置中阴极为在电解溶液中化学稳定性高的材料，如铅、不锈钢、铝等。铝阳极氧化的原理实质上就是水电解的原理。当电流通过时，在阴极上放出氢气；在阳极上析出的氧不仅是分子态的氧，还有原子氧和离子氧，通常在反应中以分子氧表示。作为阳极的铝被其上析出的氧所氧化，形成无水的氧化铝膜，生成的氧并不全部与铝作用，而是有一部分以气态的形式析出。

通常阳极化生成的氧化膜是不导电的，如果要进行电路连接，必须将表面氧化膜清除掉。

（1）铝合金的磷酸阳极化处理。铝质零件胶接磷酸阳极氧化的工艺规范：磷酸溶液（H_3PO_4）100～140 g/L，溶液温度 20～25℃，电压 10～15 V，处理时间 8～22 min。

在生产过程中应注意以下事项：

1）阳极氧化过程中必须严格控制电压，不得超过 15 V。

2）阳极氧化过程中不得断电，阳极化中止（停止供电）到清洗开始的时间间隔不得超过2.5 min。

3）阳极氧化后干燥的温度不得高于 71℃，阳极氧化后的零件要保持清洁。

4）底胶必须在零件干燥后 72 h 内进行涂覆。

磷酸阳极氧化膜多孔，孔径比较大，膜层厚度约 2～5 μm。在各种阳极氧化工艺中，作为铝质零件胶接前的预处理，以磷酸阳极氧化胶接强度最高。因此磷酸阳极氧化常被用来对需胶接的铝质零件进行阳极氧化处理，是一种非常特别的阳极氧化技术。

（2）铝合金的硫酸阳极化处理。在硫酸电解液中阳极氧化，作为阳极的铝制品，在阳极化初始的短暂时间内，其表面受到均匀氧化，生成极薄而又非常致密的膜。由于硫酸溶液的作用，膜的最弱点，如晶界、杂质密集点、晶格缺陷或结构变形处，发生局部溶解而出现大量孔隙，即原生氧化中心，使基体金属能与进入孔隙的电解液接触，电流也因此得以继续传导。新生成的氧离子则用来氧化新的金属，并以孔底为中心展开最后汇合，在旧膜与金属之间形成一层新膜，使得局部溶解的旧膜如同得到"修补"。随着氧化时间的延长，膜的不断溶解或修补，氧化反应得以向纵深发展，从而使制品表面生成薄而致密的内层、厚而多孔的外层所组成的氧化膜。其内层、阻挡层、介电层、活性层的厚度至氧化结束基本都不变，位置却不断向深处推移并在一定的氧化时间内随时间延长而增厚。

直流电硫酸阳极氧化法的应用最为普遍,这是因为:①它适用于铝及大部分铝合金的阳极氧化处理;②膜层较厚,硬而耐磨,封孔后可获得更好的抗蚀性;③膜层无色透明,吸附能力强极易着色;④处理电压较低,耗电少;⑤处理过程不必改变电压周期,有利于连续生产和实践操作自动化;⑥硫酸对人身的危害较铬酸小,具有货源广、价格低等优点。

(3)硬质(厚膜)阳极氧化。硬质阳极氧化是在铝及铝合金表面生成厚而坚硬氧化膜的一种工艺方法。

硬质膜的最大厚度可达 250 μm;纯铝上形成的膜层显微硬度为 12 000~15 000 MPa(合金的一般为 4 000~6 000 MPa),与硬铬镀层的相差无几。硬质膜在低负载时耐磨性极佳,其孔隙率约为 20 %,比常规硫酸膜低。

2.化学转化处理方法

铝合金表面氧化膜破损或被清除,可以采用化学处理方法修复,也就是在氧化膜受损的表面上使用阿洛丁。例如,波音飞机的一般结构使用阿洛丁 1200,外部、金属光面使用阿洛丁 1500,燃料箱使用阿洛丁 600。

在铝合金表面生成的转化膜,可以提高零件的耐蚀性;同时,转化膜也可以作为漆层的基体。转化膜包括两种,即无色和多色转化膜。

8.4.3 涂漆法

在金属表面形成保护层的各种方法中,使用最多的是在金属表面涂漆层。在涂漆之前必须对金属表面进行处理,以使金属表面粗糙,为漆层提供牢固的黏结面。如果涂漆前的表面处理工作做得不好,容易使漆层破裂、脱落,起不到保护作用。对于铝合金,可以用弱铬酸溶液蚀洗表面,为漆层提供黏结面;用电解法生成的氧化膜和用化学方法生成的阿洛丁涂层也能为漆层提供黏结面。

如果表面涂层使用清漆或瓷釉漆,应使用黄绿色的铬酸锌作为底层涂料。它可以在表面涂层和金属之间起到很好的黏结作用,并且在透水气的同时,使铬离子达到涂层表面,起到很好的防腐作用。如果使用聚氨酯瓷釉作为表面涂层,就必须使用环氧树脂作为底层涂料。对于其他要求有较强抗蚀能力的表面涂层,也可以使用环氧树脂作为底层涂料。铝合金使用阳极化、阿洛丁、涂漆等表面处理,其耐腐蚀性能差异如图 8-2 所示。

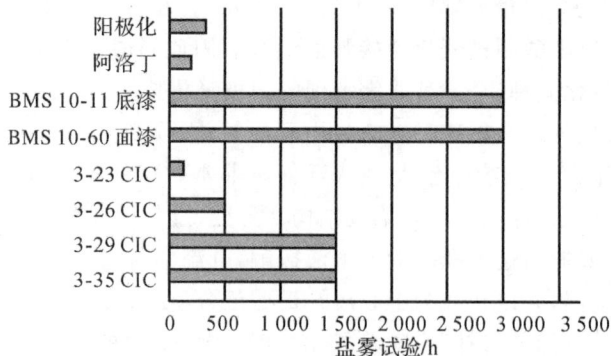

图 8-2 各种表面处理的铝合金盐雾试验

8.5　维　修　实　例

8.5.1　机身纵桁条腐蚀修理

1. 概述

要根据腐蚀的位置及程度来选择不同的方法,制定修补方案。

2. 实作要求

参照手册 B747 - 400 结构修理手册 SRM 51 - 10 - 02,53 - 00 - 03 或其他等效文件。

3. 修理步骤

(1)进入损伤部位。

(2)确定腐蚀范围及程度。

(3)如果目视腐蚀程度严重超出允许的损伤范围,则采用加强修补方案。

(4)如果腐蚀程度可能未超出允许的损伤范围,采用机械打磨法清除所有腐蚀(SRM 51 - 10 - 02)。

(5)采用相应的无损探伤方法确定腐蚀是否彻底清除,确定打磨之后纵桁条是否有裂纹现象,确定打磨之后纵桁条的厚度是否在手册允许的范围(SRM 53 - 00 - 03 Fig101)。

(6)若腐蚀区域在纵桁条的边缘处,有以下三种处理方法:

1)纵桁条边缘上紧固件与紧固件的边距没有重叠,腐蚀的清除参照图 8 - 3 处理。

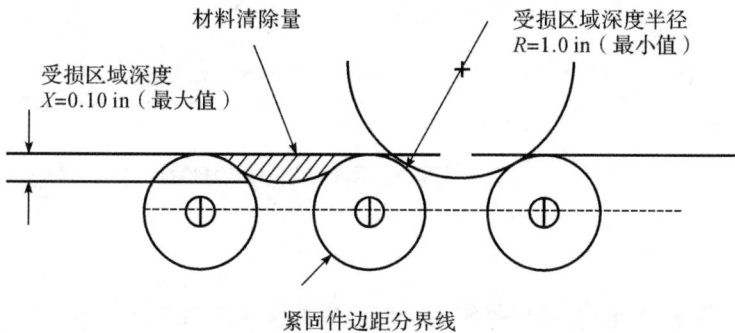

图 8 - 3　紧固件未重叠的桁条腐蚀的清除

2)纵桁条边缘上紧固件与紧固件的边距出现重叠,腐蚀的清除参照图 8 - 4 处理。

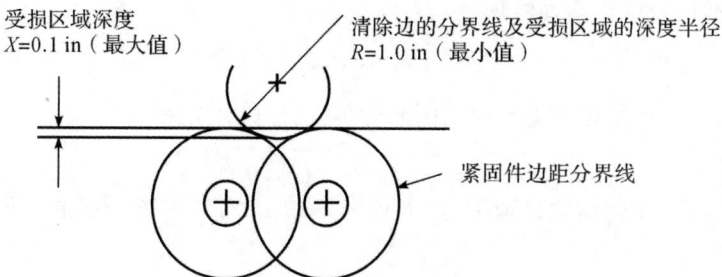

图 8 - 4　紧固件发生重叠的桁条腐蚀的清除

3)纵桁条边缘上没有紧固件的腐蚀,桁条腐蚀的清除参照图8-5处理。

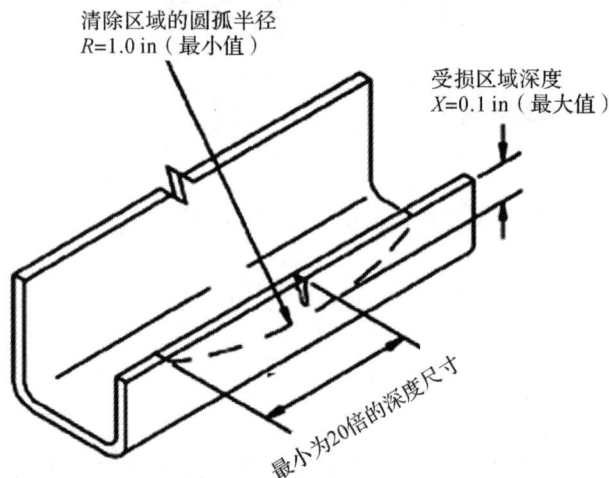

图8-5 仅发生在桁条上腐蚀的清除

(7)若腐蚀区域在纵桁条的表面上,腐蚀的清除参照图8-6处理。

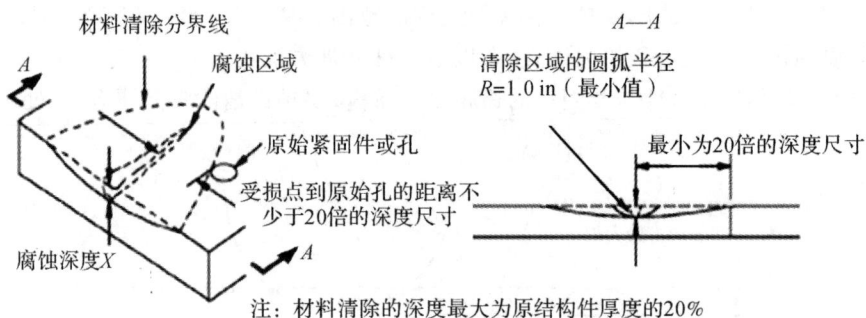

图8-6 桁条表面腐蚀的清除

(8)如果打磨后损伤超标,再根据维修手册的相关修补方案进行加强修补。

(9)如果打磨后损伤未超标,根据手册要求进行清洁及表面处理。

(10)恢复原状。

8.5.2 主舱门外蒙皮腐蚀修理

1.概述

要根据腐蚀的位置及程度来选择不同的方法,确定修补方案。

2.实作要求

参照手册 B747-400 结构修理手册 SRM 51-10-02,52-10-01 或其他等效文件。

3.修理步骤

(1)进入损伤部位。

(2)确定腐蚀范围及程度。

（3）如果目视腐蚀程度严重超出允许的损伤范围，则采用加强修补方案。

（4）如果腐蚀程度可能未超出允许的损伤范围，采用机械打磨法清除所有腐蚀（SRM 51-10-02）。

（5）采用相应的无损探伤方法确定腐蚀是否彻底清除，确定打磨之后纵桁条是否有裂纹现象，确定打磨之后蒙皮的厚度是否在手册允许的范围（SRM 52-10-01，Fig101）。

（6）腐蚀区域在蒙皮的边缘处，有以下三种处理方法：

1）蒙皮上紧固件与紧固件的边距没有重叠，腐蚀的清除参照图 8-3 处理。

2）蒙皮上紧固件与紧固件的边距出现重叠，腐蚀的清除参照图 8-4 处理。

3）蒙皮边缘上没有紧固件的腐蚀，桁条腐蚀的清除参照图 8-7 处理。

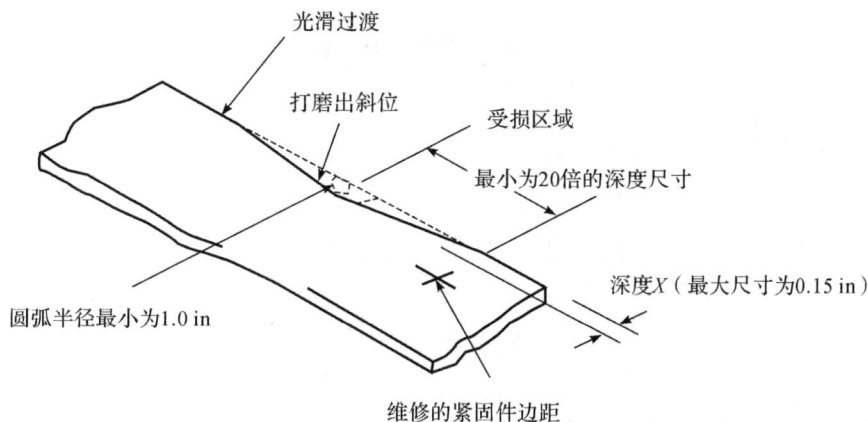

图 8-7　仅发生在桁条上腐蚀的清除

（7）腐蚀区域在蒙皮的表面上，有两种处理方法：

1）腐蚀区域离原始紧固件较远，参照图 8-8 处理。

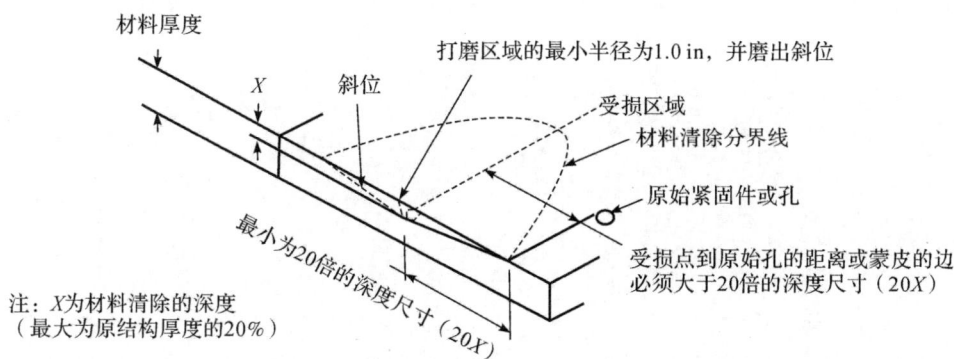

图 8-8　离紧固件较远时蒙皮腐蚀的清除

2）紧固件上面的蒙皮腐蚀，参照图 8-9 处理。

（8）如果打磨后损伤超标，再根据维修手册的相关修补方案进行加强修补。

（9）如果打磨后损伤未超标，根据手册要求进行清洁及表面处理。

（10）恢复原状。

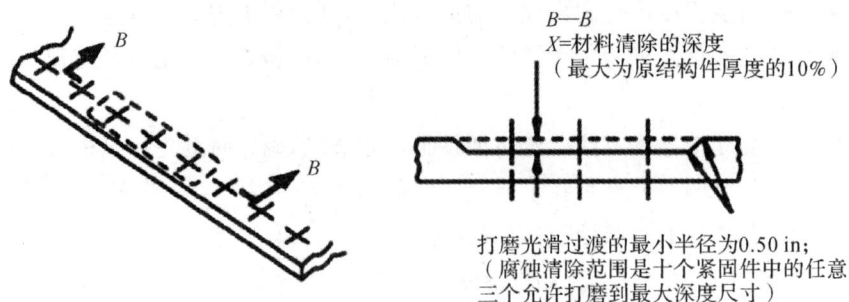

$B—B$
X=材料清除的深度
（最大为原结构件厚度的10%）

打磨光滑过渡的最小半径为0.50 in；
（腐蚀清除范围是十个紧固件中的任意
三个允许打磨到最大深度尺寸）

图 8-9　紧固件上面蒙皮腐蚀的清除

习题与思考题

1.简述铝合金构件腐蚀产物的清除方法。

2.镁合金构件腐蚀产物的清除有何要求？

3.铝合金常用的防腐方法有哪几种？

4.铝合金的磷酸、硫酸阳极氧化膜的用途有何差别？

第9章　飞机钛合金的腐蚀与防护工艺

钛合金因化学活性高并具有强烈的自钝化性能,所以在许多介质中十分稳定,具有优良的耐蚀性能,是民用飞机非常重要的金属材料之一。

钛及其合金对应力腐蚀、晶间腐蚀不敏感,在含氯离子的介质中,钛合金具有很高的抗点蚀性能。一般来说,钛的点蚀仅发生在浓度很高的氯化物的沸腾溶液中。在盐酸、稀硫酸、磷酸、氢氟酸等还原性酸中,钛容易遭受严重的腐蚀,且随着温度和浓度的升高而恶化。钛在酸性、中性溶液中容易产生缝隙腐蚀,在氯化物溶液中,钛的缝隙腐蚀敏感性随着溶液温度的升高而增大。例如,常温时,在20%的NaCl盐雾试验条件下,钛不会发生缝隙腐蚀,但在温度为150℃的盐雾中,经过24 h钛就产生了缝隙腐蚀。

钛合金的稳定电极电位很高,与大部分金属连接时,总是处于阴极而不会遭受腐蚀,但却会导致与其连接的低电极电位金属的腐蚀加速。为避免此种现象的发生,经常需要对接触的区域进行绝缘以及表面处理以提高材料间的相容性。例如,采用钛合金紧固件来连接高强度铝合金结构件时,对钛合金紧固件表面常进行离子镀铝,当紧固件表面产生一层铝镀层后两者间的电位差就可以被消除,电偶腐蚀破坏的概率便可大大降低。

钛合金通常在以下方面替代铝合金:极高的温度稳定性要求区域;铝合金附件和安装空间相比过大,而钛合金能够满足安装空间要求的场合;因铝合金和其他材料接触会产生晶间腐蚀而不希望使用铝合金的区域;对于与碳纤维复合材料连接、接触的金属构件,钛合金是唯一可以替代铝合金的材料。

9.1　钛合金在飞机上的应用

钛合金在飞机结构和非结构方面应用广泛(见表9-1)。钛合金在航空领域的广泛应用主要基于以下一个或几个理由:

(1)优秀的抗腐蚀性,在腐蚀过程中不会产生点蚀。

(2)高的比强度。

(3)高的使用温度。

(4)减轻质量,密度大约比钢小40%。

(5)减轻空间约束问题。

(6)和其他材料的兼容性。

钛合金材料,是航空飞机材料中重要的组成部分。特别是在新型民用客机大量使用碳纤维复合材料后,钛合金所占比例越来越突出。如空中客车公司的A380客机结构中,钛合金用量较空客其他机型有所增加,达到 10％,仅起落架和挂架的钛合金用量就增加了 2％,A380 挂架的主要结构是空客第一次采用的全钛设计。在 A380 飞机上,使用最广泛的钛合金是 Ti-6Al-4V,在退火状态下它有最大的断裂韧性及最小的裂纹增长速度;在机翼和挂架之间的连接件上首次采用了新型钛合金 VST55531,这种新的钛合金可以提供良好的断裂韧性、高强度等性能。在空客 A350 飞机上,钛合金用量占结构总质量的 14％。在波音 B787 客机上,钛合金用量占结构总质量的 15％。

表 9-1 各种钛合金在飞机上的应用

合金种类	热处理状态	强度 KSI*[1]	形式	应用部位	使用原因
商用纯钛	退火	50～80	板材	门槛,引气管,防火墙,非结构接头	比不锈钢更好的比强度,优良的抗腐蚀性能、成形性
Ti-3Al-2.5V	冷加工和应力释放,退火	100～125	管材	B757/767 高压液压管	比钢件质量轻
Ti-6Al-4V	退火,固溶和时效	120～160	板材 锻件 挤压 铸件	起落间区域,防火墙,B757/767 风挡框架,襟翼接头,B767 地板支撑,液压接头,紧固件	比钢件质量轻,比铝件节省空间
Ti-6Al-6V-2Sn	固溶和时效	150～170	板材 锻件	B747 起落架和大翼区域接头,襟翼支撑	比 Ti-6Al-4V 强度更高,质量更轻
Ti-10V-2Fe-3Al	固溶和时效	180	锻件	B757 耳轴轴承箱,辅助襟翼滑轨,门铰链,B737 吊架翼上接头	减轻质量
Ti-13V-11Cr-3Al	固溶和时效	200～230	弹簧	B747/757/767 起落架和门区域的弹簧	比钢件质量轻

注:*[1]1 KSI=6.895 MPa,强度低于 200KSI 认为是低强度,强度高于 200KSI 认为是高强度。

9.2 钛合金构件的腐蚀清除

9.2.1 钛合金腐蚀产物的清除

对于已经腐蚀的钛合金构件,要彻底清除其腐蚀产物。钛合金的腐蚀产物是白色或黑色的氧化物。清除腐蚀产物时,采用铝丝棉或不锈钢丝棉打磨。注意钛合金的粉尘易引起火灾或爆炸。其工艺如下所述。

1.砂纸打磨

(1)对钛合金可以进行手工或者砂纸打磨。动力工具不能将砂纸夹持的太紧,此操作不能产生火花或熔化的微小颗粒。

（2）动力打磨工具的表面速度①最大为 2 000 表面英尺/min（打磨时测量）。

（3）打磨时不要一直停留在一个位置，不要使表面变得太热。如果颜色改变且无法用溶剂去除，部件报废。

（4）表面打磨后必须喷丸。

2. 其他表面操作

（1）用 120 目或更细的磨石，以小于 150 表面英尺/min 的速度进行珩磨。

（2）不要在 BAC5492 规定的 1 类、2 类表面上应用黏在刚性支撑上的砂纸（珩磨除外）。

（3）不要在 BAC5492 规定的 1 类、2 类表面上应用钢丝刷作为最后的表面加工操作，除非会有后续操作来去除钢丝刷的痕迹。

（4）使用刮刀或锉刀去除尖锐的圆角或去毛刺。如果不使表面过热或导致颜色改变，则可以使用旋转锉刀。

3. 应力释放

按照本节要求进行修理加工后，不必对钛工件进行烘烤来进行应力释放。

9.2.2 防火安全

（1）在大多数形态下，钛合金不是可燃的，但若非常细微地分割的钛，比如非常薄的机加碎片或研磨的粉尘，可以起火并燃烧。

（2）虽然钛合金碎片不会像镁那么容易起火，也不会像镁那样剧烈燃烧，但在有些状况下，它们会起火燃烧，而且很快变成一团炽热的金属。

（3）钛着火后应采取的紧急措施如下：

1）报警。

2）使用干燥的滑石粉、碳化钙、沙、石墨或水熄灭钛碎片引起的火。不要用二氧化碳、四氯化碳或常用的干粉灭火器。

3）如果使用滑石粉或等效的粉状物体，将粉末铺成连续的 1/2 in 或更厚的一层，但不要分散开正在燃烧的金属。如果正在燃烧的金属在可燃物的表面，可在可燃物的表面铺一层 2 in 厚的粉状物体并将燃烧的金属铲到粉末物体表面。如果一些区域还有烟的话，小心铺更多的粉末。

4）如果是小堆的钛合金碎片着火，建议使用水泵型灭火器，将水喷向火焰根部。

5）如果不存在伤害危险的可能性，限制火源，刮开没有着火的钛合金。

6）不要使燃烧的金属接触混凝土地板。

7）对于大堆的钛合金碎片着火，保护可燃的表面和物体。

8）扑灭钛合金大火时，佩戴安全性经过验证的深色眼镜或其他眼部保护设备。

（4）火灾预防如下：

1）确保水基冷却剂在工件和碎片表面流动良好。水基冷却剂能够扑灭钛着火，而且湿的钛碎片不易起火。

2）及时更换用钝的刀具。变钝的刀具会产生容易起火的热的钛碎片。

3）金属表面有污染时，应使用低的速度进行切削。污染会导致火花引起起火。

4）加大走刀量，保持高的切削效率。厚的碎片不像薄的碎片那样容易起火。

---

① 表面速度是指钻床、砂轮等刃具外圆周表面的线速度，单位为表面英尺/min。

5)不要让大量的碎片堆积。碎片越少,火灾发生的可能性越小。经常将碎片从机床边清除,并将它们放置在批准的和正确标识的容器内。

9.3 钛合金的修理工艺

钛合金由于其优异的耐蚀性和比强度,成为航空飞机必不缺少的用材之一。但由于其特殊的加工性能,对其表面的腐蚀产物去除后的整形、切割、研磨、铣切及钻孔时,一定要根据给定的工艺方法严格进行,切不可凭借经验以铝合金、合金钢的加工工具以及加工工艺进行加工。

9.3.1 综述

(1)有些钛合金比较容易加工,其切割速度可根据钛合金及热处理状态的不同来选取。表9-2给出了一些典型钛合金及热处理状态下切割速度的相对值,这些值是以经常使用的退火状态下 Ti-6Al-4V 钛合金的切割速度为 100 作为参考标准的。如果知道 Ti-6Al-4V 退火状态的钛合金的准确切割速度,就可以对照得出其他切割速度。例如,退火状态的 Ti-6Al-6V-2Sn 的相对值为 90,可将退火状态的 Ti-6Al-4V 钛合金的切割速度降低至 90%,得到退火状态的 Ti-6Al-6V-2Sn 的切割速度。

表9-2　钛合金机加工的相对速度值

热处理状态	钛合金			
	Ti-6Al-4V	商用纯钛	Ti-10V-2Fe-3Al	Ti-6Al-6V-2Sn
Ⅰ(退火)	100	300	90	90
Ⅲ(时效)	70		60	60
Ⅳ(过时效)	80			
Ⅴ(二次退火)	100			

(2)表9-2给出的钛合金切割速度数据是基于基体金属表面没有被污染的情况。但钛合金经常会出现"α情形"——通常是非常薄的一层脆性表面层,但其硬度却能达到 55HRC,在这种硬度的表面上进行加工,刀具会很快失效。"α情形"经常出现在轧制板材、铸造件、挤压型材的表面和热切割的边缘,也可以由热处理或者应力释放操作引起。"α情形"经常在工件制造过程中消除,但又在工件翻修过程中出现。因此,对于"α情形",应该使用比通常情况稍慢的切割速度,否则刀具寿命会降低。

(3)铅、锡、镉和锌等金属不能接触钛的表面,因为这些金属会造成污染且很难清除。这些污染物可导致以钛为原料的工件,在飞机上或修理过程中开裂。因此,不要在以钛为原料的工件上,使用由这些金属制成的或含有这些金属镀层的刀具,永久或临时紧固件或衬套。

(4)甲基酒精、无水乙醇和 BMS 3-11 液压油,在 270 ℉以上会引起钛脆。

(5)钛要远离液氧。液氧在裸露的钛表面会发生剧烈的反应。

(6)如果操作完成后能够擦干或吹干工件,就可以在钛的加工中使用水基切割液。如果修理过程或飞机上工件处在温度超过 600 ℉的区域,就不能使用氟利昂基的液体。手持钻孔工具可选用切割液。建议使用的切割液及使用方式见表9-3。

表 9 - 3　切割液的选择

工序	切割液	使用方式
研磨、锯切	水基冷却剂	冲刷
磨削	水基冷却剂	冲刷
带锯	水基冷却剂	喷射
刨削	水基冷却剂	喷射
铣削	水基冷却剂	冲刷
手工抛光	水	冲刷
钻和铰	BOELUBE 100A 或 100F	喷射
	MICROCUT 26	
	氟利昂 TB-1(使用温度小于 600 ℉)	
攻丝	纯矿物油	冲刷

9.3.2　车削和镗削

(1)尽可能使用碳化物刀具(CARBIDE TOOLS),建议使用可引导的自由切入型(IN-DEXABLE DISPOSABLE INSERT)工具。碳化物刀具的几何参数:前角 0°、横向前角 6°、副后角 5°、主后角 5°、副刃口角 5°,切削参数见表 9 - 4。

表 9 - 4　刀具的切削参数

钛合金	切削深度	切削速度/(表面英尺·min^{-1})		进给量
	in	碳化物刀具	高速钢刀具	in/r
Ti-8Al-1Mo-1V	0.15	130	50	0.015
	0.025	155	60	0.007
Ti-6Al-4V 热处理状态Ⅰ和Ⅴ	0.15	130	50	0.015
	0.025	155	60	0.007
Ti-6Al-4V 热处理状态Ⅲ和Ⅳ	0.15	100	40	0.01
	0.025	120	60	0.005

1)尽可能使用次微粒碳化物(SUB - MICRO - GRAIN CARBIDE)工具,来代替较老的碳化物工具 C1,C2,C3。

2)如果没有次微粒碳化物工具可用,可以使用碳化物 C1,C2 进行厚件的粗切割。它们也可用在冲击载荷适度的场合。

3)如果没有次微粒碳化物工具可用,可以使用碳化物 C3 进行轻地、连续地切割,因其具有良好的耐磨性。

4)如果使用自由切入型工具,建议使用正的倾斜角(除非冲击载荷非常大时)。

（2）如果不用碳化物刀具，可使用高速钢刀具进行开槽、切片、不连续地切割及成型加工，并应尽可能使用粉末冶金高速钢。

（3）如果可能，使用切割工具的主切削刃角等于或大于 15°。为了避免工具侧面的拖尾效应，表面加工时使用后角 10°，其他操作角度最小 5°。

（4）如果镗刀杆刚性不大，镗孔时应降低切割载荷。

9.3.3 研磨

（1）粗研磨（手工或机械研磨）对所有表面都适用，但精加工时必须去除最少 0.020 in$d$ 厚的金属材料。精细研磨在一些重要的表面是不允许的，比如那些在 BAC5492 CLASS 1 或 2 标示的表面。

（2）研磨过程中，保持切割液流动状况良好。

3.研磨时建议的数值请参考表 9 - 5。

表 9 - 5　表面研磨控制

			粗研磨	精细研磨
研磨轮	氧化铝	目数	46	60 - 80
		硬度	J	L - M
		黏合剂	陶瓷	陶瓷
		直径/in	5 - 8	5 - 8
		速度/（表面英尺 · min^{-1}）	1 500 - 2 500	1 500 - 2 500
	碳化硅	目数	46	Norton C60
		硬度	J	H
		黏合剂	陶瓷	陶瓷
		直径/in	7 - 8	8
		速度/（表面英尺 · min^{-1}）	5 000 - 6 000	5 000 - 6 000
工作速度/（表面英尺 · min^{-1}）			30 - 40	30 - 40
横向进给/（in · 步$^{-1}$）			0.06	0.05
横向进给/（in · 步$^{-1}$）			最大 0.001	最大 0.0005

9.3.4 铣削

9.3.4.1 概述

（1）建议使用碳化物刀具，必须使用易断刀具（比如小的端面铣刀或开槽锯）的场合除外。优先推荐使用次微粒碳化物刀具（SUB - MICRO - GRAIN CARBIDE），其次是 C2，再次是 C3。刀头（INSERTS）可用硬焊、机械夹持或用螺丝固定。

（2）如果必须使用高速钢，PM 型比标准级别的好。PM 型可以使用更高的切割速度，或者有更长的刀具寿命。

（3）在一些操作中，含有钛铝氮化物层的刀具更有帮助。

（4）尽可能使用齿多的铣刀，但是铣刀必须有足够的强度和齿间隙。齿数越多，可以使用的进刀量越大。

（5）为了延长刀具寿命，尽可能地使用刀具边缘（如端面铣刀或阔面铣刀）进行铣削加工，而不是用刀具的末端（面铣刀或端面铣刀的一端）进行加工。

9.3.4.2　逆铣和顺铣

（1）逆铣时，从接触点来看，刀具的转动方向与工件进给方向相反，铣削最先发生在楔形片的最薄部分。逆铣最好只用于去除工件表面"α情形"层或锈层，所有其他情况建议使用顺铣。

（2）顺铣时，从接触点来看，刀具的转动方向与工件进给方向相同，铣削最先发生在楔形片的最厚部分。顺铣产生的碎屑熔黏最少而且能加工出的表面粗糙度更好，但是顺铣时设备要有消除间隙的装置。

9.3.4.3　端面铣

（1）可以使用碳化物端面铣刀。建议使用带有导向切入刀刃（INDEXABLE INSERTS）或固定切入刀刃（GROUND－IN－PLACE INSERTS）的刀具。某些导向切入刀刃端面铣刀有特殊的精细齿（刮刷）可以加工出 32 μin 或更好的表面粗糙度，因而可以使用此种刀具进行最终的切割。面铣刀的速度和几何参数分别见表 9－6 和表 9－7。

表 9－6　面铣刀的加工速度

刀具	进给量 in/齿	切割液	切削速度/（表面英尺·min^{-1}）		
			Ti－8Al－1Mo－1V	Ti－6Al－4V 热处理状态Ⅰ和Ⅴ	Ti－6Al－4V 热处理状态Ⅲ和Ⅳ
固定切入齿，次微粒，含碳等级Ⅴ	最大 0.010	水基冷却液冲洗或喷射	120	100	90
固定切入齿，高速钢，粉末冶金			50	45	35

表 9－7　精细面铣刀的几何参数　　　　　　　　单位：度

刀具	前角	轴前倾角	径向倾角	后角
固定切入齿，次微粒，碳化物 C2	45	5	0	10
固定切入齿，高速钢，粉末冶金	45	10	10~15	10

（2）当钛屑从工件上切削下来时，可能黏在切割齿面上。这比在脱离点的碎屑厚度增加更危险。碎屑黏结是端面铣过程中的特殊问题，它会降低工具寿命而且会导致工具突然失效。

进行钛的端面铣时，为了减少碎屑黏结降低工具寿命，可以采取以下措施：

1）应用切割液。

2）在开始切割、加工孔或不规则表面时，将每齿进刀量降低至 0.002~0.003 in。

3）顺铣，并总以工件或切口边缘来校准刀具的脱离边。

9.3.5 钻孔

(1)在 ST10 - 907J 的钻枪上使用有 ST10 - 907 - A/B(135°顶角和减小的斜度)的机用钻头。如果使用没有出屑槽的短钻头或者需要的钻孔深度超出钻头的工作长度,则使用 ST10 - 907 - K 钻头。钻孔时建议使用的速度和进刀量见表 9 - 8。

表 9 - 8 钻孔的操作数据

钛合金	Ti - 6Al - 4V			Ti - 6Al - 6V - 2Sn			A - 40 或 A - 70		
钻类型	ST10 - 907 - K ST10 - 0001 - D			ST10 - 907 - K ST10 - 0001 - D			ST10 - 907 - K		
钻头	ST10 - 907 - B			ST10 - 907 - A			ST10 - 907 - A		
钻头直径 in	20 号钻头的[1]最大转速/(表面英尺·min⁻¹)	30 号钻头的[2]最大转速/(表面英尺·min⁻¹)	进给量 in/r	20 号钻头的最大转速/(表面英尺·min⁻¹)	30 号钻头的最大转速/(表面英尺·min⁻¹)	进给量 in/r	20 号钻头的最大转速/(表面英尺·min⁻¹)	30 号钻头的最大转速/(表面英尺·min⁻¹)	进给量 in/r
1 / 6	850	1 275	0.001 5	600	850	0.001 5	1 275	2100	0.001 5
5 / 32	500	750	0.002	375	500	0.002	750	1250	0.002
7 / 32	375	550	0.002	300	375	0.002	550	900	0.003
1 / 4	300	450	0.003	225	300	0.003	450	750	0.004
3 / 8	200	300	0.004	150	200	0.004	300	500	0.004
1 / 2	150	225	0.004	110	150	0.004	225	400	0.006
5 / 8	125	190	0.004	90	125	0.004	190	325	0.006
3 / 4	100	150	0.006	75	100	0.006	150	250	0.008
1	75	110	0.006	50	75	0.006	110	200	0.008

注：*[1]20 号钻头的直径为 0.161 in。

　　*[2]30 号钻头的直径为 0.129 in。

(2)如果钻头直径小于 1 in,使用含钴高速钢;如果钻头直径大于 1 in,使用标准高速钢。

(3)保持表 9 - 3 中指定切割液的良好流动性。

(4)钝的钻头容易出现突然断裂。如果有一个或多个以下迹象出现,则说明钻头已变钝;当不能确定时,也可以更换钻头。

1)碎屑形状或质量改变,例如拖尾、毛边、出现不同颜色或局部过热点。

2)钻头声音变化,例如吱吱声、咔嗒作响。

3)孔的质量变化,例如表面粗糙度或直径。

4)毛刺量增加。

5)需要改变动力(可以通过监控负载)

(5)钻孔时应一直使用固定夹持和背面支撑,防止振动和产生毛刺。

9.3.6　铰孔

(1)公差和工具寿命由铰刀几何尺寸、切割速度和进刀量控制,并且必须使用切割液。

(2)可以使用标准高速钢或者碳化物铰刀,标准高速钢在绝大多数情况下都有非常满意的效果。推荐使用大余量(比如 0.010~0.015 in)的直槽机床铰刀。

(3)铰刀的速度、进给量建议参数值见表 9-9。

表 9-9　铰孔操作的参数控制

铰刀尺寸/in	速度/(r·min^{-1})	进给量/(in·齿$^{-1}$)*[1]
5/32	240~480	0.000 6~0.000 8
3/16	200~400	
1/4	150~300	0.000 8~0.001 0
5/16	120~240	
3/8	100~200	
7/16	90~180	
1/2	75~150	
9/16	70~140	
5/8	60~120	
3/4	50~100	
7/8	45~90	
1	40~80	
1-1/8	35~70	
1-1/4	30~60	
1-3/8	27~55	
1-1/2	25~50	

注:*[1] 每圈进给量=每齿的进给量×齿数

(4)对钛材料的高精度孔进行铰孔是不容易的。仔细控制铰刀参数和使用要求,可以达到 -0.000 0~+0.001 5 in 的公差范围。对孔径为 5/16(0.312 5)in 及以下的孔进行铰孔时,直径方向的最小切削量为 1/64(0.015 6)in。对于大孔,直径方向一次 1/32(0.031 2)in 的切割量能够去掉钻的痕迹。

9.4　钛合金的表面防腐工艺

9.4.1　表面转化处理技术

为了提高钛及钛合金的耐磨性、耐蚀性,可在其表面进行转化处理。表面转化处理可生成一层与基体结合牢固的膜层,赋予表面耐磨、耐蚀、润滑、良好的性能。目前,钛及钛合金表面转化处理的方法主要有化学氧化处理、阳极氧化处理、磷酸盐转化处理等。

1. 化学氧化处理

钛及钛合金的化学氧化处理是指将金属置于反应液中,经化学反应在其表面形成一层以 TiO_2 为主要成分的膜层,主要包括酸处理(HNO_3,HF,HCl,H_2SO_4 及其混合酸等)和 H_2O_2 处理等。

化学氧化处理的工艺和操作简单、成本低廉,但形成的氧化膜层较薄,一般不宜单独使用。目前,钛及钛合金的化学氧化处理主要用作后续处理的基底,或者仅仅作为一种预处理手段。

2. 阳极氧化处理

阳极氧化处理是一种传统的金属表面电化学处理方法。该方法需借助电场的作用,在阳极表面反应形成氧化膜层。具体来说,钛表面阳极氧化处理就是用钛作阳极,用不锈钢或铝作阴极,以水溶液、非水溶液或熔盐作电解液,以电化学方式使阳极上生成氧,并与阳极钛在表面进行反应形成氧化膜的方法。

(1)钛表面形成 TiO_2 多孔膜。例如,以硫酸为电解液,钛合金 Ti-6Al-4V 为阳极,采用恒压的氧化方式在钛合金表面可获得 TiO_2 多孔膜。该膜层避免了钛及钛合金与电性较负的金属产生接触腐蚀,延长了钛构件的使用寿命。

(2)钛表面形成 TiO_2 纳米管层。例如,在 β 型 Ti-29Nb-13Ta-4.6Zr 合金上,利用自组装阳极氧化处理的方法可获得纳米管氧化层。钛合金表面的 TiO_2 纳米管层具有孔隙率高、比表面积大、纳米效应显著等特点。

(3)阳极氧化形成的膜层通常随电压的变化而呈现不同的颜色。例如,钛在硫酸溶液中阳极氧化处理时,表面会形成一层由深蓝到紫色的膜层,可用于航天和兵器领域;钛表面形成的黑色膜层,可用于光学消光。利用阳极氧化工艺方法,还可在钛合金 Ti-6Al-4V 表面产生一层黑色转化膜。

阳极氧化过程比较简单,氧化产物纯度高,形成的膜层比自然膜更厚、更硬,因此其耐磨、耐蚀性有明显提高;同时它对于改善材料的高温加工润滑性、黏着性和耐久性均具有重要的意义。但是,阳极氧化需要外加电源设备,投资大,生产成本高,且氧化膜层的致密性不理想,表面多孔性使其容易吸附污物,尤其是腐蚀介质。

3. 磷酸盐转化处理

磷酸盐转化处理(磷化处理)是指将金属基体与磷酸盐溶液接触,通过化学反应在基体的表面生成一层稳定的、难溶性的磷酸盐化合物膜的方法。磷化处理工艺最初主要用于钢铁材料,表面形成的一层磷酸盐保护膜,起耐腐蚀、保护基体的作用。磷化膜具有耐腐蚀、耐磨、良好的润滑性、较好的电绝缘性等优异特性,还可在形状复杂零件的内、外表面获得保护膜。另外,磷酸盐转化处理所需设备简单,操作方便,成本低,生产效率高。因此,该工艺也被逐渐应用到铝、镁、钛及其合金等有色金属中。但是,磷化处理过程中有沉渣出现,会造成一定的环境负担。

磷酸盐转化处理是在钛及钛合金中用得较多的一种化学转化膜处理。磷酸盐转化处理形成的膜层具有防腐蚀、减摩、良好的润滑性等特点,可用作涂装底层,改善钛表面的润滑及耐磨效果,减少金属表面之间的摩擦阻力。磷化膜与基体结合牢固,具有良好的吸附性、润滑性、耐蚀性及较高的电绝缘性等。

9.4.2 电镀和化学镀

在钛合金表面镀 Ni,Ni – Cr 合金,Ni – P 合金能提高其耐磨性。钛合金直接电镀的主要困难在于镀层和基体的结合力差。为了得到结合力良好的镀层,常用的电镀工艺流程为除油→清洗→浸蚀→清洗→镀前处理→清洗→电镀→热处理。

镀前处理可以提高钛镀层和基体的结合力。例如,采用一种含 HF、甲酰胺的溶液进行活化,可在钛基体表面获得一层 TiH_2 膜,对经处理的钛合金活化膜表面直接进行化学沉积或电沉积,均能得到结合力良好的镀覆层。

热处理对钛镀层性能也有很大的影响。例如,在 Ti – 6Al – 4V 合金镀 Ni 后,经 800℃,40 h,表面硬度达 900HV,硬化层大于 $300\mu m$。对于钛基材化学镀 Ni – P 合金镀层,分别经 250℃,1 h 以及 400℃,1 h 后,前者的耐腐蚀性能较好,后者的耐磨性能更优。

9.4.3 微弧氧化

微弧氧化是一种在基体金属表面原位生长陶瓷膜的新技术,能有效地改善钛合金在苛刻环境中的耐磨、耐蚀和抗高温氧化性能。例如,对 Ti – 13Cr – 3Al – 1Fe 合金进行微弧氧化处理,在 NaH_2PO_4 溶液中合金表面可制备得到氧化物薄膜。经微观结构分析发现,该陶瓷膜层极大地提高了钛合金的耐蚀能力。

9.4.4 表面纳米化技术

表面纳米化技术是利用各种物理或化学方法,将材料的表层晶粒细化至纳米量级,制备出具有纳米晶结构的表层,而使基体仍保持原有的粗晶状态,以提高材料的疲劳强度、抗蚀性等表面性能的方法。

钛合金经表面纳米化后,表面硬度、耐腐蚀性能提高。例如,采用高能喷丸法对钛合金表面进行纳米化处理后,材料表面的平均晶粒尺寸可达到了纳米量级,表面硬度有明显增加。利用喷射电沉积法对 Ti – 48Al – 2Ag 材料表面进行纳米化处理,可在合金表面获得 Al_2O_3 的纳米结构组织,分别在 900℃下的 $Na_2SO_4 + K_2SO_4$ 和 $Na_2SO_4 + NaCl$ 溶液中进行研究后,结果显示,经纳米化处理后钛合金的耐蚀性显著提高。采用喷射纳米沉积法还可得到纳米单金属层、纳米合金层和纳米复合镀层。

习题与思考题

1. 简述钛合金材料在飞机上的应用。
2. 钛合金构件腐蚀产物的清除方法有哪些?
3. 简述钛合金构件防火安全注意事项。
4. 钛合金构件表面腐蚀被彻底清除后,表面整修时应注意哪些问题?
5. 对钛合金构件进行钻孔时,如何判断钻头变钝?
6. 简述钛合金防腐工艺原理及应用方法。

第 10 章　飞机合金钢的腐蚀与防护工艺

一旦检查出飞机钢构件存在着腐蚀或潜在引起腐蚀的问题,必须迅速对其所在部位进行腐蚀去除。清除完所有腐蚀之后,应做局部平整加工、光顺整个表面,尽可能减少不规则之处,清除任何可能引起应力集中的尖角或表面突变之处,即做相应的表面整修。然后涂敷保护层,重新涂层和封堵,确保修理后的结构件保持或大于原来的强度,保证适航安全。在腐蚀去除修理的过程中,针对不同的材料需要应用不同的机械加工方法。由于合金钢加工的特殊性,本章将分别介绍合金钢的表面以及孔的内表面修整工艺。

10.1　合金钢在飞机构件中的应用

一般来说,约有 12%～16% 的飞机基本结构是用合金钢(包括不锈钢)制作的。其最大的优点是具有高强度(见表 10-1)和高弹性模量,其应用见表 10-2。

表 10-1　波音飞机常用合金钢的强度范围

合金钢	强度范围/KSI*[1]					
	125～145	125～145	160～180	180～200	最小 220	275～300
4340	√	√	√	√		
4330M		√	√	√	√	
9Ni-4Co-0.30C					√	
4340M						√

注:*[1]强度低于 200KSI 认为是低强度,强度高于 200KSI 认为是高强度。

表 10-2　波音飞机常用的合金钢

合金牌号	强度(KSI)	材料形式	应用区域	使用原因
4340	275～300	棒材和锻件	起落架组件,襟翼滑轨,襟翼滑架,接头	高的比强度和高弹性模量
4330M	200～240			
9Ni-4Co-0.30C	200～240	棒材和锻件	发动机后固定组件	极强的高温稳定性和高强度
15-5PH	180～200	不锈钢棒材和锻件	作动筒,连杆端头,接头,机械装置	优秀的抗锈蚀性能和高强度
	150～170			

合金牌号	强度(KSI)	材料形式	应用区域	使用原因
15-5PH	180～200	板材	厨房、厕所的门槛,装饰片	优秀的抗腐蚀性能,高强度和良好的加工性能
	150～170			
17-7PH	180～200	板材	厨房、厕所的门槛,装饰片	厚度小于 0.090″时使用
	150～170			
304/321/347	最小 75	板材	厨房、厕所的门槛,装饰片	良好的加工性能
21-6-9	142～162	管材	液压系统,仪器线路	优秀的抗锈蚀性能、加工性能,高强度
304/321/347	最小 75			
17-4PH	180～200	铸件	控制杆,接头和机匣	优秀的抗腐蚀性能,良好的加工性能
	150～170			

高强度和高弹性模量对一些受到空间区域限制的部件的设计是非常有用的。合金钢的选择通常要考虑的因素包括使用温度、强度、刚度、疲劳特性以及加工性能等。

波音飞机上应用最广泛的高强度钢是热处理至 220～240 KSI 的 4330M 和热处理至 275～300 KSI 的 4340M 镍铬钼合金钢。这些改进型的合金钢就是所谓的真空重熔钢材(真空重熔工艺可以提高材料的延展性、疲劳性能和断裂韧性等性能)。

像发动机吊架后支撑等的使用温度能够达到 900 ℉ 的高温区域,经常会使用热处理至 220～240KSI 的 9Ni-4Co-0.30C 合金钢。9Ni-4Co-0.30C 是含碳量为 0.30％ 的镍-钴合金钢,9 和 4 表示镍和钴的质量分数分别为 9％ 和 4％。

在棒材和锻造件应用方面,强度水平在 200 KSI 及以下的区域,15-5PH 沉淀硬化钢已经取代合金钢而广泛应用。使用 15-5PH 不锈钢使制造成本下降,防腐性能提高。

在板材应用方面,15-5PH 不锈钢建议使用厚度大于或等于 0.063 in。17-4PH 和 17-7PH 虽含有 delta 铁素体杂质,会引起材料横向性能不稳定,但这对于 17-4PH 系列薄板不是主要问题。热处理强度在 150～170 KSI 范围的使用 0.090 in 及以下厚度的 17-7PH,及热处理强度在 180～200 KSI 范围的使用 0.063 in 及以下厚度的 17-7PH 不锈钢板是可以接受的。这些厚度在每一种热处理范围都不能超过,以免影响材料的机械性能。300 系列的奥氏体不锈钢板材在易腐蚀的低强度部位应用较多。4130 和 4340 合金钢板材在新飞机制造中已很少应用。

波音 727,737 和 747 客机使用 21-6-9 奥氏体不锈钢制作液压管。热处理到 150KSI 或 180KSI 以上的 17-4PH 沉淀硬化不锈钢铸件在这方面也有应用。

10.1.1　钢及合金钢腐蚀产物的清除

如果有可能,最好将飞机合金钢构件离位以清除腐蚀产物。清除钢或合金钢部件表面锈斑的方法是用研磨砂纸或刷子进行手工和动力的打磨。对于没有电镀层的钢件最好方法是用细砂、铝氧化物、玻璃珠进行喷砂去掉腐蚀产物(特别是凹坑底部的腐蚀产物)。如果钢件有镉或铬镀层,进行喷砂时应小心保护镀层,防止镀层受到损伤。

对于高强度合金钢件,如起落架、发动机受力构件,清除时要小心操作,使清除腐蚀造成结构件材料损失最少。清除的方法可以是使用细油石、细研磨砂纸进行打磨,也可以是使用很细的玻璃珠、研磨料进行喷砂去除。但绝不能用钢丝刷来清除,因为刷子会在钢件表面留下划痕,高强度钢对这些划痕非常敏感,很浅的划痕就会产生应力集中,大大削弱钢件的疲劳性能。

对于拉伸强度达到 1 517 MPa(220 000 lbf/in²①)以上的合金钢,应当用砂纸打磨或喷丸清除腐蚀产物,不能使用动力工具,以免合金钢构件表面过热,产生未回火马氏体;也不能使用金属刷清除腐蚀产物,因为金属刷容易划伤表面,产生应力集中,降低疲劳寿命。

对于拉伸强度在 1 517 MPa 以下的合金钢,可用钢丝刷,并允许用手持的动力工具或喷丸方法清除腐蚀产物,但进给速度和动力工具转速应符合维修手册中的有关规定。如果不知道合金钢构件的热处理方式,可假定它的拉伸强度在 1 517 MPa 以上。

采用喷丸法清除合金钢构件的腐蚀产物是最有效的方法。注意弹丸要采用非常细的砂粒或玻璃丸,但要注意保护没有损伤的镉镀层或铬镀层。

不锈钢通常用于制作飞机薄壁管件,其腐蚀产物是黑色的。通常可用钢丝刷、钢丝棉砂纸清除腐蚀产物,而不能使用动力工具打磨或喷丸清除腐蚀产物。

10.1.2　钢及合金钢腐蚀产物清除后的涂层处理

腐蚀产物被清除、表面清洁以后,应尽快在钢或合金钢件表面涂上铬酸锌底漆,否则光滑而清洁的钢件表面很容易产生锈蚀。铬酸锌底漆不仅保护清洁的表面不产生锈蚀,而且也为油漆涂层提供了很好地黏结基础。铬酸锌底漆涂好后,应干燥,通常 1 h 后即可在铬酸锌底漆涂层上施加油漆涂层。

10.2　合金钢的修理工艺

飞机合金钢,一般都是高强度钢,因此,其机械性能对各种加工工艺非常敏感。为此,在腐蚀产物彻底清除后,构件表面的整形、加工,一定要按具体的工艺严格进行。

本节介绍在热处理状态下对合金钢进行加工的有关问题。在钢变硬,回火或热处理之前进行的材料去除,可以按照标准操作程序进行。

便于描述起见,本节将常用的合金钢分成以下 6 种类型:

类型 1　4130,4140,4330M,4340 和 D6AC,所有 180～200 KSI。

类型 2　4330M,220～240 KSI。

类型 3　4340,260～280 KSI。

类型 4　4340M,270-300 KSI;52100,55～65HRC。

类型 5　9Ni-4Co-0.20C(BMS 7-182,Type 4),190～210 KSI。

类型 6　9Ni-4Co-0.30C(BMS 7-182,Type2),最小 220 KSI;Aermet 100,AMS 6532,最小 280 KSI。

在操作过程中应使用切割液(除非详细指引有不同要求)。确保切割过程中切割液连续不断地到达工具边缘。

---

① 1 lbf/in²＝6.895 kPa。

注意：除非能对工件进行分解和清洁，否则不要使用含游离的硫或氯的切割液。

除了进行倒角、切圆角、珩磨、去毛刺或手工铣削操作之外，应用动力螺杆进给设备或其他可正向进给的动力设备。

工件的清洁和存储注意事项如下：

（1）当使用含有游离的硫或氯的切割液时，操作完成从机器上拿下工件后要对工件进行清洗，以去除所有的切割液。

（2）如果取下工件仅是为了改变位置，进行继续操作之前抹掉或排掉切割液。

（3）如果工件停工（无论是在机器上还是从机器上取下）超过 2 h，抹掉工件上所有多余的切割液，并用 MIL - L - 7870 滑油覆盖工件表面。

（4）最后一次从机器上取下工件 1 h 以内，将工件放入溶液中洗掉切割液。若适用，按照其他的大修指引（例如密封胶或保护涂层的应用）按需清洁工件。

10.2.1　表面研磨

（1）对于所有热处理或渗碳的合金钢工件，无论是否为圆柱体，均可采用研磨步骤进行表面研磨。在研磨之前，确保研磨面没有多余的物质。

（2）研磨过程中，要给表面提供一层良好的经过过滤的水溶性冷却液。调整喷头使冷却液连续覆盖研磨轮的整个宽度。

（3）经常打磨研磨轮以保持它清洁和锋利。经常转动金刚石打磨工具以保持它的边缘锋利，移动金刚石滑过研磨轮的速度为 $10\sim20$ in/min。

（4）确保表面不会变的太热，使用表 10 - 3 中的速度建议值。

表 10 - 3　表面研磨控制

钢材		非渗碳钢		渗碳钢
		类型 1～4	类型 5,6	
研磨轮	材料	氧化铝或含有凝胶陶瓷的氧化铝	含氧化铝的凝胶陶瓷	氧化铝或晶粒凝胶
	目数	46～80	46～80	120～180
	硬度		G～J	
	黏合物		陶瓷	
	直径/in	最小 8	最小 8	8～10
转速/(表面英尺·min^{-1})		2 000～6 500	2 000～4 000	最大 6 500
工作速度/(表面英尺·min^{-1})		最小 30	最小 30	*[1]
横截速度(砂轮宽度部分)		1/8～1/2	最大 0.20	*[1]
到达距离最终尺寸 0.004 in 之前的进给量/in		0.001	0.001	*[1]
最后 0.004 in 的进给量/in		0.000 5	0.000 5	*[1]

注：*[1]对于渗碳钢工件，打磨进给量、横截速度及工作速度必须依据要加工工件的类型确定，确保所选用的打磨深度、打磨进给量、横截速度及工作速度不会因为过热而损坏工件。

注意：此操作是针对开放的表面和直径大于 2.5 in 的孔,对于小孔请参考 10.2.5.4 节孔的研磨步骤。

10.2.2 车削和刨削

(1)表 10-4 给出的加工参数值是所有要进行机加工后处理的车削和刨削操作的建议使用值,这些操作中包括使用车床或镗床钻孔加工直径大于 2.50 in 的内表面。如果加工质量能达到要求,就可以使用等效的加工工艺。

(2)使用切割液进行冷却。

表 10-4　车削和刨削加工的参数

工具材料		C6 碳化物	陶　瓷
工具参数	侧斜度/(°)	0	−5
	背斜度/(°)	0	−5
	侧切割角/(°)	5	30
	后角/(°)	5	5
前端半径/in		0.015～0.020	0.030～0.060
切割速度/(表面英尺·min^{-1})		90～180	300～400
进刀量/(in·r^{-1})		0.002～0.004	0.002～0.006
终轧的切入深度/in		0.015～0.030	0.015～0.030

10.2.3 铣削

(1)对类型 1～6 合金钢,应按要求的操作步骤进行铣削加工。如果结果满足检查要求,也可使用其他替代步骤。

(2)装配工具和工件尽可能刚性,尽可能使用短的刀刃长度。

(3)在操作过程中,经常检查工具和工件,看工具是否磨损或损坏,检查铣削面的表面粗糙度是否变化。按需磨铣刀或更换铣刀,并应用良好的切割液流。

(4)端面铣、平面铣、侧面铣或槽铣的建议使用的参数控制值,按适用性可参考表 10-5～表 10-7。

表 10-5　端面铣的参数

工具材料		钻高速钢	C5 或 C6 碳化物
工具参数	螺旋角/(°)	30	0～10
	半径斜角/(°)	5～10	0
	后角/(°)	5～8	4～6
切割速度 表面英尺/min	强度小于等于 240KSI	20～35	50～120
	强度大于 240KSI	禁用	30～50

续表

工具材料	钴高速钢	C5 或 C6 碳化物
切割方向	顺铣	顺铣
最大切割深度/in	0.2	0.2
进给量/(in·齿⁻¹)	0.002～0.004	0.003～0.005

表 10-6　平面铣的参数

钢材		类型 1～4	类型 1,2	类型 5,6
工具材料		C5 或 C6 碳化物	陶瓷	C5 或 C6 碳化物
工具参数	轴向斜角/(°)	0	−5	10～15
	径向斜角/(°)	−15	−5	(−5)～(+20)
	后角/(°)	6～8	5	5～6
切割速度	强度小于 240KSI	100～125	300～500	最大 60
表面英尺/min	强度大于等于 240KSI	65～85	300～500	禁用
进给量/(in·齿⁻¹)		0.002～0.004	0.001～0.004	最大 0.003
终轧的最大切入深度/in		0.01	0.015～0.030	0.025

表 10-7　侧面铣或槽铣的参数

工具材料		C5 或 C6 碳化物
工具参数	轴向斜角/(°)	(−5)～(+5)
	径向斜角/(°)	10
	后角/(°)	6～8
切割速度	强度小于 240KSI	100～125
表面英尺/min	强度大于等于 240KSI	60～90
进给量/(in·齿⁻¹)		0.002～0.004
终轧的最大切入深度/in		0.2

10.2.4　去除锐边和打磨

(1)所有步骤包括去毛刺、倒角或倒圆、光滑表面不平度或者其他等效操作,必须使表面符合翻修指引。

(2)任何无动力的手动工具(例如锉刀或砂纸)都可以用来倒圆角或去除锐边,符合指引的手持动力工具可以用来去毛刺和倒圆角。如果速度能够保持最大 500 r/min 的转速,也可使用手持马达驱动的旋转锉刀。

(3)有纸或布包覆的研磨工具,比如锥、碟、鼓、转轮等,如果加工时不会引起火花,就可以使用手持马达驱动。确保压工具的力量不能过大,并确保工具不停留在工件任一个位置打磨。

10.2.5 孔的加工

10.2.5.1 钻孔

(1)直径为 1/4 in 或更大的孔,如果不用钻孔夹具或导套,应用中心钻作为引导。

(2)钻头开始出现切削不正确,震颤、噪声等级增加,或者收到孔的粗糙度变化的信号时,应磨钻头或更换新钻头。

(3)钻头必须使用正的倾角,保持切割液的良好流动,其他要求参见表 10-8。

表 10-8 钻孔参数

钢材	工具材料	速度/(表面英尺·min^{-1})	进给量/(in·r^{-1})
类型 1	高速钢	最大 70	0.004
类型 2~4	高速钢	最大 40	0.004
	碳化物	70~100	0.001 5
类型 5	高速钢	最大 70	0.004
类型 6	高速钢	最大 25	0.004
	碳化物	70~100	0.001 5

10.2.5.2 铰孔

(1)孔要铰到最终尺寸还需要进行特定厚度的金属去除。这些金属可以按表 10-9 要求进行 1 级或 2 级铰孔操作去除。

表 10-9 铰孔的金属去除量

钢材	孔径/in	直径方向上最小去除量/in[1]	
		粗铰	精铰
类型 1~6	5/16 或更小	不需要	1/64
	大于 5/16 至 1	1/32	1/64
	大于 1	1/32	1/64~3/64
类型 1,2(可选)	5/16~5/8	不需要[2]	1/32
类型 4(可选)	小于 5/16	2 次,每次 1/16	1/64

注:[1]粗铰和最后的精铰可使用两级的铰孔工具,如果这种工具使用在组件上(部件组装在一起),则必须要有润滑油孔。

[2]使用便携式工具在组件上(部件安装在一起的)铰孔需要在粗铰后进行最终的精铰。

(2)孔加工若由铰孔和珩磨(或研磨操作)的组合来完成时,要求铰孔操作在直径方向上去除最少 1/32 in。对于强度为 260~300 KSI 的钢材,可以用 2 级 1/64 in 的铰孔操作来代替 1 级 1/32 in 的铰孔操作。

(3)铰孔时,金属的去除量和需要的铰孔操作次数见表 10-9,可以从表 10-10 中选择进给量、速度、工具和切割液。

表 10 - 10　铰孔操作

钢材	工具材料 *[1]	速度/(表面英尺·min⁻¹) *[2]	最大进给量/(in·r⁻¹) *[3]
类型 1	高速钢	10～30	0.001
类型 1	碳化物	5～20 或 100～120	0.001
类型 1	高速钢	5～20	0.001
类型 1	碳化物	5～20	0.001
类型 3,4	高速钢	5～20	0.001
类型 3,4	碳化物	5～20 或 100～120	0.001
类型 5	仅碳化物	5～20 或 100～120	0.000 8
类型 6	仅碳化物	5～20	0.000 8

注：*[1]铰刀头可能包覆钛氮化物。

　　*[2]如果钻头在高速时颤动，请使用低转速。

　　*[3]如果没用动力进给设备，可以使用手动的角度。那么表中的数值不使用，且不需使用切割液。

（4）当铰刀出现的磨损或损伤可能改变孔的表面粗糙度时，应刃磨或者更换铰刀。铰刀在磨刀或更换前，铰孔操作次数有一定的限制，铰刀最大的工具寿命参见表 10 - 11。

表 10 - 11　铰刀的寿命

孔径	材料厚度	孔的最大数量
小于 1 in	小于 0.50 in	40
小于 1 in	0.50 in 及以上	20
1 in 及以上	小于 0.50 in	20
1 in 及以上	0.50 in 及以上	10

（5）用动力工具铰孔时，应保持切割液的良好流动性。

10.2.5.3　镗孔

（1）镗孔针对直径等于或小于 2.500 in 的孔。对于大孔，应用 10.2.2 节中介绍的车削工艺。

（2）镗到最终尺寸前需要在直径方向最少去除 3/64 in 金属材料。镗孔时，可参照表 10 - 12 给出的控制量。

（3）有些孔需要先镗孔，后铰孔，或珩磨，或研磨到最终尺寸。当镗这些孔时，先在直径方向最少去除 1/32 in 材料；如果再进行铰孔，应在直径方向最少去除 1/64 in 材料；如果进行珩磨或研磨，则去除深度由表面粗糙程度决定。

（4）当镗孔工具不能进行正确切削时，更换工具或磨工具使其锋利。

表 10 - 12　镗孔操作

钢材	工具材料 *[1]	速度	进给量(最后一步)	每次步进切入深度(直径方向,最后一步)
		表面英尺/min	in/齿	in
类型 1~4	高速钢	最大 20	最大 0.004 0	最大 0.060 0
	碳化物	90~125	最大 0.004 0	最大 0.060 0
	陶瓷或金属陶瓷 *[2]	210~550(最后一步)	最大 0.010 0	最大 0.012 0
	CBN *[2]	372~492(最后一步)	最大 0.003 0	最大 0.032 0 *[3]
类型 5,6	高速钢	20~40	最大 0.002 5	最大 0.002 5
	碳化物	90~125	最大 0.002 5	最大 0.002 5

注: *[1]高速钢或碳化物镗刀可以包覆钛氮化物,也可以包覆几层硬的涂层(钛碳化物、氧化铝、钛氮化物),但最外层必须是钛氮化物。

　　*[2]使用陶瓷、金属陶瓷或 CBN 材料制作的工具时,切割冷却剂是可选的。

　　*[3]每步的最小切入深度必须是 CBN 镗刀切边的 2 倍。

10.2.5.4　孔的磨削

(1)磨削操作适用于直径小于或等于 2.500 in 的孔。对于大孔,应用 10.2.1 节中介绍的表面研磨工艺。

(2)首选其他操作完成孔的加工,当其他操作不能满足需要的表面粗糙度和尺寸公差时,可选用磨削步骤。

(3)应用以下步骤完成一个孔的加工:

1)按 10.2.5.1 节要求进行钻孔。

2)按 10.2.5.2 节要求进行铰孔或按 10.2.5.3 节要求进行镗孔,在直径方向去除 1/32 in 材料。

3)研磨孔径到需要的尺寸,参考表 10 - 13 给出的操作控制量。

4)连续不断地用切割液冲洗孔内径。

表 10 - 13　孔的磨削操作

砂轮	轮速	工作速度	旋转进给量	每步深度
	表面英尺/min	表面英尺/min	in/r	in
氧化铝或含晶粒凝胶的陶瓷氧化铝,46~80 粗砂,陶瓷黏结	最大 6 500	最小 30	最大 0.125	最大 0.000 5
氮化硼,80~150 粗砂,树脂黏结	1 630~6 500	最小 40	0.03~0.10	最大 0.000 5

10.2.5.5　孔的珩磨

(1)适用于先钻孔,然后铰孔或镗孔,再珩磨的孔的操作。

1)按 10.2.5.1 节要求钻孔。

2)铰孔在直径方向去除 1/32 in 材料(直径为 5/16 in 或以下的孔在直径方向只去除 1/64 in

材料),或者镗孔在直径方向上去除 1/32 in 的材料。

3)珩磨处理。表 10 - 14 给出了铰直径为 5/16 in 孔后的珩磨切削量。

(2)为了使喷丸后的表面光滑,在直径方向的珩磨去除量不能少于 0.004 in。

(3)使用流动性好的切割液。

表 10 - 14　珩磨的材料去除要求

珩磨前孔的表面粗糙度/μin	最小材料去除量(直径方向)/in
大于 250	0.015
126～250	0.010
63～125	0.006
小于 63	0.003

10.2.5.6　倒角、倒圆角和去毛刺

(1)倒角、倒圆角或去毛刺的所有操作,都必须使表面符合大修指引要求。

(2)如果使用机器进行倒角或划埋头窝,最少要去除 0.001 in 的材料。进给方式可以是手动进给或机动进给。使用手动进给设备,两次切割完成倒角操作:先用 0.005～0.010 in 的粗切割,再进行精切割。使用机动进给设备,采用每圈最大 0.004 in 的进给量,可以一次切割完成倒角操作,进给时的工具速度不能超过 100 r/min。每次切割后,检查孔内是否有损坏的或磨损的刀具,若出现引起的缺陷时按需更换刀具。

(3)任何无动力的手工工具(像锉刀或砂纸)都可以用来倒圆角或去除孔边的锐边。手持动力工具符合指引时可用于孔去毛刺或倒圆角。如果速度能够保持最大 500 r/min 的转速,也可使用手持马达驱动的旋转锉刀。

(4)有纸或布包覆的研磨工具,比如锥、碟、鼓、转轮等,如果加工时不会引起火花,就可以使用手持马达驱动。确保压工具的力量不能过大,并确保工具不停留在工件上一个位置打磨。

(5)孔和倒角表面不能有缺口、凿痕、颤动的印记、机械撕裂或裂纹等。

10.2.6　机加工后处理

(1)所有经过硬化和回火的钢件表面进行机加工或研磨之后,要执行以下步骤:

1)目视检查表面有无任何因为过热引起的变色。

2)对于 180 KSI 或以上的合金钢(不包括不锈钢)按 10.2.7 节介绍进行表面状态蚀刻检查。

注意:不必对直径小于 1 in 的孔,和直径在 1.0～2.5 in 范围但孔的深度直径比大于或等于 1.5 的孔,进行目视和蚀刻检查。如果是通孔,孔深量到孔身中部。

3)应力释放。

注意:如果在硬化钢件的翻修中,只是修理直径小于 2.5 in 的孔,且在整个修理过程中全部遵照 10.2.5 节中给出的孔参数进行,那就不必对这个工件进行应力释放。A - 286,300 系列,17 - 7PH(CH900)不锈钢,625,718 镍基合金,以及铜合金不需进行应力释放。不进行电镀且强度小于 200KSI 的沉淀硬化不锈钢(如 PH13 - 8Mo,15 - 5PH,17 - 4PH 及 17 - 7PH),

不必进行应力释放。在一些工艺中应力释放是必须进行的,比如按 BAC5625 进行清洗。

a.应力释放会降低一些金属在切削过程中产生的表面残余应力。但无动力的手工工具,比如锉刀和砂纸,不会引起足够大的残余应力,因而不必进行应力释放。

b.按表 10-15 进行应力释放。作为选择,也可对表 10-15 标示的使用 350~400 ℉,4 h 的应力释放,但效果没那么好。

表 10-15 应力释放时间及温度要求

钢材	不同强度范围进行应力释放的时间和温度(±25 ℉) *[1] *[2] *[5]			
	180~200 KSI *[3]	200~220 KSI	220~240 KSI	270~300 KSI
4130,8630 *[4]	675 ℉ 3 h			
4135,8735 *[4]	700 ℉ 3 h			
4137,4037 *[4]	700 ℉ 3 h			
4140,8740 *[4]	800 ℉ 3 h	675 ℉ 3 h		
4330M *[4]	800 ℉ 3 h	625 ℉ 3 h	450 ℉ 4 h	
4335M *[4]	900 ℉ 3 h			
4340 *[4]	825 ℉ 3 h	675 ℉ 3 h		
4340M *[4]				525 ℉ 4 h
9Ni-4Co-0.3C *[4]			950 ℉ 3 h	
PH 13-8Mo *[4]	1 000 ℉ 1~4 h *[9]	950 ℉ 1~4 h *[8]		
15-5,17-4 *[9]	875 ℉ 1~4 h			
17-7 *[9]	1 000 ℉ 1-4 h			
AERMET 100 *[7]				825 ℉ 4 h *[6]
440C	375 ℉ 4 h(57.0~57.9HRC); 300 ℉ 4 h(58.0~58.9HRC); 275 ℉ 4 h(60.0HRC 及以上)			
52100	375 ℉ 4 h			
渗碳钢	275 ℉ 4 h			
渗氮钢 *[4]	650 ℉ 3 h			

注: *[1]所有温度均为华氏度。

*[2]给出时间范围的除外,否则释放时间为最小时间。

*[3]含有螺纹或花键且热处理强度在 160~180 KSI 的,按 180~200 KSI 钢件的时间和温度进行应力释放。

*[4]可选的,可选择 350~400 ℉ 最少 4 h 进行应力释放。

*[5]如果加热超过喷丸给出的时间限制,工件要重新进行喷丸。

*[6]最小 280 KSI。

*[7]如果未进行机加工,按注释 *[4]进行。

*[8]对不进行电镀的工件是可选的:在 350~400 ℉ 最少 4 h 进行应力释放。

*[9]如果工件不进行电镀,不必进行应力释放。但另外一些操作是必须的,比如按 BAC5625 进行清洁。

c.如果用高强度钢制造的新件,而且这个新件要在热处理和机加工后进行二次热处理,则二次回火可作为应力释放。

d.如果对工件进行了应力释放后,又对小区域用便携式的手持动力工具进行了修理,并进行了蚀刻检查(硝酸乙醇腐蚀液蚀刻(推荐)或者是过硫酸铵蚀刻(可选)),则不必进行二次应力释放。

e.对如下工件电镀前,不必进行应力释放:热处理后没有进行研磨、机加工、校直、冷加工或载荷校验的工件,热处理后只进行过珩磨、磨光或用非动力手工工具修理过的工件,在喷丸或一些其他的电镀(包括为进行镀层更换而进行的褪镀层操作)前已执行过应力释放的工件。

4)除非在应力释放后 2 小时内进行磁粉检查,否则涂 MIL-L-7870 滑油。

5)磁粉检查。

6)除非 48 h 内还要进行其他工序,否则除了使用 MIL-L-7870 外,还要使用 MIL-C-11796,CLASS 3 防腐剂。热浸涂层可以对非渗碳件干燥保存达到 6 个月。如果划痕或裂纹延伸整个涂层,应立即去除涂层并重新使用新的涂层。

(2)按翻修指引的要求完成最后操作,比如喷丸、珩磨、磨光或电镀。用非动力手持工具加工的表面(比如用锉刀、砂布倒圆角或去除锐边),不需要进行表面状态蚀刻检查,应力释放或磁粉检查。

(3)如果蚀刻、检查、烘烤或后续工作的间隔时间超过 1 h,给工件涂 MIL-PRF-21260 保护层或给工件施加其他软性涂层、润滑油或脂。

10.2.7　热损伤的检查

10.2.7.1　综述

(1)不正确的材料去除操作会引起工件过热,导致热损伤。蚀刻检查操作能帮助发现再回火灼伤、再硬化灼伤、研磨或机加工灼伤,以及其他热损伤。

(2)目视检查所有加工完的孔和表面,以确认表面粗糙度是否正确及是否过热。表面质量(如轮廓的局部差异、刻痕、凹槽和划痕)必须符合标准。如果过热工件有颜色改变(比如蓝或深灰的色彩),或者工件有撕裂、颤动痕迹或裂纹,则工件不可用。除非翻修指引要求不同,孔的表面粗糙度必须为 125 μin 或更小,且不允许有腐蚀迹象。

10.2.7.2　溶液准备

蚀刻检查的溶液准备见表 10-16,并确保使用不与溶液发生反应的容器。

10.2.7.3　表面准备

(1)确保所有要进行蚀刻检查的位置的镀层全部去除。

(2)进行蒸气脱脂,溶液清洗或乳状液清洗。

(3)为实现良好的蚀刻操作,建议对工件进行干磨或喷砂,但它们不能用于表面粗糙度为 16 μin 或更好的表面。使用 100~180 粒度的氧化铝砂纸、金刚砂或者 170~400 目的玻璃丸。仔细选择颗粒大小和吹洗步骤,确保表面粗糙度和尺寸不变,拿起或接触工件时要戴干净的白色手套。对于表面粗糙度为 16 μin 及更好的表面,不要使用吹洗清洁,而要进行碱清洗。

(4)进行碱清洗或超声波清洗。观察水膜是否断裂,若水膜断裂、不连续,再次执行此步骤。如果使用硝酸乙醇腐蚀液应立即进行蚀刻步骤,这一步是可选的。

表 10－16　蚀刻检查溶液的配置

溶液	初始配置（质量分数）	质量分数控制	
		成分范围	温度
碱清洗液	5％的氢氧化钠加入水中	4％～6％NaOH	60～212 ℉
过硫酸铵	10％的过硫酸铵加入水中		室温
盐酸	5％的盐酸加入酒精或水中	4％～6％ HCl	室温
镉钛镀层脱镀液（BAC5771 溶液 1）	12％的硝酸铵加入水中	10％～15％NH₄NO₃	室温
镉斑点检验液 1	10％的硝酸铵加入水中		室温
镉斑点检验液 1	5％的硫化钠加入水中		室温
盐酸-氢氟酸	5％的盐酸和1％的氢氟酸加入水中	4％～6％ HCl 0.5％～1.5％ HF	室温
硝酸乙醇腐蚀液	4％的硝酸加入酒精或水中	3～5％ HNO₃	室温
含防稠添加剂的硝酸乙醇腐蚀液	4％的硝酸和 3.5％的 JAR 3N 防稠添加剂加入水中	3％～5％ HNO₃ 3％～4％ JAR 3N	室温

10.2.7.4　表面蚀刻

可以采用硝酸乙醇腐蚀液或硝酸水溶液，用浸泡方式进行表面蚀刻。

注意：硝酸、盐酸和氢氧化钠溶液是危险液体，不要吸入它们的蒸气，也不要令这些物质进入眼睛、溅到皮肤或者衣服上。

（1）按表 10－16 给出的参数配置溶液。溶液类型包括以下几种：

1）硝酸乙醇腐蚀液含防酸洗残渣添加剂（用在除了 BMS 7－223 之外的钢）或者硝酸溶液（用在 BMS 7－223 钢）。

2）盐酸溶液。

3）碱清洗溶液。

（2）硝酸乙醇腐蚀液蚀刻步骤。

1）按适用性，将工件放入硝酸乙醇腐蚀液或 60～90 ℉的硝酸溶液中浸泡 15～40 s，或放入含有防酸洗残渣添加剂的硝酸乙醇腐蚀液中浸泡 15～90 s。

2）用热水、冷水或乙醇清洗。

3）立即吹干水，工件可以潮湿但不能有水珠。

4）如果使用了防稠添加剂，不要执行此步骤，直接执行下一步。如果没有使用防酸洗残渣添加剂，将工件放入室温（大约 60～90 ℉）的盐酸中浸泡 30～60 s，用热水、冷水或乙醇清洗，然后立即吹干水。工件可以潮湿但不能有水珠。

5）用 60～212 ℉的碱溶液清洗至少 15 s，并不断搅动。

6）用 130～180 ℉的热水冲洗。

7）用洁净干燥的空气吹干。

8)在亮光(最小 2 152 lx)下不经过放大检查热损伤的迹象。蚀刻检查结果的说明参考 10.2.7.6 节。

(3)后处理。

1)如果使用了防酸洗残渣添加剂,不要执行此步骤,直接执行下一步。如果没有使用防酸洗残渣添加剂,在 350~400 ℉ 下进行去氢脆烘烤最少 3 h。这种烘烤可以与 10.2.6 节介绍的应力释放合并完成。

2)应用 MIL – L – 21260 或者按 SOPM 20 – 44 – 02 TYPE 3,CLASS 2 对工件进行防腐保护(在 60 min 内紧接着进行磁粉检查的情况除外)。

3)进行磁粉检查。

4)应用 MIL – C – 11796,CLASS 3 防腐剂或 MIL – L – 7870 滑油。

5)蚀刻操作完成后,完成翻修指引指定的诸如喷丸、珩磨、磨光和电镀等其他表面操作。

10.2.7.5　大件的局部蚀刻

1.局部硝酸乙醇腐蚀液蚀刻步骤

(1)此操作适用于非常大的工件修理区域的局部蚀刻或者蚀刻后无法进行烘烤的工件。推荐使用局部擦拭硝酸乙醇腐蚀液蚀刻(可含有或不含防酸洗残渣添加剂),因为它更敏感且反应更少;也可以使用过硫酸铵作为替代。

(2)此操作不需进行去氢脆烘烤。

(3)按表 10 – 14 配置如下溶液:

1)硝酸乙醇腐蚀液含防酸洗残渣添加剂。

2)镉钛镀层脱镀液。

3)碱清洗溶液。

4)镉斑点检验溶液 1 和 2。

(4)表面准备:

1)覆盖不进行蚀刻的区域。

2)应用镉-钛镀层脱镀液,化学去除蚀刻检查区域的镀层。

3)为了确保所有的镀层都已去除,使用镉斑点检验溶液进行检查。滴一滴溶液 1 到测试点静置大约 30 s,然后将这滴溶液浸透一张滤纸,再往滤纸上滴一滴溶液 2。若变黄,说明工件表面有残留的镉镀层。

4)执行 10.2.7.3 节的 1,2,3 步。

(5)蚀刻步骤:

1)室温下用浸满硝酸乙醇腐蚀液的擦拭布或等效物,光滑连续地浸蚀蚀刻表面 15~40 s。一次蚀刻的区域面积不能超过 4 in² 或等效大小,确保连续地擦掉蚀刻操作产生的残渣。但是,不要试图用盐酸去除这些残渣,因为盐酸会产生氢脆损坏工件。

2)立即用热水、冷水或乙醇清洗。

3)用棉签涂碱清洗溶液、中和蚀刻溶液。

4)立即用热水、冷水或乙醇清洗。

5)立即用洁净干燥的空气吹干。

6)在亮光(最小 2 152 lx)下不经过放大检查热损伤的迹象,蚀刻检查结果的说明参考 10.2.7.6 节。

(6)后处理：

1)应用 MIL－C－11796,Class 3 防腐剂或 MIL－L－7870 滑油。

2)蚀刻操作完成后,完成翻修指引指定的诸如喷丸、珩磨、磨光和电镀等其他表面操作。

2. 可选的局部过硫酸铵蚀刻步骤

注意:过硫酸铵是一种氧化剂并有刺激性。如果和可燃材料混和会起火或爆炸,也可引起有机物燃烧,使用过的棉签也会起火或爆炸。过硫酸铵会灼伤皮肤,不要让它接触皮肤,眼睛和衣物;如果不幸接触,立刻用清水冲洗并就医。

(1)此操作不需进行去氢脆烘烤。

(2)按表 10－16 配置如下溶液:

1)硝酸乙醇腐蚀液含防酸洗残渣添加剂。

2)褪镉-钛镀层溶液。

3)碱清洗溶液。

4)镉斑点检验溶液 1 和 2。

(3)表面准备。

1)覆盖不进行蚀刻的区域。

2)应用镉-钛镀层脱镀液,化学去除蚀刻检查区域的镀层。

3)为了确保所有的镀层都已去除,使用镉斑点检验溶液进行检查。滴一滴溶液 1 到测试点静置大约 30 s,然后将这滴溶液浸透一张滤纸,再往滤纸上滴一滴溶液 2。若变黄,说明工件表面有残留的镉镀层。

4)执行上述 10.2.7.3 节的 1,2,3 步。

(4)过硫酸铵蚀刻步骤。

注意:不要让溶液接触镀镉区域。

1)室温下用浸满过硫酸铵溶液的擦拭布或等效物,光滑连续地浸蚀蚀刻表面 30～60 s。

2)立即用热水、冷水或乙醇清洗。

3)用棉签涂碱清洗溶液、中和蚀刻溶液。

4)立即用热水、冷水或乙醇清洗。

5)立即用洁净干燥的空气吹干。

6)在亮光(最小 2 152 lx)下不经过放大检查热损伤的迹象,蚀刻检查结果的说明参考 10.2.7.6 节。

(5)后处理。

1)应用 MIL－C－11796,Class 3 防腐剂或 MIL－L－7870 滑油。

2)蚀刻操作完成后,完成翻修指引指定的诸如喷丸、珩磨、磨光和电镀等其他表面操作。

10.2.7.6　蚀刻结果检查

(1)蚀刻件的非灼伤区域经清洁和蚀刻之后,在没有反射的情况下呈连续的灰色或黑色。这种颜色的改变,可以通过细的氧化铝砂纸打磨去除。

(2)再回火灼伤(过度回火马氏体)在蚀刻件上呈深色。这表明研磨和机加工过程中,表面温度比通常的材料回火温度高,引起局部表面材料变软。180～220KSI 的钢件在较低热处理范围进行穿透硬化材料的再回火灼伤不易发现,因为初始的热处理温度足够高,所有蚀刻区域都呈深色。这种类型的灼伤通常会降低强度和疲劳寿命。

（3）再硬化灼伤（未回火的马氏体）在蚀刻件上呈白色或浅颜色。这种灼伤通常被过回火马氏体的黑色再回火区域包围，表明研磨和机加工过程中表面温度比通常材料的奥氏体转化温度高。这种灼伤引起未回火马氏体局部区域的硬化，通常会降低工件的疲劳寿命和韧性，增加氢脆和应力腐蚀的风险。

（4）渗碳不足或者研磨过程中材料去除过多，会使渗碳工件材料表面的颜色比含碳量正常的未灼伤样本的要浅。

10.3　高强度钢的修理和抛光工艺

10.3.1　简介

（1）本节涉及的操作适用于热处理到 180 KSI 以上的高强度低合金钢工件。

（2）建议的这些操作有助于降低部件的问题出现。

（3）修理高强度钢件时要非常小心。一些不正确的操作很容易引起强度降低，这些操作包括研磨过热、机加工使用的刀具不够锋利、进刀量不正确、冷却不够、镀层缺陷或车间操作不当等。

10.3.2　修理指引

1. 去除涂层或电镀层

2. 机加工和研磨

（1）选择合适的工具、进刀量、速度及加工方法（如车削、铣削、镗孔、钻孔、铰孔、扩孔和珩磨）。

（2）高强度钢件截面尺寸或表面方向突变，容易导致应力水平突然增加。应确保所有的圆角过渡半径和刀具跳动半径符合相应的翻修指引要求。若没有指明圆角半径，使用如图10-1所示的数据。

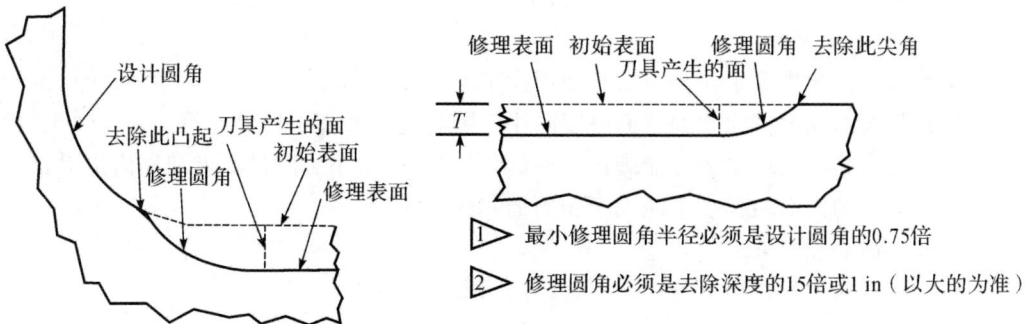

图 10-1　加工圆角半径

（3）目视和表面状态蚀刻检查，有助于发现在机加工或研磨过程中引起的损伤。

（4）应力释放是一种保守的减小残余表面应力方法，这种残余应力是在金属去除操作过程中产生的。应力释放在漆层和金属涂层去除后进行，不同材料的建议时间和温度参考10.2.6节。

注意: 无动力的手工操作,比如锉刀或砂布,不会产生足够大的残余应力,因而不需要进行应力释放。

(5)进行产生氢的操作后,必须进行 350～400 ℉的烘烤(或去脆化烘烤)。在进行一些褪掉无机涂层的操作后,比如褪镀层,必须进行 350～400 ℉的部分应力释放。

(6)进行磁粉检查,确保没有裂纹和腐蚀点。当不建议使用磁粉检查时,比如对装有衬套或轴承的部件进行基地修理或小面积修理,可以进行荧光着色渗透检查。

3. 喷丸

(1)在蚀刻检查、应力释放和磁粉检查后,对以下表面进行喷丸:

1)在进行电镀将修理表面修整到设计尺寸之前,对所有修理表面;

2)如果工件机加工之后进行过 400 ℉以上的应力释放,对所有原有的喷丸表面;

3)任何类型的机械加工从喷丸表面去除材料深度超过 0.002 in 的表面。

(2)对螺纹及其他精密配合的非喷丸表面进行保护。

(3)确保新的喷丸表面光滑过渡到相邻的原有喷丸表面,因为疲劳可能在喷丸覆盖率的突变位置产生。

(4)为确保喷丸表面更光滑,可以珩磨或抛光喷丸区域深度不超过 0.002 in。

(5)如果表面修理只是珩磨不超过 0.002 in 的去除深度或只是进行表面修整,不必进行喷丸。

4. 抛光

用 240 粒度或更细的氧化铝砂纸或砂布手工磨光划伤,不必再进行热处理、喷丸或磁粉检查。

注意: 如果操作产生火花,就视同研磨,那么 10.2.6 节中的后处理是适用的。

5. 珩磨

(1)除非使用的大修指引另有要求,镗孔之后不必进行珩磨。

(2)材料去除要求请参考 10.2 节。

6. 除腐

(1)按 10.1.1 节进行机械方法除腐,或进行局部打磨除腐。

(2)不能采用喷砂除腐,因为喷砂不能去除腐蚀点底部正在发生的腐蚀。

7. 局部打磨去除缺陷

(1)手动工具和便携式手持动力工具使用指引参考 10.2 节。

(2)局部打磨造成的截面积和截面厚度减小不能超过大修指引的允许值。

(3)打磨的圆角半径尽最大可能满足工件的几何参数、最小去除量要求和翻修指引。

(4)打磨区域的表面粗糙度不能大于相邻的基体金属。

(5)修理区域必须喷丸。

(6)对相邻区域漆层按以下使用步骤,恢复修理区域漆层:

1)如果工件已拆下,在打磨之前去除所有镀层,再按翻修指引恢复。

2)虽然工件未拆下但已卸载,如顶起飞机后的起落架,电刷镀修理区域,应涂最少两层 BMS 10-11 TYPE I 底漆和一层 BMS 10-11 面漆。

3)如果工件没有拆下也没卸载,对修理区域涂最少两层 BMS 10-11 TYPE I 底漆和一层 BMS 10-11 面漆。但这种没有镀镉而进行的喷漆不是永久性漆层,而且这种漆层必须保持到修整漆层完成为止。

10.3.3　镀层恢复指引

(1)按适用性要求褪去原有涂层和使用不同类型的涂层。

(2)电镀后烘烤。

1)一个工件进行了两次或多次的电镀操作(镀镍除外),如果第一次操作和最后一次操作的间隔时间不超过 8 h(热处理至 220 KSI 及以下的钢件)或 3 h(热处理至 220 KSI 以上的钢件),那么只进行一次烘烤是允许的。

2)烘烤后按 SOPM 20-20-01 进行磁粉检查。

3)对镀铬层而言,除非电镀达到最终尺寸,否则应进行研磨镀铬层操作。

10.4　钢构件的表面防腐工艺

表面防腐工艺通常包括表面涂覆、表面改性和表面处理。表面涂覆是在基质材料表面上制备涂覆层(涂覆层的材料成分、组织结构和应力按照需要制备),达到改善性能目的的技术,包括电化学沉积(电镀和电刷镀)、化学液相沉积(化学镀)、气相沉积(物理气相沉积,包含真空蒸发镀、溅射镀、离子镀;化学气相沉积,包含等离子体增强化学气相沉积)、热喷涂(火焰喷涂、电弧喷涂、等离子喷涂等)、堆焊、热浸涂、涂装和分子自组装等。表面改性是通过改变基质材料的化学成分,达到改善性能目的的技术,不附加膜层,包括扩散渗入(化学热处理)、离子注入和转化膜等。表面处理是不改变表面材质的化学成分,只改变基质材料的组织结构及应力,达到改善性能目的的技术,不附加膜层,包括表面淬火热处理、表面变形处理(包括喷丸)以及表面纳米加工技术等。

10.4.1　钢构件常用的表面技术

钢构件的表面防腐工艺包括电镀金属保护层、金属喷涂和涂漆层等。本节将简单介绍飞机维修中几种常用的表面技术。

1.电镀金属保护层

可在钢件表面镀镍或镀铬,也可以在钢件表面镀镉。这些镀层在钢件表面形成致密的保护层,将基体金属与空气、水等腐蚀介质隔离开,防止基体金属发生腐蚀。对于一些特殊的部位,例如防火墙,可用镀锌的方法形成保护层。

电镀的分类方法有多种,一般按镀层的获取方式可分为挂镀(槽镀)、滚镀和刷镀。飞机维修中常常用到的是电刷镀。电刷镀是将表面处理好的工件与专用的直流电源的负极相连,作为刷镀的阴极;镀笔与电源的正极连接,作为刷镀的阳极。刷镀时,使棉花包套中浸满电镀液的镀笔以一定的相对运动速度在被镀零件表面上移动,并保持适当的压力。这样,在镀笔与被镀零件接触的那些部分,镀液中的金属离子在电场力的作用下扩散到零件表面,在表面获得电子被还原成金属原子,这些金属原子沉积结晶就形成了镀层。随着刷镀时间的延长,镀层逐渐增厚,直至达到需要的厚度。因此对于磨损的零部件,电刷镀修复技术显得更有生命力。该技术具有工艺简单、镀层种类多、沉积快、性能优良等特点,将在 10.4.4 节对其进行详细介绍。

2.化学镀技术

化学镀是一种不需要通电,依据氧化还原反应原理,利用强还原剂在含有金属离子的溶液中,将金属离子还原成金属而沉积在各种材料表面形成致密镀层的方法。化学镀根据镀液不同,常分为化学镀银、镀镍、镀铜、镀钴、镀镍磷液和镀镍磷硼液等。化学镀技术以其工艺简便、节能、环保日益受到人们关注。化学镀使用范围很广、镀层均匀、装饰性好,在防护性能方面,能提高产品的耐蚀性和使用寿命,在功能性方面,能提高加工件的耐磨导电性,润滑性能等特殊功能,因而成为全世界表面处理技术的一个新的发展里程碑。

3. 化学转化处理

钢构件的化学转化处理包括发蓝和磷化处理。

(1)发蓝。发蓝是将钢在空气中加热或直接浸于浓氧化性溶液中,使其表面产生极薄的氧化膜的材料保护技术,也称发黑。发蓝处理现在常用的方法有传统的碱性加温发蓝和出现较晚的常温发蓝两种。钢表面经发蓝处理后所形成的氧化膜,其外层主要是 Fe_3O_4,内层为 FeO。

钢铁零件的发蓝可在亚硝酸钠和硝酸钠的熔融盐中进行,也可在高温热空气及 500℃ 以上的过热蒸气中进行,更常用的是在加有亚硝酸钠的浓氢氧化钠中加热。发蓝时的溶液成分、反应温度和时间依钢铁基体的成分而定。发蓝膜的成分为磁性氧化铁,厚度为 $0.5\sim1.5~\mu m$,颜色与材料成分、工艺条件有关,有灰黑、深黑、亮蓝等。单独的发蓝膜抗腐蚀性较差,但经涂油、涂蜡或涂清漆后,抗蚀性和抗摩擦性都有所改善。发蓝时,工件的尺寸和光洁度对质量影响不大,故其常用于精密仪器、光学仪器、工具、硬度块等。

(2)磷化处理。磷化是一种化学与电化学反应形成磷酸盐化学转化膜的过程,工件(钢铁或铝、锌件)浸入磷化液(某些酸式磷酸盐为主的溶液),在表面沉积形成一层不溶于水的结晶型磷酸盐转换膜。

磷化是常用的前处理技术,原理上应属于化学转换膜处理,主要应用于钢铁表面磷化。磷化的主要目的:给基体金属提供保护,在一定程度上防止金属被腐蚀;用于涂漆前打底,提高漆膜层的附着力与防腐蚀能力;在金属冷加工工艺中起减摩润滑作用。

钢铁磷化主要用于以下方面:

1)防护用磷化膜。用于钢铁件耐蚀防护处理,膜单位面积质量为 $10\sim40~g/m^2$,磷化后涂防锈油、防锈脂、防锈蜡等。

2)油漆底层用磷化膜。用于增加漆膜与钢铁工件附着力及防护性,磷化膜类型可用锌系或锌钙系。磷化膜单位面积质量分别为 $0.2\sim1.0~g/m^2$(用于较大形变钢铁件油漆底层),$1\sim5~g/m^2$(用于一般钢铁件油漆底层),$5\sim10~g/m^2$(用于不发生形变钢铁件油漆底层)。

4. 涂漆层

涂漆层也被广泛用来作为钢件的表面保护层。但在涂漆层之前,必须对要涂漆的金属表面作处理:首先要彻底清洗表面,去掉钢件表面所有氧化膜,并使表面有一些粗糙度,以便为漆层提供黏结基础;然后对已镀镉的钢件使用弱铬酸蚀洗。

10.4.2 电镀简介

1. 定义

电镀是利用电解使金属或合金沉积在工件阴极表面,形成均匀、致密、结合力良好的金属层的表面处理过程。

电解是在含有金属盐的溶液中,用通入外加电流的方法使金属离子(或其络离子)在阴极上还原为金属的处理过程。

电沉积是利用电解使金属离子还原成金属,沉积在阴极上的处理过程。

电解、电沉积、电镀三者之间的关系如图 10-2 所示。

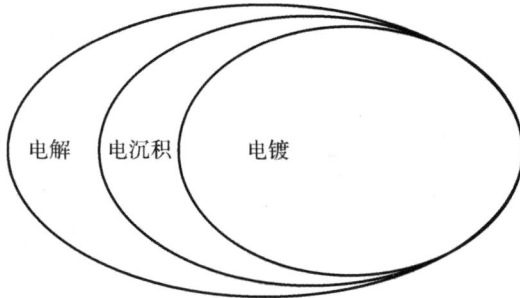

图 10-2　电解、电沉积和电镀之间的关系

2. 基本过程与设备

电镀原理:将被镀工件和辅助阳极浸在电解液中,被镀工件连接电源负极,辅助阳极连接电源正极,如图 10-3 所示。

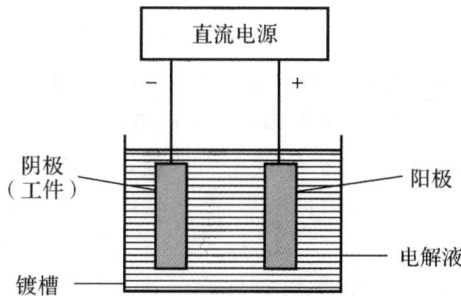

图 10-3　电镀原理

阴极为被镀工件,表面上主要发生金属离子(或其络合离子)的还原反应,形成金属镀层,覆盖在工件表面。阳极(或称为辅助阳极)的基本功能是构成通电回路。

阳极分为不溶性阳极和可溶性阳极两类。可溶性阳极以被镀金属材料制作阳极,如镀镍用镍作阳极,镀铜用铜作阳极。阳极反应为金属的氧化反应,生成金属离子以补充阴极反应中溶液离子的消耗。可溶性阳极为大多数电镀过程采用。不溶性阳极在电镀过程中阳极不发生金属溶解,表面上不发生某些物质的氧化反应,金属离子通过添加主盐进行补充。

电解液主要由主盐、附加盐、络合剂和添加剂等组成。其中主盐提供被镀金属离子,附加盐、络合剂和添加剂起改善电解液性能和镀层质量的作用。

镀槽是盛装电解液的器具,同时还要满足阴极和阳极安装,电镀过程中加热或冷却等其他需要。

电源提供电镀所需电流,大多数电镀工艺为直流电源,也有的电镀工艺使用其他类型的电源。

3. 电镀的分类

电镀的不同类型如图 10-4 所示。

挂镀也称槽镀,是利用挂具吊挂制件进行的电镀。

滚镀是制件在回转容器中进行电镀,适用于小型零件。

刷镀是用一个同阳极连接并能提供电镀需要的电解液的电极或刷,在作为阴极的制件上移动进行选择电镀的方法。

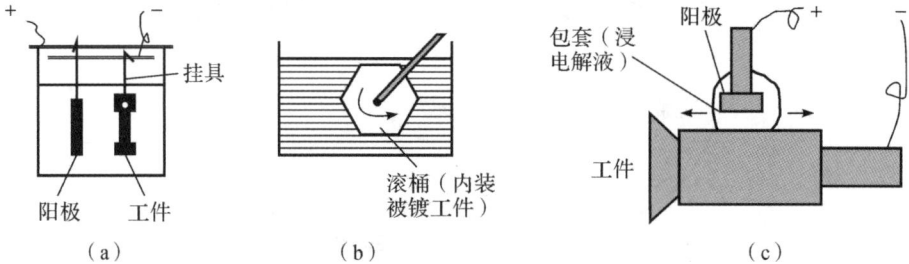

图 10-4 电镀的不同类型
(a)挂镀;(b)滚镀;(c)刷镀

4.电镀的工艺过程

电镀一般分为镀前处理、电镀和镀后处理三个基本工序。

镀前处理是指实施电镀操作前的所有工序,其目的是修整工件表面,除掉工件表面的油脂、锈皮和氧化膜等,为后续镀层的沉积提供所需的电镀表面。镀前处理主要影响镀层的外观和结合力。据统计,60%的电镀不良品是由前处理造成的,因此前处理在电镀工艺中占有相当重要的地位。它一般包括喷砂、磨光、抛光、脱脂除油、酸洗等工序。

电镀是在工件表面得到所需镀层的过程,是电镀加工的核心工序,此工序的优劣直接影响镀层的各种性能。它主要受以下几个方面的影响:主盐体系、添加剂和电镀设备(包括挂具、搅拌装置和电源等方面)。

镀后处理是为使镀层增强防护性能、装饰性能及其他特殊目的(如耐蚀性、抗变色能力和可焊性等)而进行的(如钝化、热熔、封闭和除氢等)电镀后置技术处理,因此后处理工艺的优劣直接影响到镀层这些功能的好坏。

5.镀层的相关知识

镀层可分为阴极性镀层和阳极性镀层两大类。

阴极性镀层在使用环境中镀层金属的电位比基体金属的电位正,当镀层金属与基体金属组成电偶对时,镀层金属为阴极,而基体金属为阳极。如钢铁制品表面的镀镍层就是典型的阴极性镀层。阴极性镀层只有机械保护作用。

阳极性镀层在使用环境中镀层金属的电位比基体金属的电位负(镀层金属比基体金属活泼),镀层金属与基体金属组成电偶对时镀层为阳极。如钢铁制品表面镀锌就是典型的阳极性镀层。阳极性镀层不仅可以起到机械保护作用,而且在镀层缺陷和破损处还能起到阴极保护作用。

镀层的质量要求包括以下四个方面:

(1)镀层结构细致紧密、连续,孔隙尽量少,不允许有斑点。

(2)镀层应有一定的厚度且厚度均匀一致。

(3)镀层与基体及各镀层之间结合牢固。

(4)镀层光亮度、硬度、耐蚀性等指标符合规定。

显然,前三个方面是各种镀层都需要达到的基本质量要求,否则不可能实现其防护作用或其他功能,而且极易发生破坏。

镀层金属的选取要求包括以下三个方面:

(1)首先,要考虑镀层的使用目的。如对于防护镀层,镀层金属必须在预定使用环境中有良好的耐蚀性能;对于防护-装饰镀层,镀层金属应具有美观的外表和经久的光泽;对于功能镀层,镀层金属应当具有需要的功能。

(2)其次,选择镀层金属或多层镀层的几种金属时,要考虑镀层金属与基体金属、几种镀层金属之间的相容性,使互相接触的零部件表面镀层之间电位尽量接近,以免造成大的电偶腐蚀问题。

(3)最后,镀层厚度的选择应考虑使用环境、工件结构和尺寸公差。防护性镀层的厚度取决于工件的使用环境和要求的使用寿命。同一种镀层应用于不同的工作环境,环境腐蚀性越强,镀层厚度应越大;同一种环境中当要求增长使用寿命时,镀层厚度应增加。零部件主要表面(易受腐蚀、摩擦表面、工作表面)的镀层厚度应达到规定标准。不容易沉积的孔内部、深凹处,可允许低于相关标准。带螺纹(特别是外螺纹)的组合结构件,选择厚度时应考虑公差配合。

电镀层的质量评定主要包括以下四个方面:

(1)镀层外观(目视)。镀层外观包括镀层的宏观均匀性、颜色、光亮度、结晶状况和宏观结合力等。

(2)镀层厚度。测量方法包括破坏性和非破坏性两种。

(3)镀层的耐蚀性。检测方式有自然环境和人工加速腐蚀试验。

(4)镀层的结合力。一般为定性检测。

10.4.3　镀镉

为了达到最大的防腐目的,几乎航空器结构上的所有非耐蚀钢件都是镀镉的。镀镉层是银灰色的,是一种软镀层,其厚度至少要达到 0.005 in。镀镉层的电位低于钢的电位,该镀层属阳极镀层,镀层表面形成致密的、不透气的、不透液体的氧化膜,起防腐作用。镀镉层的使用温度不超过 230℃。

镀镉层有以下特点:

(1)在海洋性的大气、海水接触的零件及 70℃ 以上的热水中,镀镉层比较稳定,耐蚀性强,润滑性好;在稀盐酸中溶解很慢,但在硝酸里却极易溶解;不溶于碱,它的氧化物也不溶于水。

(2)镀镉层比镀锌层软,镀层的氢脆性小,附着力强;在一定的电解条件下,得到的镀镉层比镀锌层美观。

(3)镉熔化时所产生的气体有毒,可溶性镉盐也有毒。

镉镀层主要用于保护零件免受海水、与海水相类似的盐溶液以及饱和海水蒸气的大气腐蚀作用;航空、航海及电子工业零件、弹簧、螺纹等很多都采用镀镉;镉镀层可以抛光、磷化和做油漆底层,但不能用作食具。

镀镉可分为槽镀镉和刷镀镉,槽镀镉一般包括低氢脆镀镉和光亮镀镉,刷镀镉一般为低氢脆刷镀镉(不需要进行除氢烘烤)。当满足以下条件时,可用低氢脆刷镀镉代替低氢脆槽镀镉:

(1)需要电镀的结构修理表面面积小于 72 in²;

(2)结构处于卸载状态。

不锈钢中含铬量大于 14％,含碳量小于 0.2％,一般不会产生腐蚀,因此只需要对不锈钢表面进行钝化处理,以便去除不锈钢表面的污物,并形成一层较薄的氧化膜。如果不锈钢与其他金属接触时,需要对不锈钢表面进行镀镉,并喷底漆。在对不锈钢表面进行镀镉之前,往往需要先镀一层镍增加镀层附着力。

氢脆和镉脆是合金钢镀镉过程中容易产生的两个缺陷。合金的强度越高,对氢脆的敏感性也越大:中强度钢在常温下氢质量分数为 0.000 3％~0.000 5％,可能发生氢脆,而高强度钢中氢含量在 0.000 1％就可能发生氢脆。

低合金钢和高碳钢对镉脆都很敏感。镉脆发生必须同时具备温度和应力两个条件,当只有温度而无应力(包括残余应力)时,不会产生镉脆。钢与镉直接接触才具备镉原子渗入钢基体而产生镉脆的条件,因此应在钢表面先镀一层其他金属后再镀镉,使钢不能与镉直接接触,可防止镉脆。另外,钛合金不仅不允许镀镉,也不允许与镀镉的钢零件相接触。

10.4.4　电刷镀

电刷镀是基于电解原理在零件表面上快速沉积金属形成镀层的工艺。刷镀不需要电镀槽,只需将零件与直流电源的负极相连,刷镀笔与正极相接。刷镀时,将蘸满电镀液的电镀笔在零件表面上移动,即用电镀笔刷零件表面;在电场作用下,电镀液中的金属离子向零件表面迁移,并从表面获得电子后沉积其上形成镀层。

电刷镀的特点如下:

(1)设备简单,不需镀槽。难拆卸和难运输的大型零件可原地刷镀修复。

(2)简化了电镀工艺。零件上不需镀的部位不需包扎绝缘,节省材料和辅助工时。

(3)镀层与零件表面结合强度高。

(4)镀层厚度可以精确控制,并可实施均匀或不均匀镀层的电镀,即在同一零件上刷镀不同厚度的镀层。镀后一般不需加工,可直接使用。

(5)镀层沉积速度快,生产率高。

(6)电镀液温度低,对零件无影响,不会产生变形、裂纹等。一般电镀液温度约为 50℃。

(7)污染小,操作方便,工艺灵活,使用材料广泛。

本节主要介绍低氢脆刷镀镉的工艺步骤。

1. 概述

刷镀只允许用在实施保护不接触或远离腐蚀大气、产生灰尘和浓烟的操作区域。这些操作包括研磨、抛光、磨光、打磨清洁、电镀和区域维护清洁等。

工件必须处于室温,高于 32 ℉(电镀液和清洗用的水不会结冰),但又要足够凉爽以保证电镀过程中表面不会干燥。

电镀之前完成所有的机械加工、成形、焊接或硬焊等操作。除非翻修指引另有说明,电镀要求的表面要光滑,且没有过多的瑕疵、凹点、工具痕迹、焊接灼伤、熔渣和其他缺陷。打磨后的表面应清洁、平坦。对于刷镀来说,电镀前不必进行应力释放。

在受力状态下不能进行电刷镀操作,也就是说工件不能处于组装或装配状态——在这种状态下可以施加外力推或拉部件。

按翻修指引施加电镀层到指定的厚度。如果翻修指引没有给出厚度,镀层最小为 0.000 5 in。这个最小厚度要求对于直径小于 0.75 in 的孔及圆角半径、小于 0.375 in 的内曲面不必达到,但是这些表面要按照给出 0.000 5 in 所需的安培小时数进行电镀。必须计算特定厚度的电刷镀安培小时数,它是用以 10^{-4} in 为单位的镀层厚度乘以 0.006(选用 LHE 或 SPS - 5070)或 0.007(选用 Dalic 2023 或 LDC - 4803),再乘以需要电镀的以 in^2 为单位的面积。例如,用 Dalic 或 LDC 溶液刷镀厚度为 0.000 5 in、面积为 4 in^2 的镉镀层,所需要的安培小时数为 $5 \times 0.007 \times 4$,即 0.140 安培小时。

若条件允许,镀小内径表面可使用旋转工具转动阳极,镀外径表面可用车床或旋转头(最大转速 900 r/min)转动工件。

一次刷镀的最大面积为 12 in^2。如果刷镀的总面积不大于 72 in^2,则不需进行后续的烘烤。如果在按 SOPM 20 - 42 - 02 或 SOPM 20 - 42 - 01 烘烤前进行了刷镀,则部件进行正常烘烤。

为防止固体析出,不要在 65 ℉ 下保存和使用刷镀液。可在原来的容器内保存新的溶液。不要将用过的溶液倒回容器,报废所有用过的溶液或者接触过工件、刷镀阳极的溶液。

2. 阳极准备

(1)选用最符合工件外形的阳极。对于小的孔,选用直径为 0.060~0.100 in 不活动的铂阳极。

(2)使用不同的溶液时要选用不同的包裹阳极。不要将任何阳极从一种溶液移到另一种溶液。

(3)直杆刷镀笔和阳极的制作步骤如下:

1)用砂布去除电镀刷基体表面的氧化和腐蚀产物;用砂布去除电镀刷碳阳极表面松动的碳粒;将碳阳极组装到电镀刷基体上,拧紧电镀刷的卡盘保证良好的导电性。

2)扯下(不是切割)一薄层棉布,形状为大概等于阳极的长度、足够将阳极包裹 3 层的矩形。如果包裹要耗费较长时间的话,在包裹棉布之前先用滤纸包裹阳极。

3)用水蘸湿碳阳极,将棉布包裹在阳极上,如图 10 - 5(a)(b)所示。紧紧缠绕,不能结块或有小的斑点。再按图 10 - 5(c)~(g)所示在棉布表面安装薄纱管。

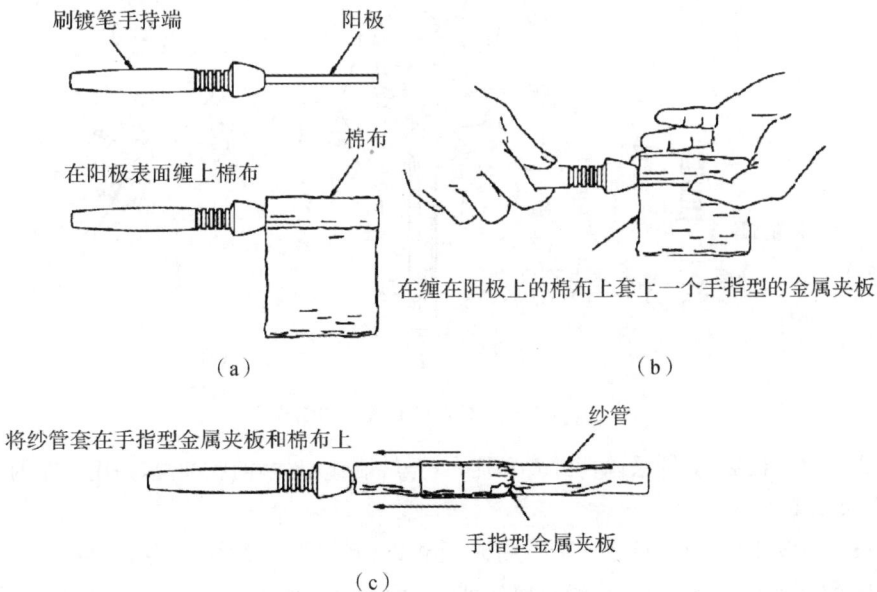

图 10 - 5　直杆刷镀的制作

再将棉纱管推上阳极末端 ← | 手指型金属夹板

扭结末端

（d）

将棉纱管沿所有方向推上手指型金属夹板的露出部分

棉纱管

手指型金属夹板

（e）

抓住阳极上棉纱管的内层末端位置，拉手指型金属夹板和棉纱管的另一端直到棉纱管全部展开，然后按图所示扭棉纱管

抓住此处棉纱 | 抓住此处拉

扭棉纱管 | 手指型金属夹板

（f）

当将棉纱管全部推到阳极上以后，拿掉手指型金属夹板

手指型金属夹板

（g）

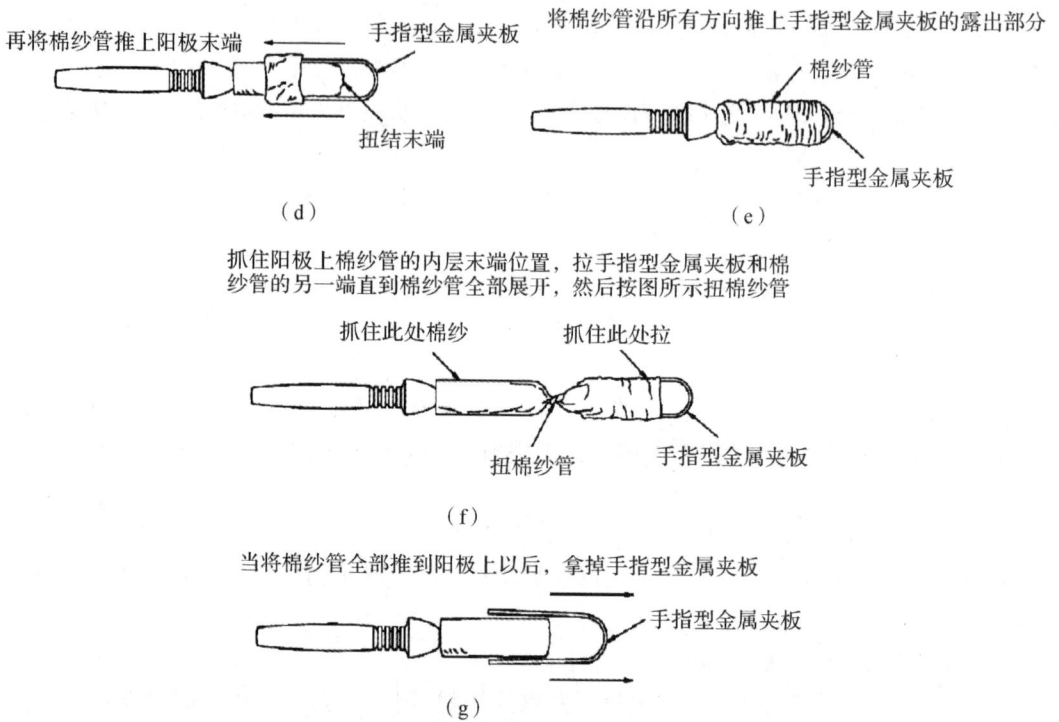

续图 10-5 直杆刷镀的制作

（4）按如图 10-6 所示准备凹入型刷镀笔类似的步骤，准备不同形状的阳极。

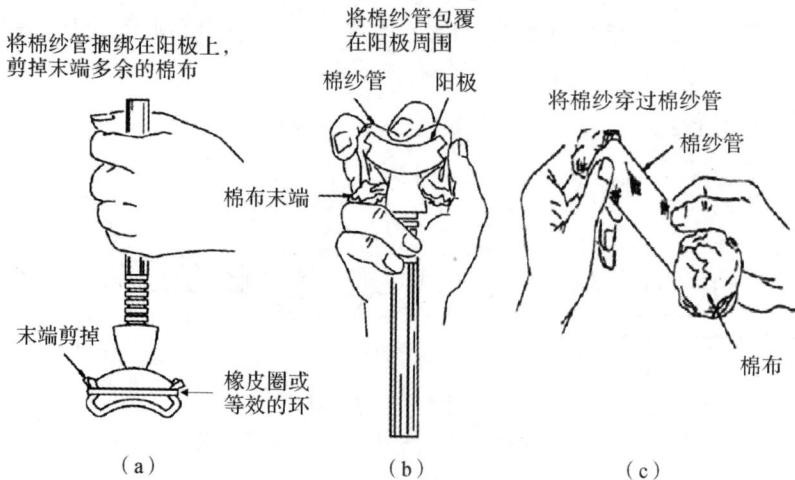

将棉纱管捆绑在阳极上，剪掉末端多余的棉布

棉布末端

末端剪掉

橡皮圈或等效的环

（a）

将棉纱管包覆在阳极周围

棉纱管 | 阳极

（b）

将棉纱穿过棉纱管

棉纱管

棉布

（c）

图 10-6 凹入型刷镀笔的制作

（5）使用完阳极后，立即去除薄纱管和棉布，分解刷镀组件，彻底冲洗，并用洁净的空气吹干。

3. 表面准备

（1）按 SOPM 20-30-03 手工清洁刷镀区域以去除滑油、污垢或其他污染物，并完全干燥。

（2）按 SOPM 20-30-03 干燥打磨清洁刷镀区域，参照图 10-7，在缺陷周围打磨出裸露区域及原有镀层区域，这里将成为新的刷镀层和原有镀层的叠加区域。

注意:镉的粉尘和烟雾是有毒的。不要吸入镉的粉尘和烟雾,要在排气棚进行打磨清洁或者佩戴防尘面具,在进餐或吸烟前洗手。

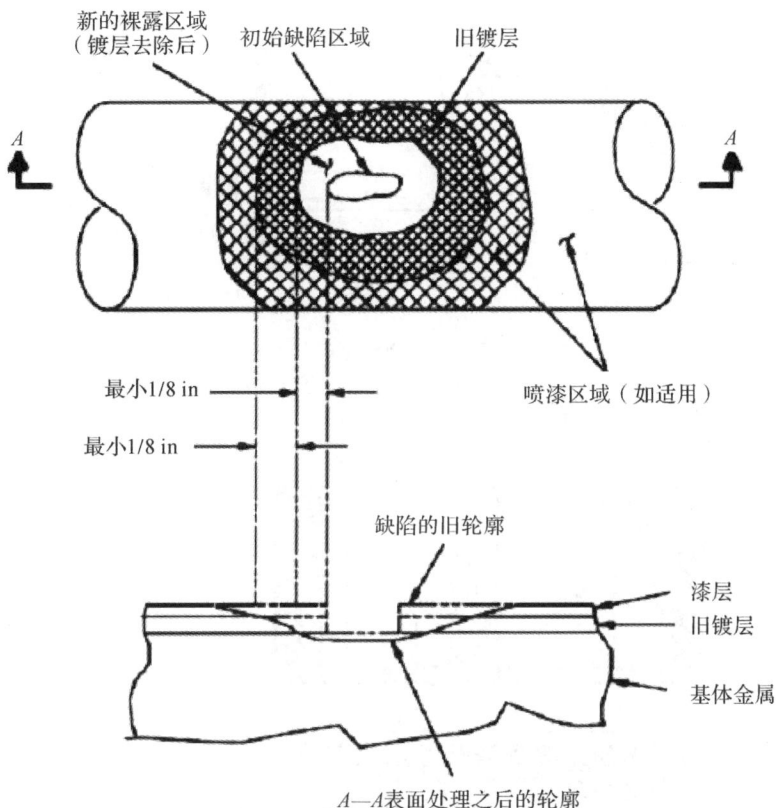

图 10 - 7　刷镀表面准备示例

(3)用溶剂蘸湿清洁布去除打磨的灰尘。

(4)按需覆盖周围区域,防止电镀液和清洗用水污染或损伤周围区域。可以在打磨清洁之前覆盖周围区域,确保对能够接触到溶液的区域进行保护,如结合面、凹槽或内表面。

4.刷镀操作

(1)用棉花、棉布、刷子或等效物将电刷镀液施加到电镀面。

(2)将阳极放到电镀面开始正确移动,然后通电。在通电过程中,不要让阳极在电镀面停顿。

(3)在电镀操作中,保持刷镀笔和阳极组件与刷镀面平行,如图 10 - 8 所示。用最小的压力,防止溶液被挤出及对阳极覆盖物产生磨损。

(4)电镀过程中阳极移动方式可以采用前后方式或圆周方式,如图 10 - 9 所示。在和电镀面接触时,不要改变阳极方向,因为这样会灼伤表面。只有当阳极位于覆盖面上,且阳极完全离开电镀区域时,才能改变阳极方向。以恒定的速度移动阳极,阳极与阴极的速率为 20～80 表面英尺/min,过慢的速率会引起灼伤。当采用旋转头或阳极旋转工具以不同的速率对圆柱件的内径或外径进行刷镀时,将阳极与阴极的速率转化为等效的 RPM(RPM＝速率(英尺每分钟)/周长(英尺))。

(5)保持阳极完全被电镀液浸湿。为获得满意的电镀效果,按需使用更多的电镀液或更换阳极来提供足够的电镀液。

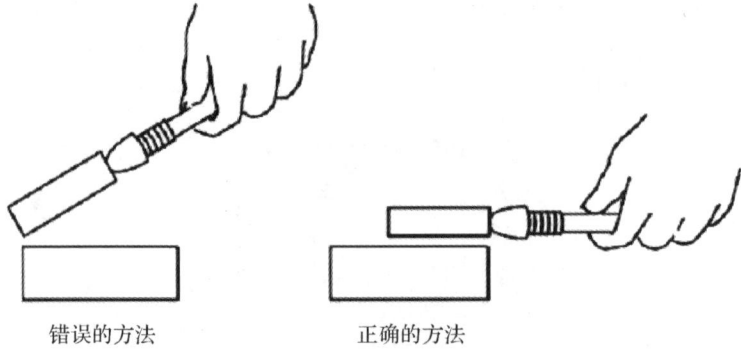

错误的方法　　　　　　　正确的方法

图 10-8　刷镀笔的角度

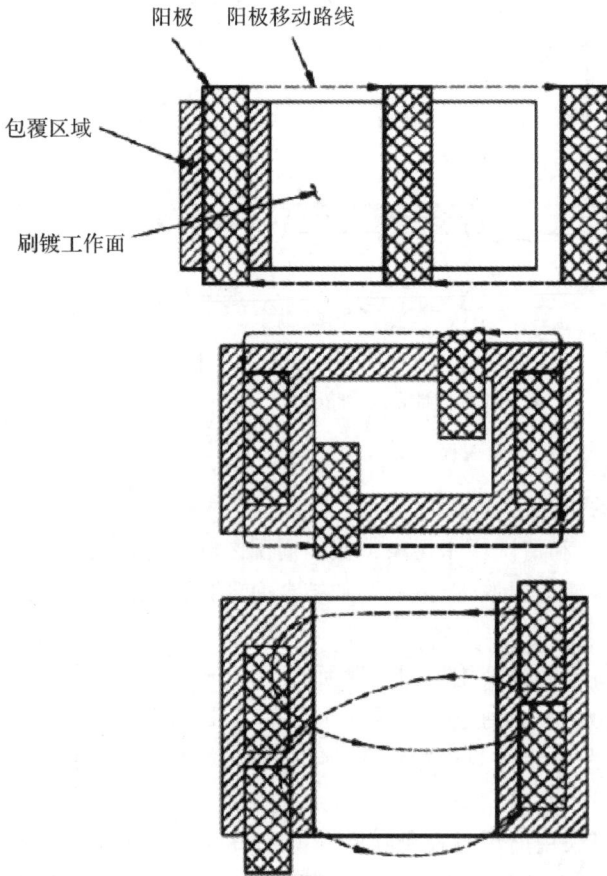

阳极　　阳极移动路线

包覆区域

刷镀工作面

当处在电镀工作面上时，阳极不要
停止移动，也不要改变移动方向；阳
极若要停止移动或改变移动方向，只
能在包覆区域或脱离工件时进行

图 10-9　阳极移动方式

(6)先使用 20 V 的电压进行刷镀操作直至看到电镀层。再将电压降低至 8～14 V,继续
使用计算的安培小时数。

(7)不要使用机械方法或手工从刷镀区域去除材料。

(8)用清洁的冷水手工冲洗工件 0.5～5 min。用棉花、布或压缩空气干燥 5 min。

(9)按以下步骤修理损坏的镀层：

1)按制造厂商指引，手工施用铬酸盐转化层。

2)用清洁的冷水手工冲洗工件 0.5～5 min。为帮助工件干燥，可以接着使用最高温度为 150 ℉ 的热水冲洗。

3)用棉花、布或压缩空气干燥。

注意：修理时应小心，因为铬酸盐转化层非常软。

(10)检查镀层质量。

(11)如有需要，可对电镀区域施用底面漆。

5.质量控制

(1)电刷镀层必须光滑，纹理细密，结合力好，没有水泡、凹点、灼伤或其他损伤。

(2)铬酸盐转化层必须结合紧密且没有粉末。

(3)在进行以下测试时，刷镀层和基体金属之间或镀层与镀层以下必须没有分离：

1)大力用指尖将压敏胶带贴在镀层区域；

2)握住胶带的自由端，突然以垂直于镀层表面的方向向上拉起胶带；

3)在 10 倍放大镜下检查胶带的黏结面，必须没有镀镉层。

(4)清洁黏结表面。

10.5　滑轨维修实例

飞机襟翼、缝翼滑轨的损伤修理：飞机襟翼、缝翼作为飞机的辅助操纵面，放出后改变机翼面积和机翼弯曲度，从而增加升力，提高飞机起飞和着陆的性能。

以波音 B737 飞机为例，襟翼分为前缘襟翼和后缘襟翼。顾名思义，前缘襟翼位于飞机大翼前缘，具体安装在发动机安装点到机身之间的大翼前缘，左、右大翼各两个，共四个前缘襟翼。后缘襟翼位于大翼后缘，左、右大翼各有一套外侧和内侧襟翼组件。每一套后缘襟翼组件由三个部件组成，分别是前襟翼、中襟翼和后襟翼；每一套完整的襟翼组件由两个襟翼滑轨与大翼后缘相连，而且襟翼组件沿着滑轨可以固定在不同的放出位置，提供不同的升力和阻力，分别使用于起飞、着陆等不同的飞行阶段；前、中、后襟翼之间也通过一些小滑轨连接，提供支撑。

缝翼位于大翼前缘，称为前缘缝翼，具体位置在从发动机吊架外侧到大翼翼尖区域。左右大翼各有 3 个前缘缝翼，从左翼翼尖到右翼翼尖分别称为 1♯缝翼、2♯缝翼，一直到 6♯缝翼。前缘缝翼通过主滑轨和辅助滑轨同大翼前缘相连。

由此可见，滑轨在襟翼、缝翼支撑和操作上有着不可替代的作用。一旦它们失效，将会带来严重的后果，因此我们有必要研究和襟翼、缝翼滑轨有关的修理。下面就简要介绍一下襟翼缝翼滑轨修理相关的问题。

10.5.1　维修资料

作为机务维修人员，在进行任何维护、修理或翻修工作之前，都要参考现行有效的维护、修理或翻修资料。因此应首先了解一下与飞机襟翼、缝翼滑轨修理有关的维修资料。一般来说，滑轨作为一个部件，它的维修措施一般要参考 CMM 或 OHM(见图 10-10)，而 CMM/OHM 中的修理是针对特定件号的部件修理的。因此，要按照 CMM/OHM 进行修理工作，需要知道滑轨的件号。可以在 IPC(图解零件目录)或通过查找波音图纸得到滑轨件号;而修理的方法一般参考 SOPM(标准施工手册),有时也会参考 SRM(结构修理手册)。

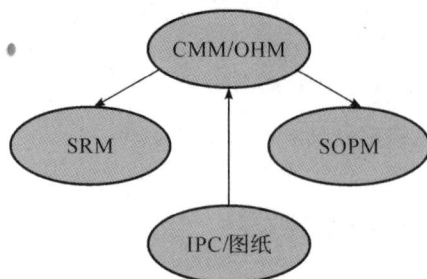

图 10-10　滑轨修理涉及的参考资料

以下为修理滑轨所涉及的几种资料:

IPC(图解零件目录):确定滑轨件号及修理涉及的 CMM/OHM 章节号。如后外襟翼外滑轨,通过查找 IPC27-51-49-01,知道它的件号为 65C34812-2,相应的修理参考为 OHM57-53-15(见图 10-11)。另外,有些滑轨可能只通过 IPC 还无法确定其件号,就需要查找波音图纸。

CMM/OHM(部件维修手册、翻修手册):提供修理步骤、修理限制与标准、机械加工指引及相关的表面处理指引。如哪些缺陷允许进行修理、缺陷如何去除、允许去除到的最小厚度或最大孔径、是否需要喷丸、修理区域表面如何处理等,都可以在 CMM/OHM 中找到(见表10-17)。

SOPM(标准施工手册):主要提供高强度钢的机械加工方法、喷丸操作指引、表面处理指引(包括如何镀镉、镀铬)和喷漆方法等。基本操作方面的问题大部分可以在 SOPM 中找到答案。

SRM(结构修理手册):主要通过它来了解部件的相对重要性,它也可用来作为有关操作方面的参考文件。

10.5.2　修理的基本流程

(1)确定损伤是滑轨表面磨损还是衬套安装孔变大、变椭等。

(2)通过查找 IPC 确定件号及修理参考的 CMM/OHM 章节号,知道件号后,可通过查找波音图纸确定滑轨材料。

(3)根据件号在 CMM 中选择合适的修理手段。

(4)进行修理,包括机械加工、数据测量及是否超标的判断。

(5)表面处理,包括喷丸、电镀、喷漆等。

(6)后续处理。

CMM 中提供的标准施工参考主要涉及以下 SOPM 章节:

(1)SOPM 20-10-01 REPAIR AND REFINISH OF HIGH STRENGTH STEEL PARTS(高强度钢件的修理和涂层恢复);

(2)SOPM 20-10-03 SHOT PEENING(喷丸);

(3)SOPM 20-42-05 BRIGHT CADMIUM PLATING(光亮镀镉);

(4)SOPM 20-42-02 LOW HYDROGEN EMBRITTLEMENT CADMIUM-TITA-NIUM ALLOY PLATING(低氢脆镀镉钛);

（5）SOPM 20 - 42 - 01 LOW HYDROGEN EMBRITTLEMENT CADMIUM PLATING（低氢脆镀镉）；

（6）SOPM 20 - 42 - 10 LOW HYDROGEN EMBRITTLEMENT STYLUS CADMIUM PLATING（低氢脆刷镀镉）。

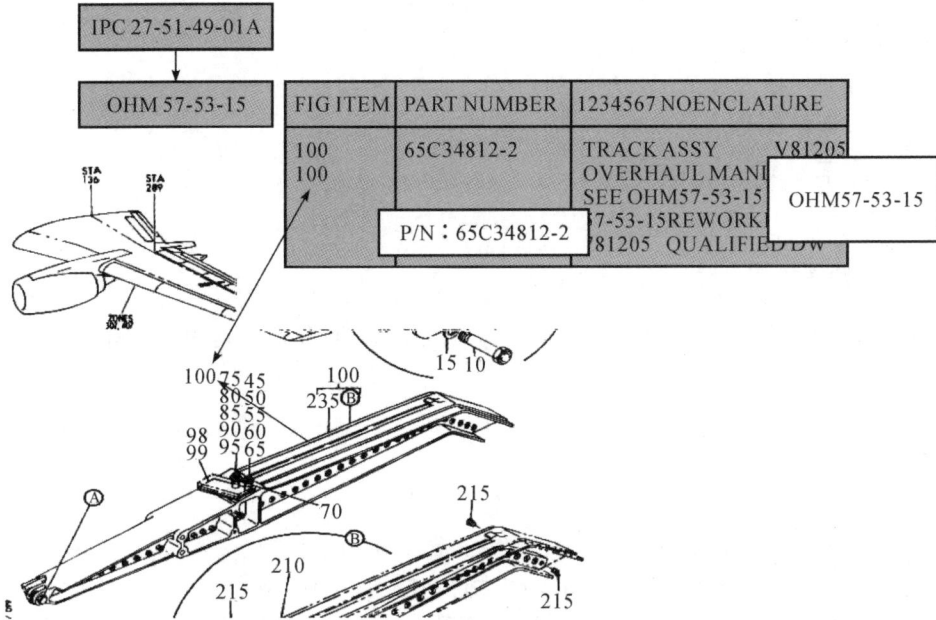

图 10 - 11　通过 IPC 确定滑轨件号及修理使用的 CMM/OHM 章节

表 10 - 17　在相应的 CMM 中根据件号选择查找修理

P/N	NAME	REPAIR
65C26657	ARM ASSEMBLY - AUXILIARY	1 - 1
65C26658		
65C26659		
65C26698	RIB ASSEMBLY - MAIN TRACK	2 - 1
65C26699	RIB ASSEMBLY - MAIN TRACK	3 - 1
65C26664	TRACK ASSEMBLY - MAIN	4 - 1
65C26665		
65C26797	RIB ASSEMBLY - ACTUATOR	5 - 1
……	MISCELLANEOUS PARTS - REFINISH	6 - 1

滑轨材料主要是高强度合金钢，强度大于 180KSI，任何不正确的修理操作都可能造成材料强度的降低，从而造成无法预见的后果。可能降低强度的因素主要包括以下几个方面：

（1）打磨过热；

（2）工具不够锋利；

（3）进刀量不对；

（4）冷却不够；

（5）电镀缺陷；

（6）其他操作。

针对上述可能造成材料强度降低的危险因素，SOPM 20-10-01 主要通过以下手段避免：

（1）采用手动工具或手持动力工具；

（2）注意截面尺寸许可范围及过渡圆角；

（3）注意表面粗糙度；

（4）表面喷丸完全符合修理要求；

（5）表面处理。

10.5.3　修理过程

修理主要分为滑轨孔修理和滑轨表面修理两大类，下面分别就这两大类修理的相关事项进行讨论。

1. 滑轨孔的修理

滑轨孔的修理主要包括以下步骤：

（1）拆下衬套或轴承；

（2）测量孔的尺寸（直径、深度）并进行判断；

（3）按需加工衬套或轴承安装孔，并对孔进行相应的表面处理；

（4）加工衬套；

（5）安装衬套或轴承；

（6）加工衬套内孔到设计尺寸。

滑轨孔的加工一定要在许可范围内才能进行，否则报厂家处理或者对部件进行报废。对滑轨孔的加工完成后，要进行相应的表面检查（渗透、磁粉或涡流），然后对加工表面进行喷丸，再恢复表面涂层（电镀、喷漆）。若孔径加大则要加工更大的衬套进行安装，加工衬套时一定要注意衬套的材料、外形尺寸、表面粗糙度、表面处理等方面问题（见图 10-12）。

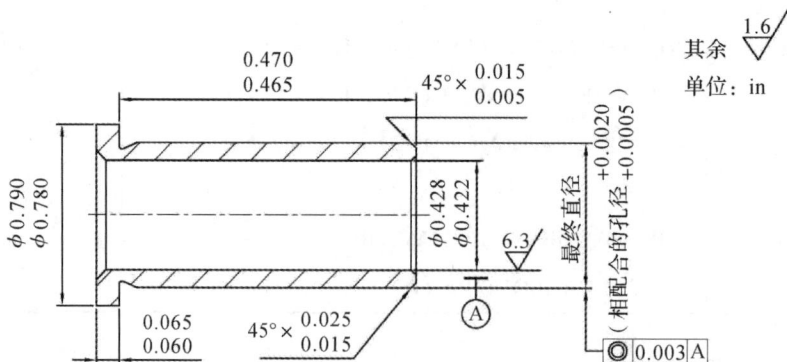

材料：15-5PH，180~200 KSI
表面处理：镀铬 20-42-05，TYPE 2，CLASS 2（注：内孔无要求）

图 10-12　衬套加工的相关数据

2.滑轨表面的修理

滑轨表面的主要缺陷是,使用过程中滑轨与其他部件摩擦,造成滑轨表面高低不平的磨损。修理主要按以下步骤进行:

(1)机械加工(主要使用手工工具或手持动力工具),达到所需的表面光洁度要求。

(2)数据测量,以及是否超标的判断(见图 10-13)。

(3)加工表面进行相应的检查(渗透、磁粉或涡流),确认加工面没有损伤。

(4)对加工表面进行喷丸处理。弹丸材料 4340M,270～300KSI;喷丸强度 0.01～0.019 A2。

(5)对加工表面表面处理,如镀镉(见 BMS 10-11 TYPE1(F-20.02)),喷漆(见 BMS10-11 TYPE2(F-21.02))。

一般对滑轨修理时,要求进行镀镉、钛处理。根据 SOPM 20-42-01 可以用低氢脆镀镉来代替;如果滑轨处于卸载状态,且修理区域面积不超过 72 in²,可以按 SOPM 20-42-10 进行低氢脆刷镀镉。

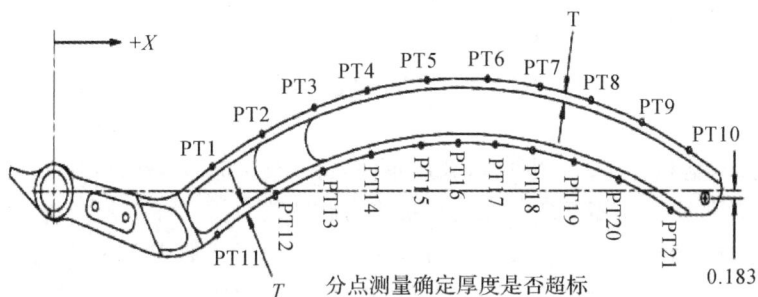

图 10-13　滑轨剩余厚度的测量

修理滑轨时,应重点注意的事项如下:

(1)对于高强度钢的滑轨,在机械加工时需要格外注意。

(2)拆卸加工完毕后,一定要进行表面检查。

(3)很多滑轨厚度不是一成不变的,有的地方厚,有的地方薄。

(4)机械加工后,要进行喷丸以及表面处理。

习题与思考题

1.合金钢构件腐蚀产物的清除方法有哪些?

2.钢构件的表面防腐工艺有哪些类型?

3.电镀时,镀层金属的选取有什么要求?

4.钢构件电镀镀前处理的目的是什么? 通常包括哪些工序?

第11章 飞机防腐表面强化技术

表面强化技术是经表面预处理后,通过表面涂覆、表面改性或表面复合处理,改变固体金属或非金属表面的形态、化学成分、组织结构和应力状态,以获得所需要的表面性能的系统工程。

常用的航空表面强化技术有表面形变强化(喷丸、滚压、挤压等),表面黏结与熔结,热喷涂,电镀,电刷镀及化学镀,表面热处理(表面淬火、表面渗透等),物理与化学气相沉积,激光表面强化(相变硬化、合金化等)和电子束相变强化等。

11.1 喷丸强化

喷丸强化技术是利用高速弹丸撞击金属零件表面,使之产生残余压应力并形成细化亚晶粒的冷作硬化层,从而提高零件疲劳强度和抗应力腐蚀能力的一种工艺方法。

喷丸强化技术起源于20世纪20年代,最先应用在汽车工业中。20世纪60年代,由于飞机构件因疲劳失效而断裂的现象不断发生,对飞机的一些重要构件进行了喷丸强化处理,效果十分显著并且成本较低,从而此技术被广泛应用于空客、波音、庞巴迪等客机机翼整体壁板的成形。目前美国波音、普惠、通用电气以及英国罗罗等航空知名企业均制定了一系列严格的喷丸工艺要求和技术规范。

喷丸强化具有效率高、成本低、强化效果明显等特点,故在航空工业中得到广泛的应用。飞机、发动机上采用喷丸强化工艺的零件品种繁多,其中包括起落架气门摇臂、活塞、曲轴、齿轮、主副连杆、金属螺旋桨、活塞发动机机匣、压气机叶片和涡轮叶片等。

11.1.1 喷丸强化机理

喷丸强化的机理主要分为以下两个方面。

1.残余应力

表面未经喷丸处理的零件,在外载荷的作用下,表层外加拉应力高于疲劳极限,易导致材料断裂失效,故其疲劳源一般萌生于表面。喷丸处理后,零件表层形成的残余应力会与外加应力叠加,形成实际合应力(见图 11-1)。这样,表层总拉应力会下降并低于材料的疲劳极限,成为表面强化层,抑制表层疲劳裂纹的萌生和扩展。由于零件最大的合成拉应力位于次表面,从而提高了零件的抗疲劳和腐蚀性能。

2.组织变化

从微观机理来说,当材料未喷丸时,内部运动的位错容易达到表面,产生尖锐的台阶后形成应力集中源;而材料喷丸后,表面喷丸区域会产生塑性变形层,导致位错密度增多(见图 11-2),

晶格产生畸变,出现亚晶界和晶粒细化,在相同的应力水平下,表面塑性变形层内的位错与基体相比更难以开动,因此显著提高了基体的抗疲劳和腐蚀性能。特别是对于在高温环境服役的零件,喷丸残余压应力场容易松弛消失,但塑变层的组织结构仍会维持喷丸后的状态,因此组织强化对疲劳性能的改善起着主要作用。

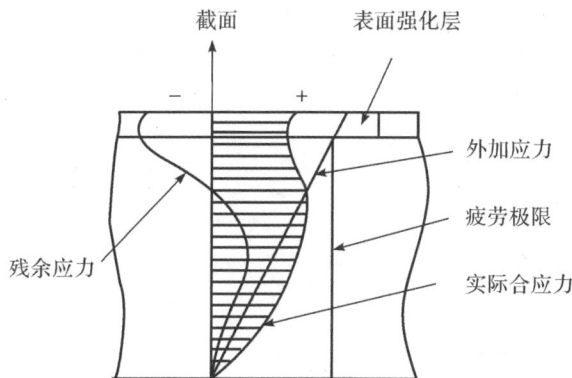

图 11-1　喷丸强化的残余应力

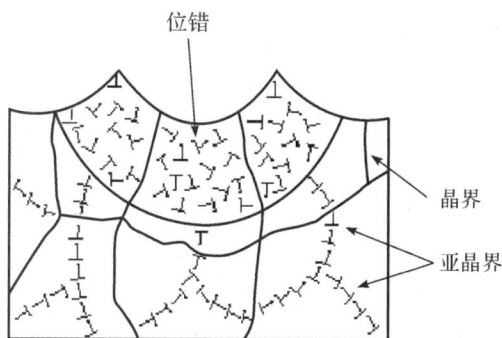

图 11-2　喷丸强化的组织变化

11.1.2　喷丸材料及设备

1. 弹丸

弹丸是喷丸强化中使用的球形或无棱角圆柱形的实心介质,是喷丸成形动能的载体。弹丸的材料、硬度、形状、直径等直接影响喷丸成形的效果。弹丸的类型和尺寸选择主要依据工件的形状、尺寸、力学性能要求及服役条件。

常用的弹丸有铸铁或铸钢丸、钢丝丸、玻璃丸及陶瓷丸等。钢铁工件为了得到较深的塑性变形层以及较大的残余压应力值,喷丸时通常选用铸铁丸、铸钢丸或不锈钢丸;当工件表面粗糙度要求较高时也可以选用玻璃丸或陶瓷丸。对铝合金材料进行喷丸时,由于玻璃丸粒度相对均匀,形状以球形为主,喷丸后嵌镶在工件表面的碎屑不会引起电化学腐蚀,因此一般都选用玻璃丸。飞机部分零件所采用的喷丸介质见表 11-1。

除弹丸材料外,弹丸硬度和直径也是两个重要的影响因素。增加硬度和直径会使工件表面残余压应力层的深度和压应力值增大,同时表面粗糙度也会增大。

表 11-1　飞机部分零部件所采用的喷丸介质

零件名称	零件材料	零件表面硬度	弹丸			表面硬化层深度 /mm
			材料	硬度(HRC)	直径/mm	
飞机涡轮叶片	GH33	28HRC	玻璃丸	>48	0.05～0.15	0.06～0.08
飞机涡轮叶片	GH135(808)		玻璃丸	>48	0.05～0.15	0.06～0.08
直升机旋翼大梁	LB2CZ	65HB	玻璃丸	>48	0.05～0.30	约0.50
飞机螺旋桨叶	LY11	95HB	玻璃丸	>48	0.05～0.15	约0.30
飞机主、副连杆	40CrNiMoA	38HRC	弹簧钢丸	42～44	0.8	0.25～0.28
副连杆	18CrNiWA	43HRC	弹簧钢丸	42～44	0.8	0.28～0.30
发电机软轴	50CrVA	43HRC	铸铁丸	>58	0.6～1.0	0.15～0.17

2.喷丸机

喷丸机的主要作用是提供弹丸运动速度,并使零件在工作室内作规定的机械运动。传统的喷丸设备主要有两种类型,即气动式喷丸机和机械离心式喷丸机。

气动式喷丸机(见图11-3)利用压缩空气驱动弹丸,按弹丸的运动方式,又可分为吸入式、重力式和直接加压式三种类型。气动式喷丸机灵活性高,工作室内喷嘴数目和安放位置可根据零件的形状、尺寸随意调整,因而适于多种要求、小批量喷丸,尤其适用于科学研究。但是这种喷丸机耗费功率大,生产效率低。

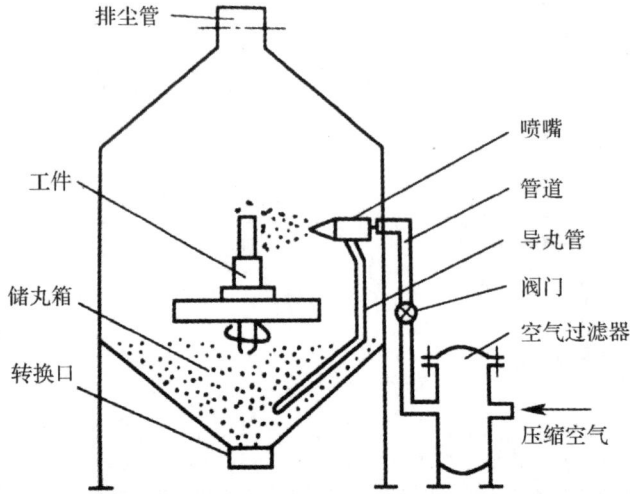

图11-3 气动式喷丸机结构图

在机械离心式喷丸机中,弹丸由高速旋转的离心轮抛出,离心轮的叶轮直径一般为300~400 mm,转速为1 500~3 000 r/min,弹丸离开叶轮的切向速度为45~100 m/s。通常离心轮在工作室中的位置是固定的,靠零件的运动满足对规定表面的喷丸。离心式喷丸机消耗功率低,生产效率高,喷丸强化质量稳定,但其制造成本较高,灵活性差,适用于批量生产。

与传统的喷丸设备相比,自动喷丸机能够实现给定要求的强度效果,即在可控的气压或可控的离心力作用下,将干燥的丸粒以均匀、恒定的速率喷向工件表面;能够控制喷丸时间和喷丸速率;能够相对于丸流自动地移动工件,或者相对于工件或移动或旋转或两者皆有的方式来移动丸流;能够在喷丸过程中过滤并去除破碎的或有缺陷的丸粒,以及诸如铁锈、泥土等污染物;能够过滤和净化喷丸所用的空气,确保丸粒和喷丸后的工件表面没有润滑油和潮湿的迹象。目前在实际生产中,自动喷丸机已广泛得到应用,但在下述情况下仍可以使用手动喷丸设备进行喷丸操作。

(1)手动喷丸设备或便携式喷丸设备可以在基地、修理操作或大修指引中提及时使用,但设备必须能够提供速率可控的丸粒,能够收集用过的丸粒以及能够使丸粒回到某个位置供循环利用。

(2)手动喷丸设备或者其他独立的喷丸设备可以用来对孔表面、工件边缘或切口周边等区域进行喷丸,这些位置用自动喷丸设备进行喷丸不划算。

3.其他辅助材料与设备

(1)阿尔门(Almen)测试片。阿尔门试片由弹簧钢制成,共有三种尺寸,其型号分别为A,

C,N,如图 11-4 所示。试片固定在夹具上经单面喷丸后,在弹丸的冲击下表面发生塑性变形,导致试片向喷丸面呈球面状弯曲,再用弧高度测量仪测出标准长度隆起的弧高。弧高数值后面所加的字母后缀表示阿尔门试片的类型。如编号为 0.010～0.015 A 强度表示阿尔门 A 型测试片,在足够强度的喷丸后,它会从原来的平面变为弧高为 0.010～0.015 in 的圆弧。

(2)测试片支撑与测量设备。阿尔门测试片利用试片固定块、圆头螺钉等进行固定,喷丸后利用弧高测量仪测出试片的变形值(见图 11-5)。

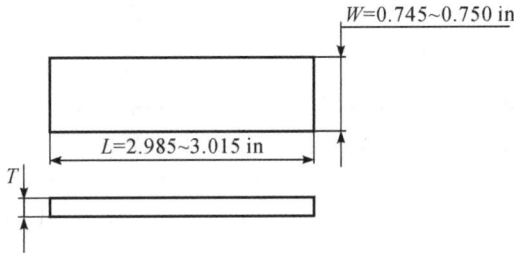

W=0.745～0.750 in

L=2.985～3.015 in

T

阿尔门测试片	A 型	C 型	N 型
厚度 T/in	0.050～0.052	0.093～0.095	0.030～0.032

材料:SAE 1070 冷轧弹簧钢片;

表面处理:整体发蓝,硬度经热处理状态达到 44～50HRC;

平整度:用测量仪测量,弧高范围为±0.001 5 in。

图 11-4　Almen 测试片

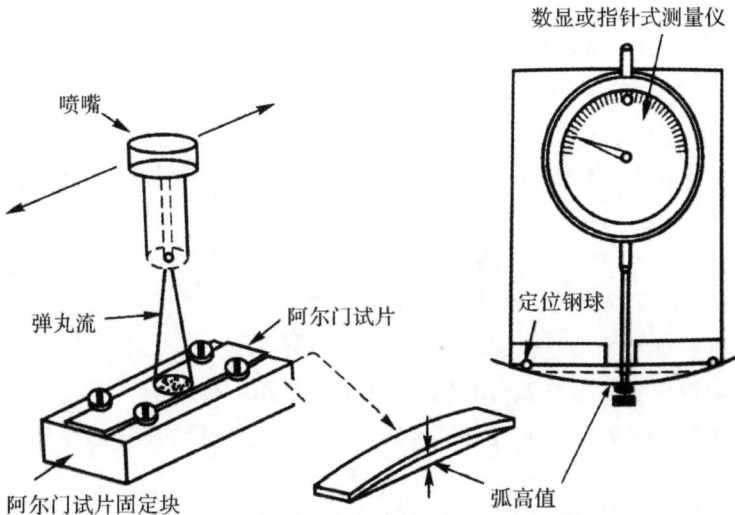

数显或指针式测量仪

喷嘴

弹丸流

阿尔门试片

定位钢球

阿尔门试片固定块

弧高值

图 11-5　阿尔门测试片的喷丸及测量

(3)筛子。用于对弹丸的丸粒进行分类,参照 RR-S-366 及 JIS-Z-8801 要求。

(4)表面覆盖率检测设备。

11.1.3　喷丸工艺参数

喷丸强化工艺参数包括弹丸运动速度、流量、喷射角度、喷射时间以及喷嘴至零件表面的距离等。在零件的喷丸强化过程中,通常要求控制和检验的喷丸工艺参数主要是弹丸尺寸和形状、喷丸强度、表面覆盖率和喷丸时间、喷射距离和角度。

1. 弹丸尺寸(弹丸数)

弹丸尺寸是指弹丸的公称直径。

喷丸数是以 10^{-4} in 为直径单位(对铸钢或玻璃珠),或以 10^{-3} in 为直径单位(对 CUT WIRE)的弹丸尺寸。例如:喷丸数为 170~330 的铸钢丸,它的弹丸直径为 0.017~0.033 in;喷丸数为 CW41~CW47 的 CUT WIRE 丸,它的弹丸直径为 0.041~0.047 in。

2. 喷丸强度

喷丸强度是计量弹丸流撞击零件表面能量大小的尺度,它是度量受喷材料表面总压缩应力的一种方法。喷丸强度的增加会提高试样表面的残余压应力和塑性形变深度,同时也会导致零件表面的粗糙度、微裂纹等缺陷的增加。因此,在选择喷丸强度时,要兼顾表面层强化和损伤两个方面。

喷丸强度随喷射速度、弹丸直径的增加而增加,因此,金属在喷丸时可通过以下两种方式来获得不同的喷丸强度:

(1)保持弹丸直径 D 不变,采用改变弹丸的喷射速度 v 来获取;

(2)保持弹丸的喷射速度 v 不变,使用不同的弹丸直径 D 来获取。

在相同的喷丸设备下,喷射压力也决定了弹丸的流速和流量:若工件和弹丸的材料、规格相同,喷射强度会与喷射压力的增大呈线性增加趋势。从压缩空气喷嘴或高速旋转叶轮中喷出的弹丸,都很难测定喷射速度确切的量值。因此,气动式喷丸机一般采用气压调节来控制弹丸的速度;离心式喷丸机则通过调节离心轮转速来改变弹丸的速度。

喷丸强度,通常用单面喷丸时,阿尔门试片所产生的弯曲弧度的弧高值来表示。阿尔门的A,C 和 N 型测试片可以测量的喷丸强度范围很广,但通常只用阿尔门 A 型测试片等效给出名义强度。阿尔门 A 型测试片用来测量的强度范围为 0.005~0.024 in;对喷丸强度为0.025~0.032A 的可用阿尔门 A 或 C 型测试片测量,推荐用阿尔门 C 型测试片;强度大于0.032A 的只能用阿尔门 C 型测试片;强度小于 0.004A 的应采用阿尔门 N 型测试片。阿尔门C,N 型测试片的强度和阿尔门 A 型测试片的强度有如下等式关系:

$$\text{Almen A} = \text{Almen C} \times 3.5 = \text{Almen N}/3.0$$

3. 表面覆盖率和喷丸时间

表面覆盖率是指在喷丸零件表面的规定部位上,弹丸压痕面积与喷丸强化目标区域面积之间的比值。表面覆盖率的增加会提高试样表面残余压应力值和硬度,还会使表层组织的晶粒细化。

表面覆盖率是用整数(1.0,2.0)或百分数(100%,200%)来表示。表面覆盖率为 1.0 或100%,是指在没有经过放大时看到经过喷丸的表面完全被凹坑覆盖;当通过放大检查时,个别没有喷到的岛状区域是允许的,但是它们必须无序排列,而且任何岛状区域的宽度都必须小于一般的凹痕直径。

在一定的时间范围内,喷丸时间越长,喷丸效果越强。当其余参数不变时,经过一定的喷射时间后,当弹痕表面覆盖面达 98% 时可认为满覆盖率,即认为表面覆盖率为 100%;若喷射时间加倍,则认为表面覆盖率为 200%。因此喷丸时间与覆盖率具有相似的意义。

4.喷射距离和角度

喷射距离一般指喷嘴至工件喷丸表面的距离,对弹丸流速、散射面积及覆盖率有一定的影响。若喷射距离变小,则喷丸效果也会缓慢增强。

喷射角度是指弹丸喷射方向与工件受喷表面之间的夹角,当该夹角为 90°时,工件表面的喷丸均匀且效果最佳。

11.1.4　喷丸操作

11.1.4.1　表面准备

(1)完成所有的机械加工操作。

(2)除非大修指引给出特定的喷丸前的表面粗糙度,一般情况下要求喷丸区域的表面粗糙度必须为设计值或者更小。

(3)除非大修指引要求大的圆角半径或倒角,一般情况下所有的锐边和圆角半径都按表 11-2 给出的尺寸取值,这样做可以防止喷丸后因边缘卷起或鼓起而导致工件报废。

表 11-2　钛合金、合金钢喷丸前工件圆角和边的处理

喷丸强度 （Almen A 值）	材料厚度/in	圆角半径/in
≤0.007	0.03	0.005~0.012
	0.04	0.008~0.016
	0.05	0.010~0.020
	0.06	0.010~0.025
	0.07 及以上	0.010~0.030
0.008~0.013	0.06	0.010~0.030
	0.08	0.010~0.035
	0.10 及以上	0.010~0.040
0.014~0.024	0.12	0.010~0.050
	0.15 及以上	0.020~0.060
0.024 以上	0.18 及以上	0.020~0.060

(4)如果要求进行磁粉检查或渗透检查,应在喷丸前完成。但这并不能取代作为最后操作的此类检查(如镀镍或镀铬后的磁粉检查)。

(5)工件要喷丸的区域必须没有诸如油漆、润滑油、润滑脂、镀层、化学转化层和腐蚀等,如果需要处理,应按下述方法进行:

1)热处理至 220 KSI 及以上的低合金钢——先按 BAC5408 蒸气脱脂,再按 BAC5750 溶剂清洁(SOPM 20-30-03)。

2)热处理至 220KSI 以下的低合金钢——先按 BAC5408 蒸气脱脂,再按 BAC5625 或 BAC5749 碱清洗,然后按 BAC5750 或按 BAC5751 溶剂清洁(SOPM 20-30-03)。

3)钛及其合金——按 BAC5743 清洁,除垢及准备表面(SOPM 20 - 30 - 03)。

4)其他金属——先按 BAC5408 蒸气脱脂,再按 BAC5749 碱清洗或按 BAC5750 手工溶剂清洗(SOPM 20 - 30 - 03)。

11.1.4.2 丸粒的选择

(1)丸粒按以下原则选择:

1)除非大修指引另有规定,通常使用铸钢丸或者铸钢硬丸。

2)热处理至 220 KSI 及以上、洛氏硬度为 55～65HRC 的低合金钢,应使用铸钢硬丸。这种硬丸也可以作为替代用于 46HRC 以下的其他金属。

3)如果丸粒的硬度与特定的钢丸相比相等或更大,可用不锈钢丸替代尺寸相同的特定铸钢丸。

4)陶瓷丸只用于局部区域的喷丸。

(2)指定使用一种规格的丸粒时,作为替代,可以使用名义尺寸比它大一级或小一级的丸粒。

(3)如果没有指定丸粒的尺寸或者指定的丸粒规格范围很小,丸粒尺寸可以选择,但是应注意以下事项:

1)使用的规格必须喷出特定的强度。

2)用于喷圆角区域的丸粒的名义尺寸不能大于喷丸区域内最小圆角半径的 1/2,或者丸粒要比所需喷丸表面的开口宽度(比如弹簧卷之间)更小。

11.1.4.3 丸粒的质量和维护

(1)喷丸机中使用的丸粒,只能有不超过 10% 质量的丸粒通过特定规格的筛子(或等效的丸粒分类器),并且样本规格最少是 100 g(或 1/4 lb)。

(2)建议使用能够连续隔离或去除变小、破裂或裂开的不合格丸粒的设备。

(3)无法使用连续丸粒隔离设备时,尽量频繁地加装筛子以保证丸粒满足质量要求。对于玻璃丸,在连续操作时,最少 1 h 过一次筛。

(4)如果设备不能完全更换丸粒,可以将最多不超过 5% 质量的相同类型和硬度范围,在规定的丸径规格范围内(如规格 230～460),不同规格的丸粒进行混和。

(5)保持丸粒没有滑油、润滑脂和其他污染物,防止对被喷工件造成无法用常规清洁方法去除的污染。

11.1.4.4 喷丸区域和覆盖率控制

(1)如果翻修指引明确指出"整个工件喷丸""喷所有区域"或者有等效的注释,则除了直径小于 1/2 in 孔的内表面之外,应对整个工件的全部表面喷丸。当使用能够给出喷丸流特定角度范围的自动喷丸设备进行喷丸时,如果满足以下两点,则不必对孔内的喷丸强度进行确认:

1)孔的深度与直径的比值≥1;

2)孔的相邻表面有特定的喷丸强度。

(2)如果翻修指引明确提出对孔内表面进行喷丸而相邻区域不喷丸,则要对孔壁、沉孔、埋头窝、倒角等区域进行喷丸。

(3)如果翻修指引明确指出对孔内表面和相邻区域进行强度等级不同的喷丸,则相关的沉孔、埋头窝、倒角既可按孔的喷丸强度喷丸,也可按相邻区域的喷丸强度进行喷丸。

(4)如果翻修指引明确指出"所有的外表面",除非有其他附加注释说明,否则不必对孔进行喷丸。腹板区域、角的内侧、翻边下切口、U 型接头的所有表面(不包括连接孔)和接头之间的区域等都有可能被认为是内表面的位置,但它们确实是外表面,应该进行喷丸。

(5)需要进行渐变喷丸的区域,覆盖率必须从指定的喷丸区域逐渐减小。

(6)若喷丸是可选的(或者超范围喷丸是允许的),可以进行以下处理:

1)整体不喷丸;

2)按渐变喷丸处理;

3)按强度和覆盖率的组合进行喷丸,但两个参数中任意一个都不能比相邻区域的大。

(7)对喷丸是可选操作的区域,不必进行覆盖率检查。

(8)不进行喷丸的区域不能有丸粒的痕迹。为限制喷丸区域,在喷丸期间应对不喷丸区域进行有效的覆盖。

(9)喷丸后,应采用不会磨损和刮伤工件表面的操作去除覆盖物和丸粒。

(10)除非有不同的说明,喷丸边界宽度的限制为 0~1/8 in。

注意:对原有喷丸表面进行修理后重新喷丸时,确保喷丸区域超过修理区域边界最少为 1.3 cm。

(11)除非有不同的说明,对于指明要进行喷丸的所有区域,表面覆盖率要达到 200%。除非给出覆盖率的范围,否则指明的覆盖率数值为最小值。

(12)覆盖率必须在指定喷丸表面的工件上进行测量。应使用最小放大率为 30 倍的放大镜确定覆盖率的数值,也可使用喷丸扫描设备帮助测量覆盖率。

11.1.4.5　确定强度和机器设置

(1)按上述 11.1.4.2 和 11.1.4.3 节的要求,选择和使用丸粒。如果翻修指引没有明确喷丸强度和丸粒大小时,可参考表 11-3,并应注意以下几方面:

1)不建议对厚度小于 0.08 in 的工件进行喷丸。

2)按表格所示范围选择丸粒规格。如要求 460~780,可以选择的丸粒规格为 460,550,660,780。

3)喷丸强度大于 0.007 A 时,通常不使用玻璃丸。

(2)除非翻修指引指明其他控制要求,确保给测试片喷丸时,使用与工件喷丸时相同的步骤,调节机器设置来控制喷丸强度。测试片的固定细节参考图 11-5,已经喷丸过的测试片从固定装置上取下后不能再进行喷丸。

(3)为得到正确的喷丸强度数值,测试片必须达到饱和。饱和是一个点,在这个点 2 倍的喷丸时间引起弧高的增长率应不大于 10%,饱和点的弧高就等效成喷丸强度。被喷到特定的强度时,测试片的覆盖率必须最少达到 100%。

(4)开始按估计的数值进行机器设置,以不同的喷丸时长喷一系列测试片,且最小的喷丸时间必须大于 100%覆盖率。按图 11-5 所示,利用喷丸强度测试仪,在测试片上没有喷丸的一面的中部测量阿尔门强度。

(5)通过喷丸时间比例为 1:2 与测试片 10%的弧高增长率之间的变化关系确定饱和点。如果饱和点强度不在需要的限制范围内,改变机器设置再次测试直到得到要求的强度。

(6)如果翻修指引只给出一个单独的不小于 0.005 A 的强度数值而没有给出容限时,这个强度的容限为 -0.002~0.005 A。如果是以容限形式给出一个强度范围,那么测量的喷丸强度必须处在容限之内。

表 11-3 工件建议的喷丸强度控制

合金	丸粒规格	工件最小厚度	喷丸强度（A）
合金钢 （强度低于 150KSI）	230～780	0.05	0.002～0.005
		0.07	0.003～0.006
		0.08	0.004～0.007
		0.10	0.005～0.010
		0.12	0.006～0.011
		0.15	0.008～0.013
		0.17	0.010～0.015
		0.20	0.012～0.017
		0.24 及以上	0.014～0.019
合金钢 （150～240KSI）	170～460	0.05	0.003～0.005
		0.06	0.003～0.006
		0.08	0.005～0.010
		0.10	0.006～0.011
		0.12	0.008～0.013
		0.14	0.010～0.015
		0.16	0.012～0.017
		0.20 及以上	0.014～0.019
合金钢 （270～300KSI）	170～460	0.05	0.005～0.010
		0.06	0.006～0.011
		0.08	0.008～0.013
		0.10	0.010～0.015
		0.12	0.012～0.017
		0.14 及以上	0.014～0.019
钛合金	230～460	0.05	0.002～0.005
		0.07	0.003～0.006
		0.08	0.004～0.007
		0.10	0.005～0.010
		0.12	0.006～0.011
		0.15	0.008～0.013
		0.17	0.010～0.015
		0.20	0.005～0.010
		0.24 及以上	0.012～0.017

11.1.4.6　工件喷丸

(1)按上述11.1.4.4节的要求,准备好工件后按要求对工件进行包裹、固定工件,并按11.1.4.5节设定的模式进行喷丸。除非翻修指引指明,不要对处在外载荷应力作用下的工件进行喷丸。

(2)工件处在丸流中的时间是覆盖率200%的时间,对于给定的机器设置,达到200%覆盖率的时间是达到100%覆盖率所需的时间的两倍。当材料硬度变化时,100%覆盖率的时间可以通过以下方式得到:

1)比测试片软的材料在相等的面积上进行相同时间的喷丸,它的覆盖率最少为100%;

2)比测试片硬的材料必须喷比测试片更长的时间才能达到100%的覆盖率。

(3)针对以下情况,应进行喷丸强度的确认:

1)在开始喷丸前或者一大批工件喷丸中间。一大批是一组具有类似布局、相同的喷丸强度要求和相对于丸流方向相同角度的喷丸表面。

2)任何时候调整机器设置(例如气压、轮速、进给量、弹丸规格、喷丸距离等)以改变喷丸强度。

3)连续喷丸操作超过8 h。

4)任何时候发现有必要,都应进行工艺质量控制。

(4)当需对一批喷丸过的工件进行检查时,要将用来确定喷丸强度的测试片一起发送。

11.1.4.7　喷丸后处理

(1)喷丸后,所有的覆盖物和丸粒都要从工件表面去除,并且不能给表面造成腐蚀、划伤或其他损伤。

(2)若大修指引没有给出,喷丸后可以通过以下方法降低表面粗糙度:

1)低强度的附加喷丸操作。所用丸粒类型和之前所使用的丸粒类型相同,尺寸与之前使用的丸粒相同或变小,在降低喷丸强度的同时,覆盖率可提高至600%。

2)如果工件表面没有被加热到表11-4给出的温度限制之上,钛合金按BAC5492(SOPM20-10-07),180KSI或以上的合金钢按BAC5440(SOPM20-30-03),其他金属按BAC5748(SOPM20-30-03)对喷丸面进行轻度研磨、手工砂纸打磨或研磨带抛光。除非大修指引另有规定,材料的去除量不能超过名义Almen A强度的10%或0.001 in(以大的为准)。如果材料的去除量超过上述限制,对影响到的区域按原有的喷丸强度、丸粒尺寸、覆盖率要求重新喷丸。作为选择或者替代,可以进行以下操作:

a.如果原来的喷丸强度不超过0.007A,可以用玻璃丸喷到原来的强度和覆盖率;

b.利用11.1.5节中的旋片喷丸方法达到原来的强度和覆盖率要求。

表 11-4　材料后处理时表面到达的温度

序号	材料种类	温度限值
1	低合金钢(475 ℉以下)	300 ℉
2	低合金钢(475 ℉及以上)	400 ℉
3	沉淀硬化不锈钢	475 ℉
4	冷加工300系列不锈钢	475 ℉
5	其他不锈钢	750 ℉
6	钛合金	475 ℉

（3）喷丸后，释放由喷丸产生的应力或会产生有害的残余应力的操作或处理是不允许的，举例如下：

1）热处理，应力释放，连接，黏结，胶接，焊接或其他任何会引起温度超过表 11 - 4 给出的温度操作工艺；

2）研磨；

3）去除材料超过允许值的蚀刻或喷砂；

4）不是通过喷丸成形（BAC 5730 - 1），而是按其他方式成形或校直的。

（4）喷丸后，按如下所述对工件进行清洁（除非工件要进行化学处理去除残留物）：

1）合金钢（强度低于 220 KSI）——按 BAC 5748 研磨，或按 BAC 5751 清洁（SOPM 20 - 30 - 03）；

2）合金钢（强度达到 220 KSI 及以上）——按 BAC 5748 研磨（SOPM 20 - 30 - 03）；

3）钛合金——按 BAC 5753 方法 2 清洁，或按 BAC 5748 TYPE2 喷干粗砂（SOPM 20 - 30 - 03）；

4）铝合金——按 BAC 5765 清洁，或喷玻璃丸；

5）不锈钢——按 BAC 5625 清洁（SOPM 20 - 30 - 03）；

6）镍/钴合金——按 BAC 5758 清洁（SOPM 20 - 30 - 03）。

（5）对实施过喷丸的工件进行防腐保护，直到最后的保护涂层完成。

（6）除非大修指引中有特定的注释说明，喷丸操作完成后实施所有的保护。

（7）不要让喷丸表面产生划伤。

11.1.5　旋片喷丸技术

旋片喷丸强化技术是美国 3M 公司在喷丸强化技术的基础上研制的新技术，其强化原理是以粘有弹丸的特制旋片在旋转中连续不断地打击金属表面，使其获得一定厚度的表面强化层，达到与喷丸强化同样的效果。

旋片喷丸器（见图 11 - 6），由旋片和气钻两部分构成。旋片是一种尼龙编织物，在一端的正面和另一端的反面用胶粘上两排弹丸；旋片固定到心轴上，气钻夹持心轴。工作时将高速旋转的旋片接近待强化的表面，直至感到强烈地阻碍旋片继续旋转为止，逐步平移旋片使工件表面均匀地强化。当旋片上有不少于≥20％的弹丸脱落时，应该更换旋片。

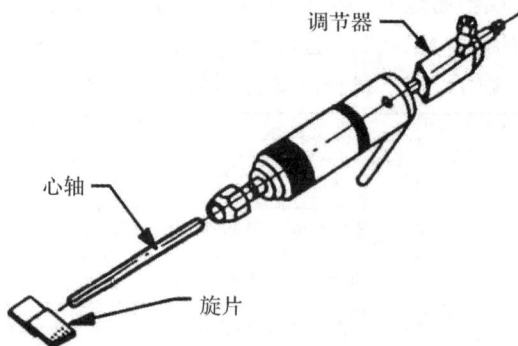

图 11 - 6　旋片喷丸器

旋片喷丸技术与其他喷丸方法相比,具有设备简单、体积小、使用方便、效率高、经济耐用、效果好等优点。该技术特别适用于机件原位局部表面强化,可进行大型工件、不可拆卸件和内孔的现场施工,是航空维修的重要手段。但它不适用于金属表面的大面积强化。

在飞机结构修理中,旋片喷丸器常用于各种接头、耳片、吊挂、缘条等重要承力件的强化。美国还利用旋片喷丸器对飞机主承力孔强化,消除焊缝、管子内壁和孔壁的应力,对诸如起落架配件、机翼构件和喷气发动机支撑件之类的重要金属构件进行预防性保养和补充加工。

11.1.5.1　旋片喷丸的介质与性能

旋片喷丸的弹丸是通过特种胶黏剂牢固地粘在旋片上的,旋片主要由胶黏剂、弹丸、网布三部分组成。

1. 胶黏剂

主体胶直接影响旋片的使用寿命和强化效果。旋片的主体胶黏剂应具有高的强度、高弹性、良好的耐磨性、优良的黏合力和一定的耐热性,此外,还要具有施工简便、工艺性能好的特点。如改性的 MH－3 聚氨酯胶黏剂的硬度可达 75HRC,剥离强度可达 600MPa,是一种比较理想的胶黏剂。

2. 弹丸

当对旋片喷丸表面进行强化时,喷丸强度取决于弹丸的硬度,弹丸硬度越高,则喷丸强度越高。常用的弹丸材料可选用硬度大于 1 500 HV 的碳化钨。

为提高弹丸和胶层的结合力,可采取改变弹丸的表面状态、提高胶液与弹丸表面的浸润性和亲和力等措施。对于钢丸可采用磷化处理,碳化钨丸应采用特种表面处理,以提高旋片的使用寿命。

3. 网布

喷丸用的旋片,用尼龙织成平纹网作为胶黏剂和弹丸的载体。美国 3M 公司的 Nylon－66 网布规格如下:

(1)厚度:0.3～0.4 mm;

(2)网布目数:16～17 目;

(3)网格尺寸:1.2 mm × 1.2 mm;

(4)砂线宽:0.5 mm;

11.1.5.2　旋片喷丸的操作

旋片喷丸是为了产生压应力层而在金属表面相对较小的区域进行的喷丸工艺,喷丸使用的丸粒附着在工具上,并能防止松动的丸粒污染周围区域。

1. 旋片的准备

(1)按图 11－7 所示,组装旋转喷丸的旋片附件。

(2)如果使用新的喷丸片,丸粒上可能黏有胶纸。使用之前,确保胶纸已被去除,还可以用 320～400 目的碳化硅或氧化铝砂纸清洁丸粒表面。

2. 喷丸强度的确定

(1)用磁性方法将阿尔门测试片固定到位。

(2)选择喷丸用的旋片。

(3)按喷丸速度启动。

（4）用不同的时间对一系列阿尔门测试片进行喷丸。通过喷丸时间比例为1：2与测试片10％的弧高增长率之间的变化关系确定喷丸强度的饱和点，当测试片达到特定的强度时，覆盖率至少要达到100％。

注意：当确定工具和喷丸表面的距离时，应放低工具（喷丸片以特定的速度）靠到工件表面直到感觉到较强的阻力。喷丸过程中保持这个距离不变，握住工具保持喷丸杆平行于工件表面，喷丸过程来回移动工具以防止工件表面产生刮伤记号。用磁性方法固定喷丸片，喷丸后所得到的弧高乘以0.77才是等效的阿尔门强度。

（5）如果修正后的阿尔门强度不在指定的强度范围内，或对于指定的单一强度不在 $-0.002\sim0.003$ A 范围，换一个新的测试片，调节喷丸片速度重复上述（1）～（4）步。

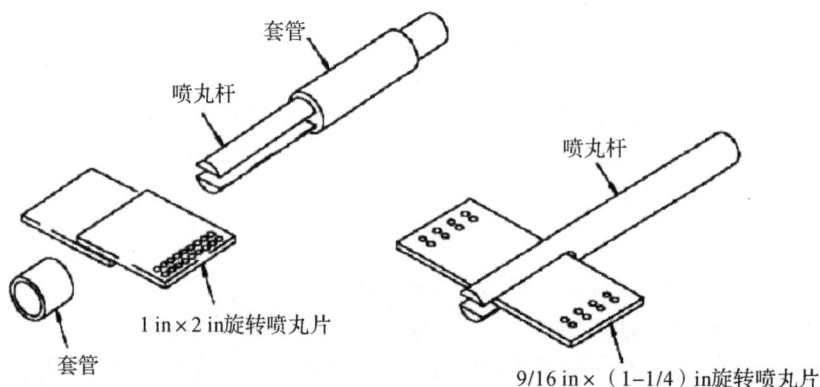

图 11-7　旋片喷丸的旋片组装

3. 喷丸过程

（1）按以下方法去除喷丸区域所有的油漆、镀层、转化涂层及表面污染物（润滑油、润滑油等）：

　1）油漆——参照 BAC 5725（SOPM 20-30-02 有机涂层的去除）；

　2）镀层和转化涂层——参照 BAC 5771（SOPM 20-30-02 无机涂层的去除）；

　3）表面污染物——参照 BAC 5744 和/或 BAC 5750（SOPM 20-30-03 人工清洁）。

（2）使用与确定喷丸强度时相同的工具、速度以及工具同工作面之间的距离。

（3）对工件进行喷丸。喷丸时间为达到 Almen 强度所需时间的2倍，以达到200％的表面覆盖率。可用10倍放大镜检查工件表面，确保初始表面已经被喷丸表面完全取代。可以使用与工件化学成分和硬度完全相同的测试板作为替代，来得到要求的覆盖率。

（4）对孔进行喷丸，可从表11-5中选择合适的喷丸旋转速度。

4. 喷丸片的更换

（1）如果超过20％的丸粒消失，请更换喷丸的旋片。

（2）按上述段落1的方法组装新的喷丸片。如果在喷丸过程中更换喷丸片，不必再进行喷丸强度的确定。

5. 喷丸后处理

按 BAC 5750 手工用溶剂清洁喷丸区域，去除表面其他物质。

表 11 - 5　对孔进行喷丸时速度选择(使用 9/16 in×(1 - 1/4)in 喷丸片)

平面	孔径/in						
	0.75～0.79	0.80～0.85	0.86～0.91	0.92～0.97	0.98～1.07	1.08～1.09	1.20 及以上
	转速/(r·min⁻¹)						
1 500	2 700	2 500	2 300	2 100	1 900	1 600	1 500
2 000	3 600	3 300	3 000	2 800	2 600	2 300	2 000
2 500	4 500	4 100	3 700	3 400	3 200	2 800	2 500
3 000	5 300	4 900	4 500	4 100	3 800	3 400	3 000
3 500	6 200	5 700	5 200	4 700	4 400	3 900	3 500
4 000	7 100	6 500	5 900	5 500	5 100	4 500	4 000
4 500			6 600	6 100	5 700	5 000	4 500
5 000				6 800	6 300	5 600	5 000
5 500					6 900	6 100	5 500
6 000						6 700	6 000
6 500							6 500
7 000							7 000

11.1.6　其他新型喷丸强化技术

传统的喷丸强化技术是利用大量高速运动的细小弹丸流撞击金属零件的表面,产生深度一般在 0.1～0.8 mm 范围的塑性变形,来延长金属零部件使用寿命的方法。

经过几十年的研究和推广,传统的喷丸技术逐步朝着自动化、多样化等方向发展。根据喷丸所用设备和工艺不同,出现了如激光喷丸、超声喷丸、高压水射流喷丸、双面喷丸和湿喷丸等新型技术。

1.激光喷丸

如图 11 - 8 所示,激光喷丸利用高功率、高频、短脉冲激光束。激光脉冲穿过约束层后被烧蚀层吸收,并在约束层产生等离子云,在 10～100 ns 内等离子快速膨胀,工件表面上产生 1～10 GPa 的压力,从而形成平面激波,当冲击波的峰值压力超过工件材料的动态屈服强度时,材料表层就会产生应变硬化,残留巨大的压应力,并使工件表层产生塑性变形。

与传统喷丸相比,激光喷丸所产生的残余压应力值更大、应力分布区距表面更深,同时还具有可加工成形的材料厚度大、成形曲率大、成形精度可控、成形后的工件表面质量高、操作方便、清洁无污染等优势。

由于激光喷丸可实现大型飞机中普通喷丸难以实现的整体壁板喷丸成形,对航空制造业的发展将产生巨大的推动作用。如在 1997 年,美国 GE 公司采用该技术对发动机的风扇叶片前缘进行了表面强化,用以降低外物撞击所带来的损伤。

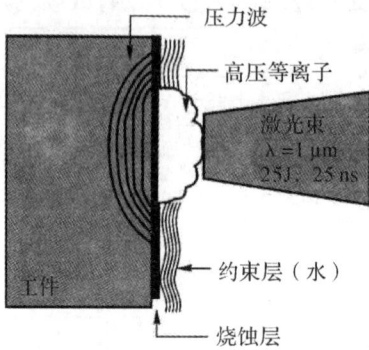

图 11-8 激光喷丸

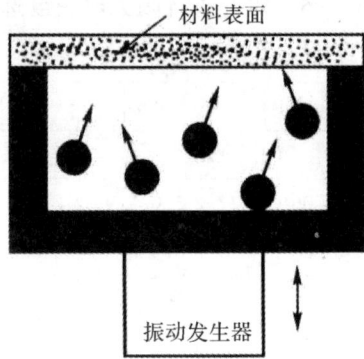

图 11-9 超声喷丸

2.超声喷丸

超声喷丸,如图 11-9 所示,是利用超声波技术,使弹丸产生机械振动,用高频驱动弹丸从各个方向撞击已被固定的材料表面,使材料表面瞬间产生强烈的塑性变形,形成正压力、剪切力组成的应力系统,实现对材料表面强化的一种新技术。

与传统喷丸相比,超声喷丸获得更深的残余压应力层、更大的残余压应力值、更好的表面粗糙度。另外,超声喷丸不需要对弹丸进行回收、循环利用,其设备也简便,受零件外形限制较小。

1996 年,法国 SONATS 公司开始进行超声喷丸技术的研究,并将其应用于航空航天、汽车、造船等行业。随后,空客公司采用该技术,对飞机的焊接整体机身壁板进行喷丸校形处理。

3.高压水射流喷丸

高压水射流喷丸,如图 11-10 所示,是将携带巨大能量的高压水射流,用某种特定的方式高速喷射到金属零件表面,实现对材料表面强化的一种新技术。

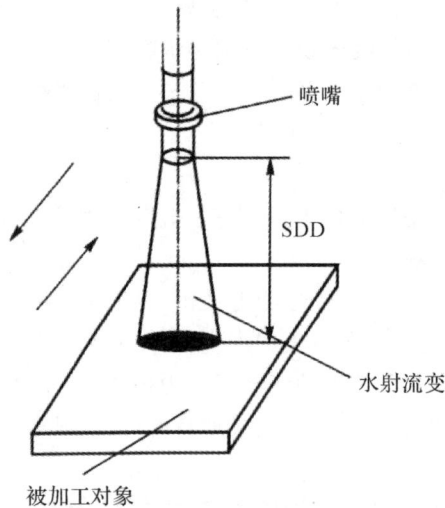

图 11-10 高压水射流喷丸

不同的射流介质、射流形式和喷射方式,作用效果不同。高压纯连续水射流喷丸强化时,水射流的滞止压力引起的冲击和弹性冲击波产生的动态压力起主导作用;脉冲水射流喷丸强化时，弹性冲击波产生的动态压力和液体横向分流对表面的剪切作用居主要地位；空化水射流喷丸强化时，空泡溃灭产生的冲击起主要作用；混合水射流（混入弹丸）喷丸强化时，弹丸冲击压入产生的法向力和切向力起主导作用。

与传统喷丸相比，高压水射流喷丸具有喷丸强度范围宽、表面粗糙度值变化小、设备灵活易于控制、介质安全无污染等特点。

4．双面喷丸

双面喷丸，是将不同尺寸的弹丸，以不同的速度同时喷射到零件的上、下两个表面，以提高喷丸强化能力和效率的技术。该技术对喷丸设备的要求较高，要求其具备同时喷射不同尺寸弹丸的功能，并且两种弹丸的速度和流量能匹配和控制得很好，才能达到预期的目标。

5．湿喷丸

湿喷丸原理：将喷丸介质加入到水、磨液油等液体中，配成一定的磨液比，经电机或气压加速后喷射到材料表面，使零件表面形成一层液膜，避免干摩擦现象，降低弹丸对表面的冲击，使接触载荷分布更为均匀，起到减少摩擦、表面冷却的效果。另外由于弹丸可以随液体回收，避免了干喷丸出现的粉尘污染，降低了喷丸噪声，还提高了弹丸和喷嘴的使用寿命，并且工件表面质量和稳定性也更优越。

11.2　热　喷　涂

热喷涂是利用热源将喷涂材料加热至熔化或半熔化状态，并以一定的速度喷射沉积到经过预处理的基体表面形成涂层的方法。该技术可以在普通材料的表面上，选择不同性能的涂层材料和不同的工艺方法，制造一个特殊的工作表面，使其达到防腐、耐磨、减摩、抗高温、抗氧化等多种功能，实现节约材料、节约能源的目的。

依据热源及材料的不同，热喷涂可分为多种工艺方法，如等离子喷涂、电弧喷涂、火焰喷涂和爆炸喷涂等。

热喷涂技术具有以下优点：

（1）可以获得各种功能的表面强化涂层，能把金属材料的强韧性、易加工性，陶瓷材料的耐高温、耐磨和耐腐蚀等特性有机地结合起来。

（2）不受基体材料的限制，用于热喷涂的基体材料可以是金属、陶瓷、水泥、耐火材料、石料等无机材料，也可以是塑料、橡胶、木材等有机材料。

（3）设备简单，操作灵活，可以不受工件尺寸和施工场所的限制，适应性强。

（4）涂层沉积速率快，厚度可控；施工时间较短，生产效率高，比较经济。

（5）喷涂过程中基体表面受热的程度较小而且可以控制，工件变形小，对基材的金相组织和性能影响也较小。

在现代表面工程技术中，热喷涂技术占有十分重要的地位，广泛应用于航空航天、冶金、能源、石油化工、机械制造、交通运输、轻工机械以及生物工程等国民经济各个领域。特别是在航空航天领域，航空发动机对材料的某些特殊性，如耐高温、隔热、导电、绝缘、防辐射等提出了特殊要求，一般传统的表面处理工艺无法实现，而热喷涂技术却可完成此任务。目前，一台新型的航空发动机有上千个零部件的近 3 000 处表面需采用热喷涂涂层，如火焰筒内壁的氧化锆涂层、外壁的耐高温陶瓷涂层、涡轮叶片的耐高温涂层、叶冠的钴铬钨耐磨涂层等。

11.2.1 工艺原理

1. 工艺过程

飞机发动机上一些钢件常采用金属喷涂法在零件表面形成保护层。如利用乙炔焰将铝熔化，并借助焊嘴喷出的气体，将铝喷涂到钢件表面，形成防蚀保护层。如图 11-11 所示为热喷涂过程示意图。

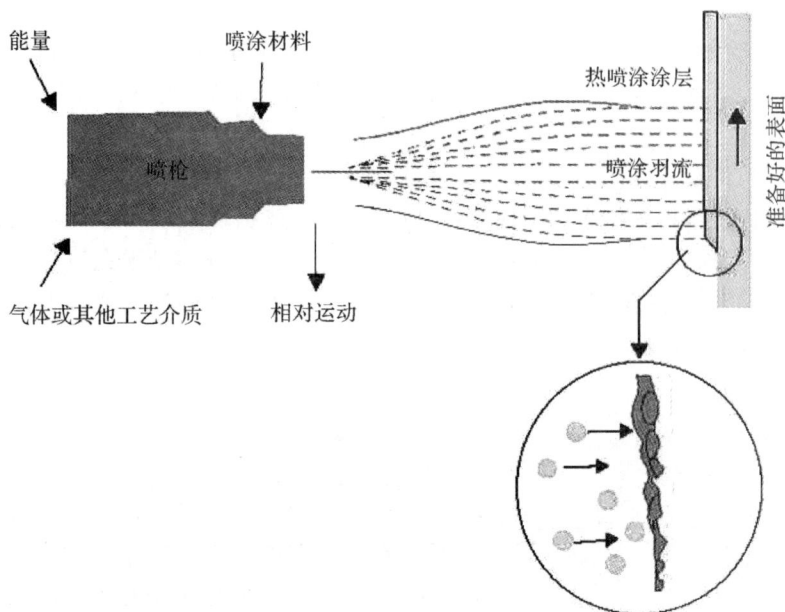

图 11-11 热喷涂过程示意图

热喷涂包括以下工艺过程：

(1)使喷涂材料(金属材料、陶瓷、塑料等)成为液状或熔融状。

(2)使液状或熔融状的材料细化，颗粒直径为数十微米到数百微米。

(3)使液状或熔融状颗粒喷涂到基体材料上并形成涂层。

上述三个过程是在极短的时间内发生的，特别是前面两个过程几乎是同时进行的。如在线材气体火焰喷涂时，熔滴从喷枪出来到基体材料表面所需时间大约为 $10^{-3} \sim 10^{-2}$ s。

2. 结合机理

喷涂层与基材的结合机理主要有两个方面：

(1)喷涂层与基材之间的机械结合作用。

(2)喷涂层与基材之间的合金化效应。

由于喷涂层机械结合的结合强度不高，而合金化效应则使结合强度大为提高。为获得良好的结合性能，热喷涂过程应采取以下措施：

(1)表面粗化处理，提高喷涂表面的粗糙度，增加与熔滴的实际接触面积。

(2)保持基材表面清洁，从而使表面自由能减少，结合力增加。

(3)提高表面活性，如在惰性气体、还原性气体、真空中喷涂。

(4)表面预热处理，提高喷涂时的基材表面温度。

(5)提高与保持熔滴与基材接触温度,尽可能地延长熔滴与基材表面互相扩散的时间。

3.喷涂层的性能

热喷涂层为不均匀性质的层状结构,由受急冷的颗粒构成,在喷涂合金时还会形成合金的过饱和状态,因此硬度非常高。

当热喷涂的喷涂颗粒温度较低、喷涂速度慢时,易在涂层内部形成孔隙,从而降低涂层的抗拉强度。因此,为了保证喷涂层的质量,应严格控制涂层的孔隙率。

11.2.2　热喷涂材料

热喷涂材料按形状分为线材、粉末两类,按成分分为金属、非金属、复合材料三类(见表 11-6)。材料一般具有耐高温、耐磨、耐腐蚀、良好的湿润性及固态流动性、热膨胀系数与基材的相近等特点。

表 11-6　热喷涂材料的分类

成分 形状	金属及其合金	非金属		复合材料
		陶瓷	塑料	
线　材	(1) Zn 及 Zn 合金; (2) Al 及 Al 合金; (3) Cu 及 Cu 合金; (4) Ni 及 Ni 合金; (5) 碳钢及低合金钢; (6) 不锈钢; (7) 钼			(1) Ni - Al 复合丝; (2) Zn - Al 复合丝; (3) Cu - Al 复合丝; (4) 不锈钢复合丝
粉　末	(1) 喷涂合金粉末; (2) 喷熔合金粉末	(1) 金属氧化物; (2) 碳化物; (3) 硼化物; (4) 氮化物; (5) 硅化物	(1) 尼龙; (2) 聚乙烯; (3) 氟塑料; (4) 聚苯硫醚	

11.2.3　氧-乙炔火焰喷涂

在所有热喷涂工艺中,氧-乙炔火焰喷涂工艺应用最早,工艺及设备也比较简单,应用范围十分广泛。该工艺广泛应用于 JT9D、斯贝等航空发动机的制造与修理。

氧-乙炔火焰线材喷涂的质量,主要取决于喷枪的性能和金属丝的质量。另外,合理地选用喷涂工艺方法和工艺参数,对涂层质量也会产生很大的影响。

11.2.3.1　氧-乙炔火焰简介

氧-乙炔火焰中,发生的化学反应为

$$2 C_2H_2 + 5 O_2 \rightarrow 4 CO_2 + 2 H_2O + 热量$$

由上式可见,C_2H_2 与 O_2 之比为 1:2.5。在实际操作时,$C_2H_2 : O_2 = (1.1 \sim 1.2):1$。氧气不足部分由空气补给,此时的火焰称为中性焰。采用中性焰的原因如下:

(1)若用氧化焰,会使合金材料氧化,涂层中容易产生氧化物,影响质量。

(2)若用碳化焰,火焰中的乙炔过剩分解成碳和氢,渗入后对合金材料产生不良影响。

喷嘴处的温度通常约为 3 100℃,离喷嘴越远,火焰温度越低。线材喷涂与粉末喷涂相比,温度降低幅度更明显,如粉末喷涂距喷嘴 70 mm 处约为 2 500℃,而线材喷涂距喷嘴 50 mm 处仅约为 1 500℃。

11.2.3.2 氧-乙炔火焰喷涂设备

图 11-12 所示为氧-乙炔火焰线材喷涂设备示意图,其主要构成如下:

(1)氧气、乙炔及其流量表。氧气通常由氧气瓶提供,其压力为 15MPa;乙炔由乙炔瓶供应,其压力为 1.5 MPa;两者经过流量控制后,以恒定的速率送出。

(2)压缩空气、空气滤清器及控制器。压缩空气由空压机提供,一般要求空气压力为0.4~0.6 MPa;空气滤清器可将空气过滤,以获得干燥、干净的气体;空气控制器实现压缩空气的恒定输出。

(3)喷涂枪。喷涂枪的生产厂家很多,型号也各不相同。火焰线材喷涂枪一般具有自动送丝、速度可调、安全可靠、便于维修等特点。

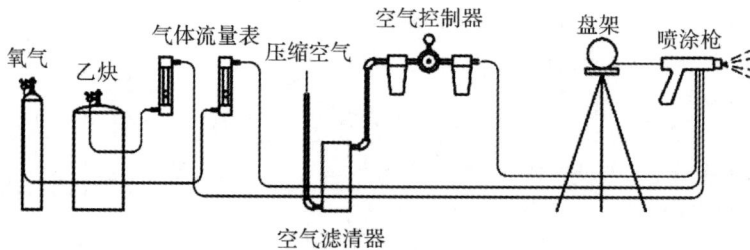

图 11-12　火焰线材喷涂设备构成示意图

11.2.3.3 氧-乙炔火焰喷涂工艺

氧-乙炔火焰喷涂的工艺流程:基材表面预处理 →预热 →喷打底层 →喷工作层 →喷涂层的切削加工等。

1.基材表面预处理

为提高喷涂层的结合强度,对工件表面进行的预处理非常关键,它关系到整个工艺过程的成败,其内容包括以下方面:

(1)表面清洗。表面清洗是对喷涂表面及其相邻区域进行除油、去污、除锈等。除油可以采用三氯乙烯蒸气进行脱脂处理,除锈可以采用清刷、打磨处理,或用化学溶液浸泡处理,再用清水冲净。

(2)表面预加工。表面预加工可以去除工件表面的各种损伤、原有的喷涂层等。预加工量由设计规定的喷涂层厚度确定,维修时的切削量要小于零件最大允许磨损量 0.15~0.25 mm。

(3)表面粗化。对于金属及其合金材料,表面粗糙化可以采用喷砂或电火花拉毛处理。

2.氧-乙炔火焰的选择

为了提高喷涂质量和效率,节省能源,乙炔与氧气的比例取 1.2:1,此时火焰为中性焰。一般氧气压力选用0.4~0.5MPa,乙炔压力选用0.04~0.08 MPa,压缩空气压力为 0.5~0.6 MPa。

3.喷涂距离的选择

选择合适的喷涂距离,对喷涂层的质量影响很大。若喷涂距离比较小,线材的熔滴温度高、动能大,有利于提高涂层的结合强度;但火焰传递给基材表面的热量也过大,容易引起基材的热变形,而且基材与喷涂层之间的热膨胀系数的差异会产生应力,严重时会导致喷涂层的开裂与剥落。若喷涂距离比较大,线材熔滴的动能和温度下降,涂层与基材的结合强度及喷涂层的密度会降低。因此,喷涂时在保证基材不产生热变形的情况下,尽可能地选用较小的喷涂距离。

氧-乙炔火焰线材喷涂的距离一般为 $100\sim150$ mm,对于放热型复合线材,喷涂距离可加大到 $150\sim180$ mm。

4.线材直径和送进速度的选择

在氧-乙炔火焰线材喷涂中,选用的线材直径越大,喷涂层的含氧量就越低,这会进一步改善喷涂层的质量和提高喷涂效率。受喷枪功率的限制,一般选用的线材直径为 2.3 mm 和 3.0 mm两种。

线材的送进速度取决于线材本身的熔点、火焰状态。在确保熔滴处在均匀的熔化状态下,可选用较高的送进速度,以提高喷涂效率。

5.喷射角度的选择

当喷枪轴线与基材平面的夹角小于 $45°$ 时,喷涂层结构将出现"遮盖效应",降低涂层的质量。因此,喷射角越大越好,以 $90°$ 最佳。

6.喷枪移动速度的选择

喷枪移动速度对喷涂层的质量和基材的热变形有一定的影响。当移动速度过慢时,基材表面温度升高,严重时会出现表面氧化和热变形,还会降低喷涂层与基材表面之间的结合强度。一般喷枪移动速度为 $5\sim12$ m/min。

11.3　孔壁冷挤压强化

经验和疲劳试验表明,疲劳裂纹常常萌生于孔边。为此可采取一些合适的工艺措施,使孔壁产生平衡的残余压应力,改善孔壁的疲劳性能,提高构件的疲劳寿命。

使孔壁产生残余压应力的工艺方法有挤压强化、干涉配合和喷丸强化等。在飞机制造和修理中,需对受力大又属于重要部位的孔进行抗疲劳强化处理,常用的一种方法就是对孔进行冷挤压强化。

目前,孔冷挤压强化技术已广泛地应用于各种飞机的重要构件上孔的强化。如:美国波音系列飞机上关键部位的孔在制造、修理时都进行了挤压强化;法国 SA - 321 直升机旋翼接头上的螺栓孔、俄罗斯米格系列飞机机翼大梁的螺栓孔,在修理及制造过程中也都进行了挤压强化。

11.3.1　孔壁冷挤压强化机理

孔冷挤压强化是指在室温下,利用比被挤材料硬度高的挤压工具,对孔壁、孔角、沉头窝及孔内周面等表面施加压力,使被挤压部位的表面层金属发生塑性变形,形成残余压应力层,从而提高其疲劳强度和抗应力腐蚀能力的一种工艺方法。现以孔壁冷挤压强化为例,来说明孔冷挤压强化的机理。

孔壁冷挤压强化,就是将工作直径大于孔直径的挤压芯棒充分润滑后,强行从润滑的孔中通过,使孔壁金属产生塑性变形而形成孔挤压强化层(见图11－13)的方法强化层内会产生很高的残余应力。

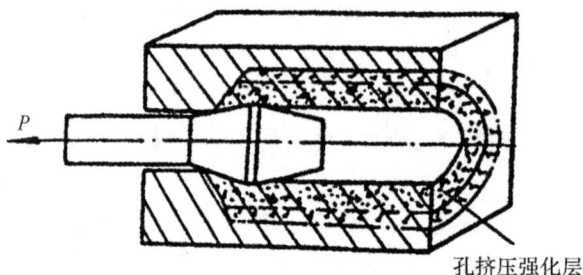

图 11－13　孔壁挤压强化

在挤压芯棒挤入孔中迫使孔径胀大的过程中,孔壁及紧靠孔壁一定深度的金属层产生塑性变形,而与该层紧邻的更深层材料产生弹性变形。当挤压棒自孔中挤出后,弹性变形层对塑性变形层反向加载,因而在孔壁的一定深度范围内,会形成径向残余压应力。当孔周承受外载的拉力作用时,与切向残余压应力叠加的结果,使合成的应力水平显著下降,即通过降低交变应力的平均应力,提高孔的抗疲劳性能。

孔壁冷挤压强化带来的变化有以下三方面:

(1)孔壁形成强化层;

(2)改善孔壁表面质量;

(3)引起金属微观结构变化。

受以上这些变化影响,孔壁冷挤压强化后,可以达到以下效果:

(1)降低疲劳裂纹扩展速率,提高孔壁的抗腐蚀疲劳性能;

(2)强化层内的残余压应力,能够降低交变应力的平均应力,提高抗应力腐蚀性能;

(3)挤压过程中清除了表面的机械划伤、微观裂纹等缺陷。

11.3.2　孔冷挤压强化类型

1.挤压棒挤压强化

挤压棒挤压强化所用的挤压工具为一锥形芯棒,如图11－14所示。

挤压芯棒有整体式与分瓣式、单工作环与多工作环等几种形式。挤压之前,孔表面要涂干膜润滑剂。施力的方式分为拉挤或推挤。

挤压棒挤压强化的最大特点是挤压时,挤压芯棒的工作环直接与孔壁发生剧烈摩擦。因此对挤压棒的材质、热处理硬度,润滑状况,以及孔的初始表面质量等有严格的要求。

2.衬套挤压强化

衬套挤压强化所用的挤压工具为开缝衬套和挤压棒。开缝衬套是一只一次性使用、沿轴向开有一条剖缝的薄壁金属衬套,衬套内壁已预制一薄层干膜润滑剂。这种方法避免了孔被擦伤,减小了孔壁表层材料沿轴向流动,实现了单侧施工,已广泛用于铝合金、钛合金及合金钢孔的挤压。

挤压棒是锥形芯棒,芯棒的工作环直径比孔小。其挤压工艺过程如下:

(1)挤压前,将衬套预先套在挤压芯棒的导向段上,如图 11-14(a)所示。

(2)挤压时,衬套连同芯棒一起插入孔内,当芯棒动作时,开缝衬套被挤压设备的顶套顶住,于是,芯棒工作环自开缝衬套中挤过,致使开缝衬套径向胀大,使孔只受到径向挤压,如图 11-14(b)所示。

(3)挤压完毕后,衬套自行复原,如图 11-14(c)所示。然后将开缝衬套从孔中取出。

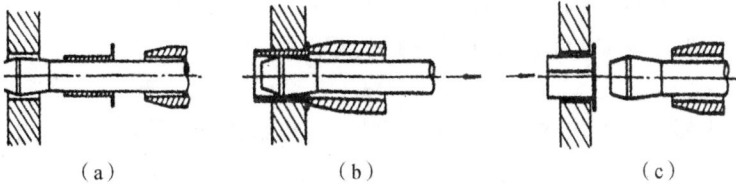

（a） （b） （c）

图 11-14 衬套挤压强化

3.旋压挤压强化

旋压挤压强化是利用均布在圆周上的数对高硬度、高光洁度滚柱(挤压头),旋转通过被挤压的孔,将孔壁粗糙表面的“峰”不断碾平,使孔径稍有胀大的一种工艺,如图 11-15 所示。

旋压挤压强化常用于大型深孔内壁的强化,如起落架的大直径管件和孔。由于这种方法不能使孔径产生足够的塑性变形,因此,仅能使孔的抗疲劳性能有所改善,而不能带来大的疲劳寿命增益。

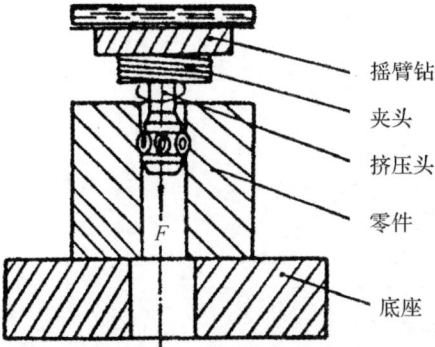

图 11-15 旋压挤压强化

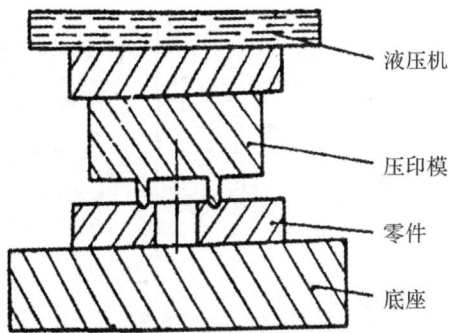

图 11-16 孔端面压印强化

4.孔端面压印强化

孔端面压印强化是利用专门的挤压工具(压印模),对孔口附近一定范围内的端面施加压力,以形成表面残余压应力区,改善该部位抗疲劳性能的一种工艺方法,如图 11-16 所示。此工艺主要应用于大型零部件及蒙皮关键承力部位的孔。

11.3.3 孔壁挤压棒挤压的工艺参数

1.挤压量

挤压量是冷挤压强化工艺中最重要的技术参数,它有绝对挤压量与相对挤压量两种不同的表达形式。

绝对挤压量 E_a 指芯棒工作环直径 d_0 与初孔径 D_0 之差,即

$$E_a = d_0 - D_0$$

相对挤压量 E_r，指绝对挤压量 E_a 与初孔径 D_0 的百分比，即

$$E_r = E_a/D_0 \times 100\%$$

2.挤压量的确定

挤压量过大，会导致挤压力过大，甚至导致挤压棒被拉断，还会使挤出端孔口凸起量增大而影响连接质量；挤压量过小，则强化效果不大或达不到强化的目的。挤压量的大小与被挤孔的材料、热处理状态、孔径、孔深和孔边距等密切相关。合理挤压量的确定，可通过实验获得，并能经受工程实践的考验，也可通过查相关手册获取。

3.挤压次数

通常孔壁挤压棒挤压的次数都是1次。但是，当初始孔按一般经济精度水平加工时，为获得质量高的挤压孔，就必须考虑分几次挤压。

挤压合金钢，一般分2次完成。第1次的绝对挤压量应占总挤压量的 $70\%\sim85\%$，目的是产生足够的塑性变形，迅速在孔周建立起残余压应力区；第2次则继续对孔壁施压，巩固并强化已获得的残余压应力层，并精整孔径达到所要求的尺寸。

11.4 干 涉 配 合

干涉配合，是指钉杆直径大于孔径的一种过盈配合。实践证明，只要干涉量适当，可以明显地提高被连接件的疲劳强度（见图11-17）及减少腐蚀疲劳的产生。

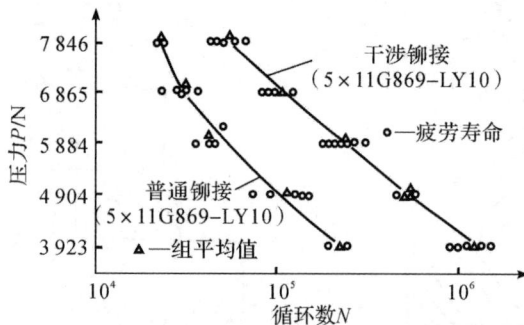

图 11-17 铝合金试件干涉配合与普通铆接的 $P-N$ 曲线

1.干涉量

干涉配合的干涉量评价指标分为绝对干涉量、相对干涉量两种。

（1）绝对干涉量——铆接后铆钉杆对孔的过盈量。绝对干涉量可按下式计算：

$$I = d_1 - d$$

式中，I 为绝对干涉量（mm）；d_1 为铆接后的铆钉直径（mm）；d 为铆接前的铆钉孔直径（mm）。

（2）相对干涉量 —— 指绝对干涉量与铆接前铆钉孔直径之比的百分数。一般常将相对干涉量称为干涉量，相对干涉量可按下式计算：

$$X = (d_1 - d)/d \times 100\%$$

式中，X 为相对干涉量（%）；d_1 为 铆接后的铆钉直径（mm）；d 为铆接前的铆钉孔直径（mm）。

在干涉配合铆接中，铆接前铆钉杆与铆钉孔的配合属于间隙配合。

2.提高疲劳强度的机理

干涉配合铆接能使铆钉孔周围的材料产生径向压应力,降低孔边应力幅值,从而延缓裂纹的萌生并降低裂纹扩展速率。具有合理干涉量的干涉配合铆接能大幅度地提高铆接处的疲劳寿命(见图 11-18)。

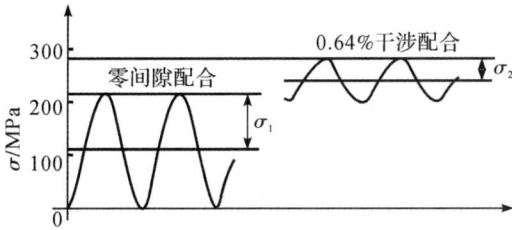

图 11-18　交变应力下的应力幅对比

应根据结构件的材料和铆钉直径来选择干涉量。通常在低干涉量下,增加结构疲劳寿命的效果不大。当干涉量大于 0.4% 时,结构的疲劳寿命才有较明显的提高。

一般来说,对于铝合金材料,干涉量最好在 1.5%～3% 范围;如果采用钢紧固件,干涉量可取上述范围中的较低值。干涉量太大会产生应力腐蚀和铆接变形,如当干涉量大于 3.2% 时,容易产生应力腐蚀开裂;干涉量太小则抗疲劳性能及密封性不好,达不到预期效果(见图 11-19)。

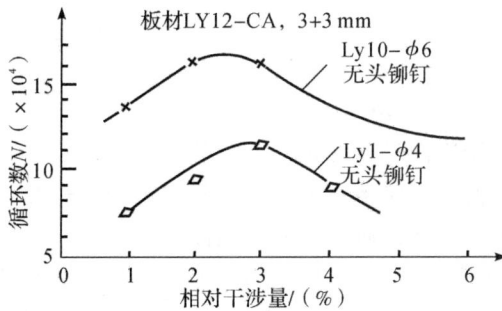

图 11-19　铆接干涉量与疲劳寿命的关系

11.4.1　干涉配合铆钉连接

按所用的铆钉类型,干涉配合铆接可分为普通铆钉、无头铆钉、冠头铆钉干涉配合铆接。

1.普通铆钉干涉配合铆接

它是指采用普通有头铆钉的干涉配合铆接,最适合中等夹层厚度的组件($1d \leqslant \delta \leqslant 2d$)使用。铆接时,钉头部分几乎不向孔内补充材料,干涉量主要由镦头方向的外伸量供应材料获得。因此,靠镦头方向的板表面处的干涉量最大。普通铆钉干涉铆接的特点如下:

(1)结构的疲劳寿命增益不如无头铆钉干涉铆接的高;

(2)造成的结构变形较大;

(3)受工厂设备条件和结构开敞性的限制较少,既可机铆,又可用铆枪手工铆接。手工普通铆钉干涉配合铆接时推荐正铆。

2.无头铆钉干涉配合铆接

采用无头铆钉铆接,铆接必须在专用的自动钻铆机上进行。利用铆钉伸出夹层的量,可以控制铆接干涉量的大小,铆钉伸出量大,所获得的干涉量就大;反之,干涉量小。铆接时,无头铆钉在两个方向上同时镦粗。因此,在上、下表面处的干涉量最大,在板分界面处的干涉量较小,钉杆呈反腰鼓形。

在各种铆接法中,无头铆钉干涉配合铆接法在整个夹层上的干涉量分布最均匀、疲劳寿命增益也最高。

3.冠头铆钉干涉配合铆接

采用冠头铆钉铆接,它最适合在铆接厚度小于 $1.2d$ 的结构上使用。施铆时冠头部分的金属几乎全部被压入埋头窝和铆钉孔中形成干涉量。钉头的形状,使铆接时与工具接触面积很小,力量集中在铆钉中心线附近,保证沿钉杆有较均匀的干涉量,且使沉头部分紧密的充填窝孔,具有较好的密封性。因此,冠头铆钉干涉配合铆接常用于气密和油密部位。

11.4.2 干涉配合螺栓连接

11.4.2.1 干涉配合螺栓连接简介

干涉配合螺栓连接一般用于承受疲劳载荷的结构部位,其作用如下:

(1)能提高结构的疲劳寿命;

(2)能使钉杆和孔壁间获得密封性能。

干涉配合螺栓连接的抗疲劳性能除了与干涉量有关以外,还和螺栓的结构特点、孔质量、安装和拧紧力矩值等有关。

1.干涉配合螺栓连接的定义和特点

一般来说,干涉配合螺栓连接就是具有较大过盈量配合的螺栓连接。干涉配合和过盈配合两者在形式上是一样的,但是在应用出发点上不同。干涉配合螺栓连接是为传载和提高疲劳寿命而专门设计,而过盈配合螺栓连接通常用于传载和定位。

根据干涉配合提高疲劳寿命的机理,承受外载的螺栓接头必须始终保持螺栓对孔壁有一定的压应力。为此,在安装螺栓时,孔壁受螺栓胀大的应力应超过孔材料的屈服值,即螺栓要有较大的过盈量(其值超过国家标准中最高一级的过盈量,将其定义为干涉量)。

大的过盈量会带来螺栓安装困难,为解决这一问题,在设计和工艺上采取了一些措施,如改变螺栓的结构、润滑螺栓、采用锥螺栓、冷挤压孔后小干涉量安装螺栓等。

2.干涉配合螺栓的类型

干涉配合螺栓连接是通过具有规定干涉量范围的孔、轴(指螺栓光杆)配合来实现的,如锁扣螺栓(环槽钉或环槽铆钉)、直螺栓、高锁/高疲劳螺栓、锥螺栓和衬套螺栓。

上述各种螺栓(除衬套螺栓外),螺栓光杆端头部分都制有带圆角的引导段,以便穿过螺栓孔,如图 11-20 所示。

高锁/高疲劳螺栓是在普通高锁螺栓基础上改进的,其不同点是增加了圆角球面。安装时先靠球面对孔壁产生冷挤压效果,然后利用材料回弹使钉杆与孔产生干涉配合,能获得很高的安装质量和寿命增益。

为了减少直杆螺杆的安装困难以及对孔壁的拉伤,采用了锥杆螺栓,它以楔子原理来实现较大干涉量的配合。这类螺栓有锥螺栓和衬套螺栓,如图 11-21 所示。衬套螺栓是在锥螺上增加了一个与螺杆相配合的内径为锥面、外径为直圆柱体的衬套,衬套外圆与结构直孔配合,避免了制锥孔对工艺要求高的不足之处,降低了制孔成本,但衬套增大了螺栓安装的结构边距。

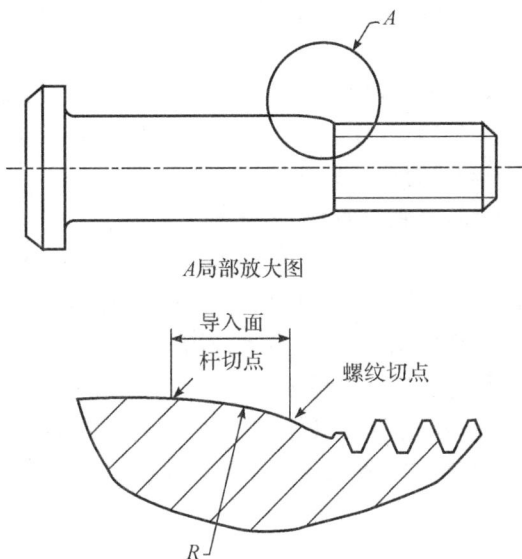

A 局部放大图

图 11-20　干涉配合螺栓的光杆导入圆角

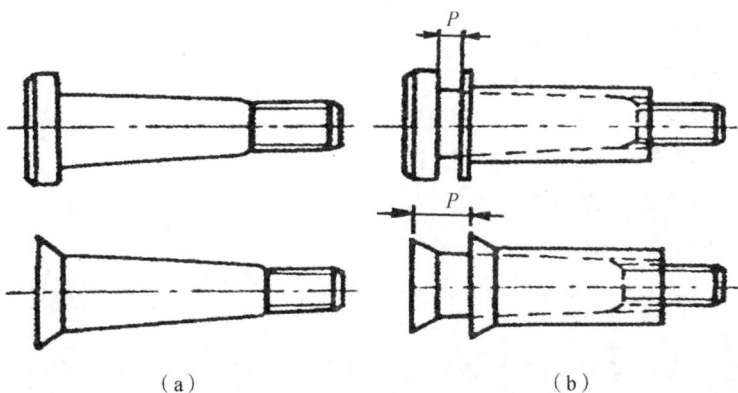

（a）　　　　　　　　　　　（b）

图 11-21　锥螺栓和衬套螺栓

11.4.2.2　直螺栓的干涉配合连接工艺要求

1.干涉量的计算

干涉量与螺栓配合孔、螺栓直径的尺寸关系按下式计算:

$$I = d - D$$
$$I' = [(d-D)/D] \times 100\%$$

式中,I 为绝对干涉量(mm);I' 为相对干涉量;D 为螺栓孔径(mm);d 为螺栓杆实际直径(mm)。

例如,已知螺栓 d 为 5.96mm,孔径 D 为 5.90 mm,则

$$I = d - D = 5.96 - 5.90 = 0.06(\text{mm})$$
$$I' = [(d-D)/D] \times 100\% = (0.06/5.90) \times 100\% = 1.017\%$$

2.直螺栓干涉量的选择原则

选择超干涉量时,主要考虑的因素是对疲劳性能的影响、螺栓安装力、结构刚度、螺栓孔和螺杆直径的公差等。

(1)在一定干涉量范围内,干涉量增大,疲劳寿命提高。但干涉量过大时,安装力也大,易使孔壁出现划伤,反而使疲劳寿命下降。

(2)当结构刚性较差时,应适当降低干涉量;当结构刚性好时,可适当提高干涉量。

(3)在螺栓孔径和螺杆直径容许公差内,干涉量在该容差极限取得最大值和最小值,决定了干涉量的范围。在选择干涉量时应考虑这种公差的影响。

(4)干涉量可按工件的材料分别参照有关资料选择。

3.螺栓的安装力和润滑

螺栓的安装力包括螺栓挤压孔壁使孔材料变形以及克服螺栓光杆与孔壁摩擦所需的力。

(1)安装力与干涉量成线性关系,干涉量愈大,所需的安装力就愈大。

(2)安装力与结构件叠层厚度成比例增加。

(3)润滑对减小螺栓安装力和减少对孔壁的损伤有重要作用,常采用十六醇、干膜四十五等润滑效果较好的润滑剂。螺栓和螺栓孔都要进行润滑,特别是螺栓光杆带圆角的导向段必须很好地润滑。

4.螺栓孔的质量要求

干涉配合螺栓连接要获得稳定的疲劳寿命增益,其制孔质量也是重要的一环。对螺栓孔的质量要求如下:

(1)孔壁粗糙度不大于 $R_a1.6$;

(2)孔壁不允许有轴向和相对轴线 45° 的划伤;

(3)孔的尺寸容差不应超过干涉量所容许的误差;

(4)孔的锥度不能超出孔的尺寸容差;

(5)孔轴线的垂直度允许的误差为 ± 0.5°。

5.螺栓孔制作要领

干涉配合螺栓孔与普通配合螺栓孔的制孔方法相同,但需用专用铰刀铰制孔。制作时应注意以下要点:

(1)制孔前应可靠地定位零件,并消除层间间隙。

(2)应选用直槽和螺旋槽的铰刀,并交替使用。铰孔不得少于两次。

(3)当叠层材料不同时,需按较硬材料确定转速和进刀量,并尽可能从较硬一边材料开始钻孔。当必须从较软材料一边钻孔时,应频繁地退出钻头并加润滑液。

(4)手动控制钻孔和铰孔时,钻头和铰刀通过孔后,应停止工具转动,并慢慢地按顺时针方向旋转退刀,防止孔壁轴向划伤。

(5)制孔后小心地清除孔内的脏物。一般不要拆卸零件去毛刺,以避免再次装配引起孔不同心。

(6)孔口毛刺不能用锐利工具以倒角方式清除,应使用平板工具顺着孔外零件的表面清除;毛刺较少时可用 00 号砂布去除。

(7)孔与螺栓头的头下圆角的结合处应倒圆角或倒角,其值取头下圆角公差上限或略大于公差上限。

11.4.2.3　直螺栓的干涉配合连接安装

1.安装工具的选择

(1)当以压入方式安装螺栓时,通常采用液压、气压或机械式驱动头加载将螺栓压入。

(2)当以打入方式安装螺栓时,通常采用铆枪冲击螺栓头安装。铆枪的选择,应以安装螺栓所需安装力为准。

(3)应力波安装。通过应力波设备传来的应力波脉冲安装螺栓。

(4)安装工具上的驱动头的硬度应略低于螺栓的硬度。

2.安装工艺要求

(1)受结构开敞性限制,当安装过程中螺栓的垂直度不易保证时,工艺上应根据具体结构,采取措施以保证安装的垂直度要求。

(2)采用铆枪冲击安装时,应尽量使螺栓进入孔的速度均匀。

(3)当安装螺栓的力可能使结构产生变形时,应在螺栓安装的反方向加工艺支撑。

(4)用定力扳手按规定力矩拧紧螺母。

3.螺栓安装工艺过程

直螺栓的安装步骤如下(见图 11-22):

(1)将螺栓装入孔内(此时仅螺纹段进入),保持垂直度要求。

(2)用安装工具压在螺栓头平面上将螺栓安装进入孔内。

(3)检查安装质量(注意:螺栓安装后有少量粉状压屑属正常情况)。

(4)按规定力矩拧紧螺母。

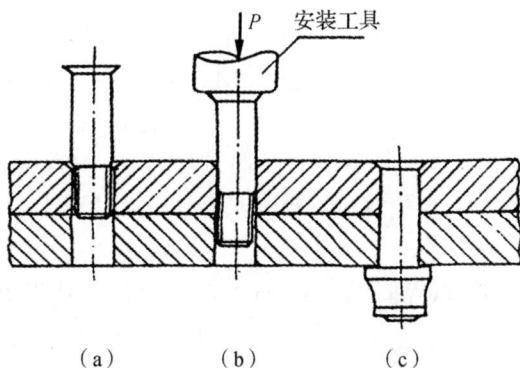

图 11-22　直螺栓的安装过程

习题与思考题

1.飞机构件表面喷丸的强化机理有哪几种? 其工艺参数有哪些?

2.简述热喷涂的工艺过程。如何提高喷涂层的结合性能?

3.简述飞机构件孔壁挤压强化的机理、类型及应用。

4.铆钉孔采用干涉配合有何作用? 干涉量一般取多少?

5.简述飞机干涉配合螺栓连接的用途及作用。

参 考 文 献

[1] 曾荣昌,韩恩厚.材料的腐蚀与防护[M].北京:化学工业出版社,2006.

[2] 赵麦群,雷阿丽.金属的腐蚀与防护[M].北京:国防工业出版社,2002.

[3] 黄传奇.民用飞机腐蚀的防护与控制[M].北京:中国民航出版社,1996.

[4] 塞缪尔·贝纳维德斯.航空航天腐蚀控制[M].杨智,等,译.北京:化学工业出版社,2014.

[5] 刘文珽,贺小帆,等.飞机结构腐蚀/老化控制与日历延寿技术[M].北京:国防工业出版社,2010.

[6] 刘勇,田保红,刘素芹.先进材料表面处理和测试技术[M].北京:科学出版社,2008.

[7] 代永朝,郑立胜.飞机结构检修[M].北京:航空工业出版社,2006.

[8] 任仁良.维修基本技能(ME、AV)[M].北京:清华大学出版社,2010.

[9] 杨丁,黄芸珠,杨崛.铝合金表面处理技术[M].北京:化学工业出版社,2012.

[10] C 莱茵斯,M 皮特尔斯.钛与钛合金[M].陈振华,等,译.北京:化学工业出版社,2005.

[11] Yi Xiaohong, Fan Zhanguo, Zhang Jing lei, et al. Experimental studyof TC4 titanium alloy by anodic-oxidation[J]. Journal of Materials Engineering,2010,6(3):38-41.

[12] 薛文斌,邓志威,李永良,等.Ti-6Al-4V 在 $NaAlO_2$ 溶液中微弧氧化陶瓷膜的组织结构研究[J].材料科学与工艺,2000,6(3):41-45.

[13] 杨永红,吴建军,乔明杰.现代飞机机翼壁板数字化喷丸成形技术[M].西安:西北工业大学出版社,2012.

[14] 汪定江,夏成宝.航空维修表面工程学[M].北京:航空工业出版社,2006.